DIANWANG DIAODU
ZIDONGHUA WEIHUYUAN
PEIXUN JIAOCAI

电网调度
自动化维护员
培训教材

国网宁夏电力有限公司　编

中国电力出版社
CHINA ELECTRIC POWER PRESS

内 容 提 要

本书介绍了电网调度自动化主站系统及网络安全防护的相关系统、架构、原理及应用案例，共分七章，主要内容包括智能电网调度控制系统基础知识、智能电网调度控制系统平台及应用、电力专用安全防护技术、通用安全防护技术、调度数据网、机房环境及辅助系统、调度自动化及网络安全防护运行管理。

本书注重实际，涉及业务全面，可靠性强。本书对于电力调度自动化及电力监控系统网络安全运维工作人员有很大帮助，可用于新员工、非专业职工以及相近专业员工培训，有较强的学习、指导作用，本书也可以作为生产实践的作业指导书和参考用书。

图书在版编目（CIP）数据

电网调度自动化维护员培训教材/国网宁夏电力有限公司编. --北京：中国电力出版社，2024.11.
ISBN 978-7-5198-9332-3

Ⅰ．TM734

中国国家版本馆 CIP 数据核字第 2024V19C29 号

出版发行：中国电力出版社
地　　址：北京市东城区北京站西街 19 号（邮政编码 100005）
网　　址：http://www.cepp.sgcc.com.cn
责任编辑：薛　红　李耀阳
责任校对：黄　蓓　常燕昆
装帧设计：赵丽媛
责任印制：石　雷

印　　刷：廊坊市文峰档案印务有限公司
版　　次：2024 年 11 月第一版
印　　次：2024 年 11 月北京第一次印刷
开　　本：787 毫米×1092 毫米　16 开本
印　　张：21.75
字　　数：484 千字
定　　价：90.00 元

本书编委会

主　　任　米　宁　马小珍

副 主 任　郭文东　孙小湘　王　剑　吴占贵

成　　员　马　军　施佳锋　张宏杰　彭嘉宁　王　伟　马　龙

　　　　　罗英汉　金　萍　李　武　刘军福　贺思宇　穆宏帅

　　　　　许　涛　杨　霄　高　奇　殷学农　赵冠楠　白　雪

本书编写组

主　　编　杨　健

副 主 编　陈小龙　郑铁军　苏　坚

成　　员　孙　涛　寇　琰　孙文琍　范书斌　李家辉　王　荣

　　　　　程冀川　杨家麒　丁　皓　黄　亮　韩　婷　贺蕊欣

　　　　　贺璞烨　王　磊　梁思凡　周　倩　姚　健　张　夔

　　　　　闫凯文　莫文斌　王　鹏　王　超　秦　英　武晓峰

　　　　　王怀俊　满　艺　伊　波　叶秋红

审稿人员　马冬冬　徐鹤勇　张　倩　房　娟　程彩艳　贺建伟

　　　　　王平欢

前　言

　　电力工程主要由发电、输电、配电及用电等几个环节组成，电力系统调度自动化则是配电与用电之间的重要桥梁。随着新型电力系统的建设，调度自动化及电力监控系统新设备、新技术逐渐应用，导致电网调度自动化新老设备共存，不同原理、不同配置的设备出现在不同场站、不同场景中，致使电网中自动化设备应用场景趋于复杂，运维难度不断增加，大大增加了调度自动化运维人员的日常工作难度。为了有效应对技术更迭快、自动化人员培养难、自动化运维工作复杂度较大等情况，进一步提高自动化运维人员对电网调度自动化系统的认知与了解，加强自动化设备实操技能，提升电网调度的智能化、自动化、实用化技术水平，国网宁夏电力有限公司结合生产实践和应用需求，组织编写了电网调度自动化维护员学习使用的培训教材、指导手册和习题集。

　　本书主要介绍电网调度自动化主站系统及网络安全防护的相关系统、架构、原理及应用案例。全书共分七章，第一章为智能电网调度控制系统基础知识，涵盖总体概述、系统发展历程和操作系统等内容；第二章为智能电网调度控制系统平台及应用，主要介绍了基本架构与功能、基础平台、前置子系统、实时监控与智能告警、调度计划类应用和调度管理相关内容；第三章为电力专用安全防护技术，主要讲解了安全防护体系、网络安全监管系统及相关装置等内容；第四章为通用安全防护技术，主要介绍了防火墙技术、入侵检测技术、恶意代码方案技术等相关常用安全防护技术；第五章为调度数据网，介绍调度数据网整体架构、网络基础和路由协议等工作；第六章介绍机房环境及辅助系统的相关设置及规范要求；第七章介绍调度控制系统运行管理的内容，对调度自动化维护员日常值班管理、告警管理和应急管理操作提出了要求。

　　本书对于电力调度自动化及电力监控系统网络安全运维工作人员有很大帮助，可用于新员工、非专业职工以及相近专业员工培训，有较强的学习、指导作用，本书也可以作为生产实践的作业指导书和参考用书。

本书凝结了编写组专家和广大电力工作者的智慧，以期能够准确地表达技术规范和标准要求，为指导调度自动化专业运维人员在主站侧的系统运维工作提供参考。由于电力行业技术不断发展，调度自动化工作培训内容繁杂，书中所写的内容可能存在一定的偏差，恳请读者谅解，并衷心希望读者提出宝贵的意见。

编　者

2024 年 7 月

目 录

第一章

智能电网调度控制系统基础知识

第一节 总 体 概 述

一、总体情况

随着电网规模的日益增长以及对电能质量和供电可靠性要求的不断提高，电网调度自动化系统作为保障电力系统安全、稳定、经济运行的主要技术手段，其支撑和保障性作用日益增强。

电网调度自动化涉及操作系统、数据库、计算机程序设计、网络通信、网络安全防护、时间同步、环境动力等诸多领域。信息技术的飞速发展以及各种软硬件新技术、新应用的不断涌现，为电力监控系统的向前推进提供了更多的可能性，同时也对自动化人员的专业素养和业务技能提出了更高的要求。随着智能电网的发展，调控云、大数据、物联网、分布式正在逐渐向传统的调控自动化领域渗透，这是新时代带来的机遇，同时也给调度运行的安全稳定带来了更大的挑战。

调度自动化从调控业务需求的根本出发，结合计算机、网络、通信、多媒体等最新技术的发展，构建智能电网调度控制系统的系统体系。它主要包括一个基础平台和四大类应用：基础平台是系统开发和运行的基础，是系统应用开发、集成、运行、维护的支撑环境；四大类应用包括实时监控与预警、调度计划、安全校核和调度管理。智能电网调度监控系统实现了电网实时监测从稳态到动态、电网分析从离线到在线、电网控制从局部到全局、电网调度从单独到协同的重要技术进步，促进了可再生能源的消纳，已经成为大电网调度不可或缺的主要技术装备。

二、系统发展历程

从 20 世纪 60 年代至今，电力调度自动化系统经历了从国外引进的单一数据采集与监视控制系统（supervisory control and data acquisition，SCADA），到数字化集中控制的国产系统，再到如今自主知识产权的智能电网调度控制系统三个阶段。主流的智能电网调度控制系统（smart grid dispatching control system）包括统一的基础平台以及平台之上的实时监控与预警、调度计划、安全校核、调度管理四大类应用功能，是由国家电力调度通信中心（简称国调中心）自 2008 年起牵头组织中国电力科学研究院、国网电力科学研究院等组成的联合研发团队，历经 3 年研制的新一代电网调度自动化系统（简称 D5000 系统）。截至 2016 年，D5000 系统已经覆盖了国调中心、6 个网调、27 个省调等 249 个调控中心，实现了国—网—省—地—县多级特大电网多级调度控制业务一体化协同运作，基础数据、模型、图形等实现了"源端维护、全网共享"。

D5000 系统继承了国产系统 CC-2000 和 OPEN-3000 的先进技术，吸收了云计算、物联网、大数据等先进理念，全面采用国产的 64 位服务器集群、安全操作系统、安全数据库等，创造性地开发了四条总线、四类数据库、四种图形界面以及纵深安全防护技术，首次实现了调度控制中心内部的横向集成和多级调度控制中心之间的纵向贯通，实现了电网运行安全可靠、资源配置科学经济、调度管理规范高效，推动电网调度规范化、流程化、信息化、自动化、智能化水平的发展。

第二节　操　作　系　统

一、操作系统概述

操作系统管理着计算机系统的全部硬件资源、软件资源和数据资源，是保障计算机系统以及应用软件正常运行的基础。D5000 系统所运行的安全操作系统基于 Linux 内核，与

Microsoft 的 Windows 系统在人机界面、文件结构、操作方式等诸多方面有着较大差异，基于对电力监控系统高安全性和高可靠性的要求，D5000 系统以及关系数据库和相关高级应用模块的服务器、工作站均安装运行在国产安全操作系统上。运维人员应熟练掌握操作系统的常用命令，具备查看进程、磁盘使用、中央处理器（CPU）、内存、句柄数等信息的能力，能够阅读 Shell 脚本，能够进行文件操作和简单的故障排查和恢复工作，这是调度自动化专业主站运维的基本技能和开展后续工作的基础。

D5000 系统运行的国产安全操作系统主要有麒麟和凝思，两者在图形界面和附属功能上略有不同，但在操作系统层面的使用方式和命令基本一致。

运维人员应掌握 Linux 系统的构成，了解 D5000 系统各模块在操作系统中的位置和作用，能够通过光盘来安装麒麟系统，了解系统分区的概念和方法，了解磁盘列阵（RAID）的原理和常用配置，知道工作站及服务器的常用空间分配方案，能够区分全新安装和重新安装对数据备份的不同要求。

二、操作系统文件结构

D5000 系统在硬件上是由多台服务器（前置、SCADA、历史、PAS、WEB 等）、工作站（维护、调度、监控）以及相关网络设备构成的，在软件上是由 SCADA 子系统、FES 子系统、PAS 子系统、Web 子系统等多个子系统构成的，并由这一套完整系统协同运转，提供数据的采集、存储、处理和展示交互，无论是各种服务器还是工作站都是运行在 Linux 内核的安全操作系统之上。了解 D5000 系统在操作系统层面的整体结构和相关环境是日常维护工作的基础。掌握了 Linux 系统的构成以及 D5000 系统各模块在操作系统中的位置和作用后，在遇到操作系统无法启动、操作系统故障引起的应用程序频繁报错故障时，就可以通过重新安装操作系统和应用程序来进行故障排除，对于包含重要数据的主机还应做好数据备份转移。

1. Linux 系统基本文件结构

通过文件浏览器或命令可以查看文件系统的构成，从而进一步了解 D5000 系统各模块在操作系统中的位置和作用。

Linux 系统的基本文件结构如图 1-1 所示。

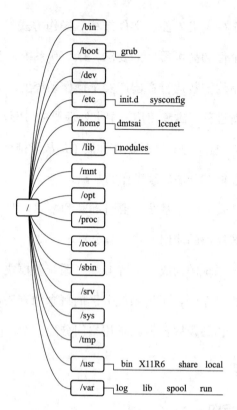

图 1-1   Linux 系统的基本文件结构

其中各个目录作用如下：

/——根目录；

/bin——存放系统命令；

/boot——存放内核以及启动所需的文件；

/dev——存放设备文件；

/etc——存放系统配置文件；

/home——普通用户❶的宿主目录，用户数据存放在其主目录中；

/lib——存放必要的运行库；

/mnt——存放临时的映射文件系统，通常用来挂载使用；

/opt——存放第三方软件的安装文件和数据；

/proc——存放存储进程和系统信息；

---

❶   用户：在本书中提到的用户均指代系统使用者。

/root——超级用户的主目录；

/sbin——存放系统管理程序；

/srv——存放对外的服务；

/sys——存放关于系统内核和硬件设备的信息；

/tmp——存放临时文件；

/usr——存放应用程序、命令程序文件、程序库、手册和其他文档；

/var——系统默认日志存放目录。

2. D5000 系统基本文件结构

D5000 系统安装在/home/d5000/××目录下，其中××为工程名，一般为各省市的拼音全称。此处需要注意，在 Linux 中目录和硬盘分区并没有对应关系，只有在安装操作系统时会涉及。

3. 人机界面文件结构

D5000 系统所需基本环境如人机界面 QT，安装在/home/d5000/目录下，其中图形文件、图元文件、间隔文件、背景图片文件、图标文件等全部存储在 data 目录下的 graph 或 graph_client 目录下，另外还有一个 graph_client＋远程域名的目录。

graph_client 目录存放的是本地缓存文件，graph_client＋远程域名的目录存放的是浏览远程系统时本地缓存的文件。client 与 graph 目录之间的关系是图形程序打开图形文件时会自动比较本地文件和网络文件的版本号，如果本地文件老旧，而网络文件为最新的，则从文件服务器上下载最新的版本来更新本地文件。因此：①非文件服务器上（如非 data_srv 应用主备机、工作站等），没有 graph 目录，若有则属无效目录；②文件服务器上，一定有 graph 目录，但也可以有 graph_client 目录，因为文件服务器本身也可以作为人机工作站浏览图形；③graph_client 目录中的图形文件可以删除，程序将强制从文件服务器上获取图形文件并存放至本地。

这些目录下的子目录结构一致。这些子目录有六个，分别为 display、table、curve、element、bay、image。

display 目录下存放的是图形文件，display 目录下又分具体的图形类型子目录，如厂站接线图 ./fac、潮流图 ./ln、系统图 ./sys、SCADA 图 ./scada 各应用图形等，这些图形类型可以在图形类型表中配置。

table、curve 目录下存放的是表格和曲线文件，这里需要注意的是，在图形文件中的表格图元和曲线图元的存储是独立于图形文件而单独存储的，所以系统之间复制图形文件时，若该图形文件中包含表格和曲线，不要遗漏了表格和曲线独立文件的复制。table 和 curve 目录下还包括具体的图形类型子目录。

element 目录存放的是图元文件，element 目录下又具体分图元类型，如断路器图元为 breaker，隔离开关图元为 disconnector，双绕组变压器图元为 transformer2。图元类型的目录名可参考配置文件 graph_icontype. xml。

bay 目录存放的是间隔文件，bay 目录下又具体分间隔类型，共有六种间隔类型，分别是 3/2 接线间隔 . /two-part、4/3 接线间隔 . /three-quarters、单母带旁路间隔 . /sbo、双母带旁路间隔 . /dbo、母联间隔 . /dbus 和双断路器间隔 . /dcb。

image 目录存放的是图片文件，如背景图片等。

4. 其他常用目录

/etc 也是一个常用的目录，如 IP 地址的解析文件 hosts 就放在这个目录下，其中保存了 D5000 系统全部的节点名称与 IP 地址的对应关系。

/ete/rc. d/目录下 rc0. d～rc6. d 分别放着 Linux 系统不同运行级别的相关启动服务的链接，这些链接的目的文件在 init. d 目录中，另外，/etc/rc. d/rc. local 文件中保存着开机启动需要加载的一些配置，如需要永久修改本机路由就需要编辑此文件。

执行文件放在/home/d5000/工程名/bin 目录下，配置文件放在/home/d5000/工程名/conf，语音告警的声音文件放在/home/d5000/工程名/data/sounds，实时库文件放在/执行文件放在/home/d5000/工程名/bin 目录下，配置文件放在/home/d5000/工程名/home/d5000/工程名/data/rtdbm，达梦数据库放在/home/d5000/工程名/dmdbms。

三、文件及用户操作

在 Linux 系统上进行文件操作和用户操作是运用 Linux 系统最基本的内容，熟练掌握文件和用户操作的相关系统命令及常用参数的含义对于在 Linux 系统上开展各种工作至关重要。Linux 系统中命令众多，实现某一功能的操作方法多种多样，如何能够使用合适的命令高效率地实现最终目的是学习和使用中值得思考的问题。

通过对文件及用户的操作，能够快速熟练地完成文件、目录、用户的新建、删除和修改等操作，掌握各种命令的差别和适用场景，了解常用参数的含义和作用。

需要特别注意的是，在对目录和用户操作时存在一定风险，严禁在 D5000 系统的运行节点上进行练习操作，在使用 rm、mv、chmod、userdel、usermod、groupdel、group-mod、chmod、chown、chgrp、passwd 等命令时应格外谨慎，确保在不影响本系统运行的情况下进行操作，操作时做好记录工作。

1. 目录切换命令的使用

快速切换目录在日常操作中使用非常频繁，其基本命令是"cd"，英文含义为 change directory，但是想要使用好这一命令需要对 Linux 的文件结构有一个全面的认识，若使用得当能够节约大量时间。

如当前工作目录为"/home/d5000/henan/Desktop"，引号中是桌面的绝对路径，所谓绝对路径就是文件或目录所在的真实完整的路径，由根目录写起，逐级向后，直到最终的文件或目录。而相对路径就是省略了当前工作目录的简写形式，如果工作目录不同，即便最后一级的目录名称相同，访问的也并非同一目录。例如在桌面上有两个文件夹 A 和 B，可采用以下方法快速地将工作目录由 A 切换到 B。

（1）方法一：使用绝对路径，操作比较复杂。

cd/home/d5000/henan/Desktop/A

cd/home/d5000/henan/Desktop/B

注释：A 和 B 都在第 5 级目录，如不使用复制粘贴，整个过程需要录入几十个字符。

（2）方法二：引入相对路径的概念，操作得到简化。

cd A

cd

cd B

注释：第一步"cd A"即为在工作目录/home/d5000/henan/Densktop 下寻找名为 A 的目录（文件夹）并进入，第二步直接执行"cd"命令或"cd～"（"～"代表当前用户家目录）。系统将切换到当前用户的家目录（/home/d5000/henan/），所以第三步直接执行"cd B"即可切换到 B 目录，此法利用了 cd 命令不加任何参数可以切换至家目录的捷径。

（3）方法三：家目录并非/home/d5000/henan/。

cd A

cd..

cd B

注释：第二步的"cd .."命令，是将工作目录切换到当前目录的上一级目录，其中"."就代表上一级目录，所以第三步直接执行"cd B"即可切换到 B 目录。此法利用了"cd .."命令可切换至上一级目录的捷径。

（4）方法四：如果 B 目录并非与 A 目录在同一级，比如在/tmp/B：cd A。

cd A

cd /tmp/B

cd-

注释：第三步执行"cd-"之后，工作目录将切换到 A，其中"-"代表前一个目录，如果第四步再次执行"cd-"，工作目录将再切换到 B。此法利用了"cd-"可切换到前一目录的捷径。

小结：在掌握绝对路径和相对路径的概念后，可以使用 Linux 系统中的特殊目录字符来进行快捷操作。

2. 新建有内容文本文件的多种方法

新建某一文本文档并写入内容，是系统中的常用操作，如需要临时记录某些参数等，标准操作是使用 touch 命令新建文件，再进入编辑保存：

touch 1. txt

vi 1. txt

编辑文本

保存退出

一个简单的任务需要 3～4 个步骤。Linux 系统中还有几个命令能够更快捷地实现相同的功能，如下所示。

（1）方法一（直接使用 vi 命令）：

vi 1. txt 编辑文本保存退出

注释：此法利用 vi 命令可新建不存在文件的功能，省去了用 touch 新建的步骤，效率有所提高。

（2）方法二（使用 cat 和输出符号）：

cat＞1. txt 编辑文本

键入 ctrl＋c 退出即保存

注释：此法利用 cat 命令和重定向符创建并打开了之前不存在的文件，一条命令直接进入编辑状态。重定向操作符的种类较多，其中"＞"的含义是将输出结果保存到指定的文件并覆盖原有内容。

（3）方法三：

echo abc＞1. txt

注释：此法利用了 echo 命令的显示作用和重定向操作符"＞"的导入作用，一条命令即将文本内容"abc"写入了 1. txt 文件，甚至不需要保存和退出，步骤最少，堪称最高效的方法，非常适用于临时记录等场合。

小结：每个命令都有适用的场合，善于发现每个命令的特点并进行组合往往能产生更好的效果。

3. 查看文本文件内容的多种方法

文本文件是 Linux 系统中最简单也最常见的一种文件类型，包括许多配置文件在内均是以文本文件的形式存在，在工作中经常需要对文本文件进行查看或编辑操作，除了 vi 命令，查看文本的命令还有 cat、tac、nl、more、less、head、tail、od 八种之多，这些命令都有各自适用的场合。

cat 的主要功能是将一个文档的内容连续地输出在屏幕上。如果目标文档内容小于 10 行，那么使用 cat、more、less、head、tail 进行查看效果是一样的；但如果目标文档有几十行甚至上百行，那么使用 cat 查看时的效果将是从头至尾一闪而过，最后停留在最后一屏（终端窗口），通过滚动条可以查看前几屏的内容，再向前可能就无法翻阅了；如果文本文档是几兆甚至十几兆，那么终端窗口将不停地快速向下滚动，一闪而过，无法看清具体的内容，失去了实际意义，此时 more、less、head、tail 就可以发挥作用了。

more 和 less 为一组，在使用 more 查看较大文档时，由文件开头开始显示，终端窗口底部位置会显示当前已浏览部分占总内容的百分比，适用于对较大文档的扫描式浏览，常用于查看文档结构、在文档中寻找目标段落等目的。但 more 在查看时只能顺序向下浏览，一旦错过将无法返回前一屏进行查看。

less 命令增加了向上查看的功能，可以使用 PageUp 和 PageDown 进行向上、向下翻页，使用范围更大。但对于日志类文件，最新的状态往往写在文档的尾部，对于此类文档，一旦文件体积庞大，那么想查看最新状态，前面几组命令都是无效的，此时可使用 head 和 tail。

head 和 tail 为一组，这组命令的功能是查看文档的部分内容，默认值是 10 行、在需要查看大型日志文件所记录的最新状态内容时，就可以直接使用 tail 来查看文档的尾部部分内容，同样，head 可以用来查看文档的头部部分内容，如果想查看更多行，可以通过加参数 "-n" 来进行调整，n 为目标行数。

小结：tac 是 cat 的反向显示，tac 将按照文档行号的逆序进行显示，最后将停留在全档的头部。nl 是加行号后显示，功能等价于 cat-n；od 是以编码形式查看二进制文件的内容，若使用其他命令将会显示乱码。

4. 文件查看与查找技巧

（1）确认目标文件是否在某目录下。例如，需要查看桌面上有哪些文件或文件夹，此时使用 ls 和 find 命令的区别在于 ls 只列出桌面目录下的文件或目录的名称，不包含文件或目录的路径；而 find 会列出所有文件和目录的路径，若有下一级目录也全部展开，所以在此处 find 等价于 ls-R，参数-R 表示包含子文件夹。

注释：在需要确定某一文件是否在指定的目录下时，两个命令都可以用，或者说只需要确定某一文件是否存在也可以使用 ls-R 配合适当参数进行筛选，但此法无法获得目标文件的绝对路径（即所在位置）。

（2）存在隐藏文件时的查找方法。find . 命令默认展示所有文件，包括隐藏文件，而 ls 命令需要加参数-a 才会显示隐藏文件，但 find ＊命令却会在查找时排除隐藏文件，所以 find ＊命令与 ls-R 等价，find . 命令与 ls-aR 等价。

注释：find 命令与 ls 命令是两个功能不同的命令，但它们在使用和效果上却有相似之处，通过比较可以加深对命令参数和表达方式的理解。

（3）对查找结果进行筛选。如果查询条件较大，符合条件的条目非常多，那么可能需要缩小条件进行再次筛选，find 命令的查询结果默认是按照时间的降序排列，且查询结果只展示路径，并不包含文件的详细属性，如果需要按照其他顺序进行排序，则需要进行组合操作：查找桌面上大于 1MB 的文件，并按照字母顺序排列显示详细属性，代码如下：

find～/Desktop-size ＋1000k-exec ls-1 {}\;

注释：以上命令对 find 的查询结果进行了再次操作，是 find 和 ls 的组合，exec 后面的 ls-1 是附加指令，{} 代表的是 find 命令的查询结果，-exec ls-1 {} 将前一命令的结果进行 ls-1 操作，\;表示-exec 附加指令结束。这是一个典型的命令组合方式，在命令的组合操作中还可以通过|管道符号将结果传递给下一命令，常见的有 ps-ef|grep desktop。

（4）小结。find 命令侧重于"找"，而 ls 命令侧重于"看"。所谓"找"就是查询符合条件的文件或目录，并列出其路径；所谓"看"就是查看文件的各种属性，并根据需要进行各种排序。在实际工作中需要查找文件并不首选 find 命令，find 命令在执行时会对查找范围的磁盘进行扫描和匹配操作，一旦查找范围较大会给硬盘和 CPU 带来较大负担，可能会使系统运行缓慢或影响其他应用的运行。因此，在知道准确文件名的情况下，推荐使用 locate 命令，该命令在运行时与系统建立的索引进行匹配，速度快，但在索引未更新或未建立时无法使用，可根据实际情况进行选择。

第二章

智能电网调度控制系统平台及应用

第一节 基本架构与功能

一、体系架构概述

调度自动化系统是计算机、远动、控制、网络、信息通信技术在电力系统中的综合应用，按照其功能支撑电力生产的实时性和应用管理范围，以及遵循电力监控系统安全防护"安全分区、网络专用、横向隔离、纵向认证"的原则，从横向上可以分为生产控制大区（安全Ⅰ区和安全Ⅱ区）和安全运行区（安全Ⅲ区）的调度自动化系统，从纵向上可以分为主站端和厂站端，不同区域通过调度数据网和纵向加密认证装置、防火墙、隔离装置进行网络连接，其总体框架结构如图 2-1 所示。

1. 安全Ⅰ区的调度自动化系统

位于安全Ⅰ区的调度自动化系统主要实现对电网一次设备的实时监控功能，为电网调度监控运行人员提供各类电网实时信息数据，是电网调度监控运行人员的眼睛和手足，主要为实时监控与预警类应用，包括电网实时监控与智能告警［如数据采集与监视控制系统（SCADA）］、电网自动化控制［如自动电压控制（AVC）、自动发电控制（AGC）］、网络分析、在线安全稳定分析［如广域测量系统（WAMS）］、调度运行辅助决策水电及新能源监测分析、继电保护定值在线校核及预警、辅助监测和运行分析与评价等应用，实现电网运行监视全景化、安全分析、调整控制前瞻化和智能化以及运行评价动态化，侧重于提高电

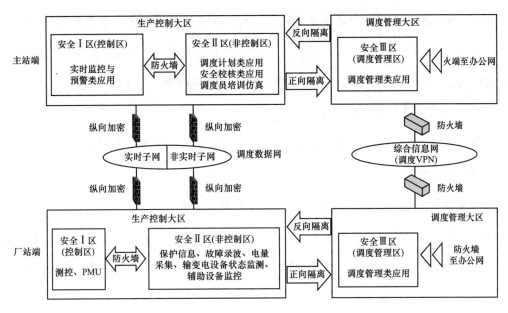

图 2-1　调度自动化系统总体框架结构示意图

力系统的可观测性和提升电力系统安全运行水平。

安全Ⅰ区的调度自动化系统纵向上使用调度数据网实时子网通信，并应在调度数据网实时子网的边界纵向连接处设置经过国家指定部门检测认证的电力专用纵向加密认证类置。安全Ⅰ区的调度自动化系统与安全Ⅱ区系统经过防火墙交互网络信息，实现细化到 IP、端口、服务的访问控制功能。安全Ⅰ区的调度自动化系统经国家指定部门检测认证的电力专用正反向单向隔离装置实现安全Ⅰ区与安全Ⅲ区之间的信息交互，并对传输文件格式等进行限制，禁止任何穿越安全Ⅰ区与安全Ⅲ区之间边界的通用网络服务。

2. 安全Ⅱ区的调度自动化系统

位于安全Ⅱ区的调度自动化系统主要包括主站端智能电网调度控制系统的调度计划和安全校核类应用（电能量计量系统、水调自动化系统、调度员培训仿真系统等）、保护信息管理系统（二次设备在线监视与分析功能的故障录波信息采集分析）、输变电设备在线监测系统、电力市场运营系统等。安全Ⅱ区的调度自动化系统侧重于提高电力系统的可预测性，并提高经济运行水平。

安全Ⅱ区的调度自动化系统纵向上使用调度数据网非实时子网通信，并应用在调度数据网实时子网的边界纵向连接处设置经过国家指定部门检测认证的电力专用纵向加密认证装置。安全Ⅱ区的调度自动化系统与安全Ⅰ区系统经过防火墙交互网络信息，实现细化到

IP、端口、服务的访问控制功能。安全Ⅱ区的调度自动化系统经国家指定部门检测认证的电力专用正反向单向隔离装置实现安全Ⅱ区与安全Ⅲ区之间的信息交互，并对传输文件格式等进行限制，禁止任何穿越安全Ⅱ区与安全Ⅲ区之间边界的通用网络服务。

3. 安全Ⅲ区的调度自动化系统

位于安全Ⅲ区的调度自动化系统主要包括主站端智能电网调度控制系统的调度管理类应用，如调度管理系统（OMS）。

调度管理类应用主要包括调度运行、专业管理、机构内部工作管理、综合分析评价、信息展示与发布五个应用，它主要实现电力系统的运行信息、设备台账、工作流程、业务协作等的规范管理；为调度机构日常调度生产管理作支撑，侧重于提高电力系统的运行绩效水平，是实现电网调规范化、流程化和一体化管理的技术保障；实现电网调度基础信息的统一维护和管理；涵盖主要生产业务的规范化、流程化管理，调度专业和并网电厂的综合管理，电网安全、运行、计划二次设备等信息的综合分析评估和多视角展示与发布，以及调度机构内部的综合管理；实现与公司信息系统的信息交换和共享功能。

安全Ⅲ区的调度自动化系统纵向上使用综合信息网的调度虚拟专用网络（VPN）通信，并在综合信息网的调度 VPN 边界纵向连接处设置防火墙，实现细化到 IP、端口、服务的访问控制功能。经国家指定部门检测认证的电力专用正向单向隔离装置接收安全Ⅰ区与安全Ⅱ区的调度自动化系统信息，通过反向单向隔离装置向安全Ⅰ区与安全Ⅱ区传输限定格式的文件，禁止任何穿越安全Ⅰ区、安全Ⅱ区与安全Ⅲ区之间边界的通用网络服务。

二、智能电网调度控制系统的总体架构

智能电网调度控制系统从调度控制中心的核心业务需求出发，结合计算机、网络、通信、自动化等最新技术的发展，确定系统的体系架构，系统遵循基于组件的面向服务体系结构（service-oriented architecture，SOA）的理念，采用先进成熟的 IT 技术，构建面向应用的安全、可靠、开放、可扩展、组建重用、资源共享、易于集成、高度开放、好用易用、易于维护的支持系统，是调度控制中心各专业人员的得力工具和友好助手。

智能电网调度控制系统以"横向集成、纵向贯通"为基本原则，各级电网调度控制业

务具有一定的相近性，国调、分调、省调三级电网调度控制系采用完全相同的体系结构，地、县、配电调度控制系统根据其具体情况适当简化，同时，各级电网备用调度控制系统的结构和主要功能与保持主调系统相同，总体上逐步形成分布式备用调度体系。

1. 横向集成

为了实现电网调度控制中心内部各专业应用系统的横向集成，必须将原有传统的调度自动化系统（SCADA/EMS）、水电自动化系统、电能量计量系统、广域相量测量系统（WAMS）、调度计划及检修系统、卫星云图系统、雷电定位系统、动态安全稳定预警系统（DSA）、调度生产管理系统和继电保护故障滤波信息管理系统等10余套各自独立的业务应用系统，完全整合为覆盖整个调度控制中心的一套系统，其底层为横跨三个安全区的一体化支撑平台，上层为位于安全Ⅰ区的实时监控与预警类应用、位于安全Ⅱ区的调度计划类应用及其安全校核类应用、位于安全Ⅲ区的调度生产管理类应用，系统支持电网稳态、动态、暂态等多种运行信息的全景监视与分析。

2. 纵向贯通

为了实现各级电网调度控制中心纵向贯通，特别是为了支撑特高压电网的一体化运行，必须实现各级电网调度控制中心的一体化运行。各级调度控制中心安全Ⅰ区的实时监控与预警类应用通过调度数据网络的实时VPN子网纵向互联，安全Ⅱ区的调度计划与安全校核类应用通过调度数据网络的非实时VPN子网纵向互联，安全Ⅲ区的调度生产管理类应用通过企业综合数据网络的调度VPN子网纵向互联，从而实现实时监控与预警、调度计划等各类应用在多级调度机构的广域共享，同时通过调度数据网双平面实现厂站和调度中心之间、调度中心之间数据采集和交换的可靠运行。

三、智能电网调度控制系统的功能

（一）系统平台与四类应用的关系

技术支持系统实时监控与预警类应用、调度计划类应用、安全校核类应用和调度管理类应用四大类应用建立在统一的基础平台之上，平台为各类应用提供统一的模型、数据、CASE、网络通信、人机界面、系统管理等服务。应用之间的数据交换通过平台提供的数据服务进行，还通过平台调用和提供分析计算服务。四类应用与基础平台的逻辑关系如图2-2

所示。

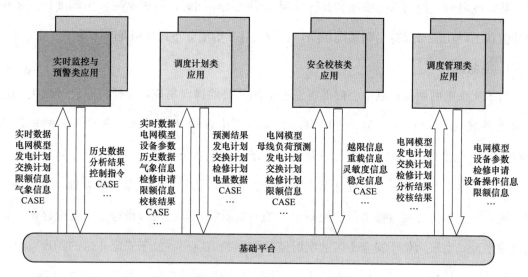

图 2-2　四类应用与基础平台的逻辑关系图

（二）实时监控与预警类应用

实时监控与预警类应用是电网实时调度业务的技术支撑，主要实现地区电网和集控一体化运行监视，实现必要的配电网运行监控基本功能，综合利用一、二次信息实现在线故障诊断和智能报警，实现网络分析、智能分析与辅助决策等应用，为电网安全经济运行提供技术支撑。

实时监控与预警类应用主要包括电网实时监控与智能告警、电网自动控制、网络分析、在线安全稳定分析、调度运行辅助决策、水电及新能源监测分析、调度员培训模拟、运行分析与评价和辅助监测等应用。实时监控与预警类应用及数据逻辑关系如图 2-3 所示。

（三）调度计划类应用

调度计划类应用综合考虑电力系统运行的经济性和安全性，为本级电网安排未来的运行方式提供技术支持，为上级调度提供详细的计划数据，实现省地两级调度计划的统一协调。

调度计划类应用主要包括预测、检修计划、发电计划、电能量计量等应用。调度计划类应用及数据逻辑关系如图 2-4 所示。

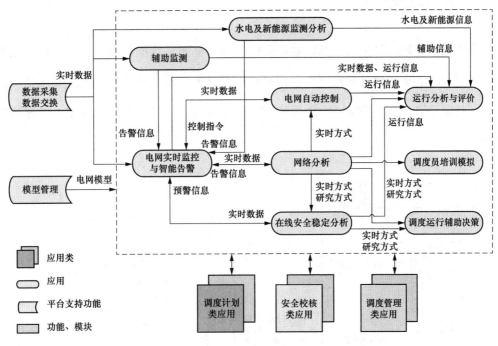

图 2-3　实时监控与预警类应用及数据逻辑关系

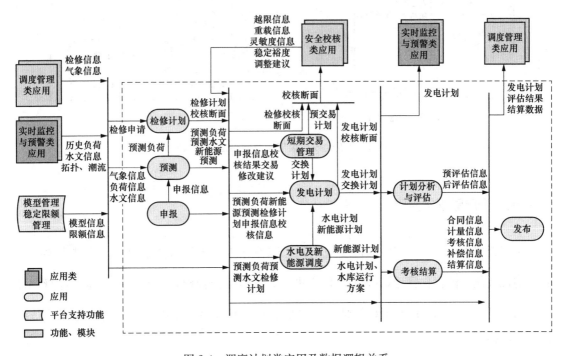

图 2-4　调度计划类应用及数据逻辑关系

(四)安全校核类应用

安全校核类应用主要是为检修计划、发电计划和电网运行操作提供校核手段,是对各种预想运行方式和实时运行方式下的电网进行安全分析。安全校核类应用主要包括静态安全校核、稳定计算校核、稳定裕度评估和辅助决策等应用。安全校核类应用及数据逻辑关系如图 2-5 所示。

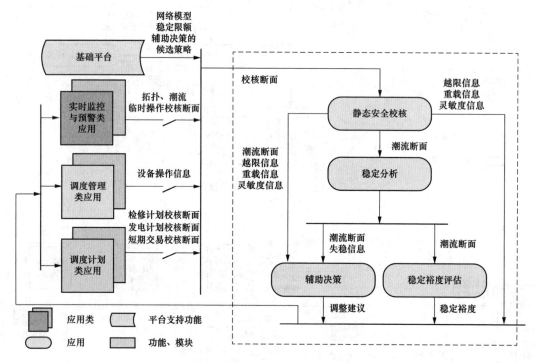

图 2-5 安全校核类应用及数据逻辑关系

(五)调度管理类应用

调度管理类应用是实现电网调度规范化、流程化和一体化的技术保障,涵盖主要生产业务的规范化、流程化管理,调度专业和并网电厂的综合管理,以及电网安全、运行、计划、二次设备等信息的综合分析评估和多视角展示与发布等,并实现与 SG186 信息系统的信息交换和共享。

调度管理类应用主要包括生产运行、专业管理、综合分析与评估、信息展示与发布等应用。调度管理类应用及数据逻辑关系如图 2-6 所示。

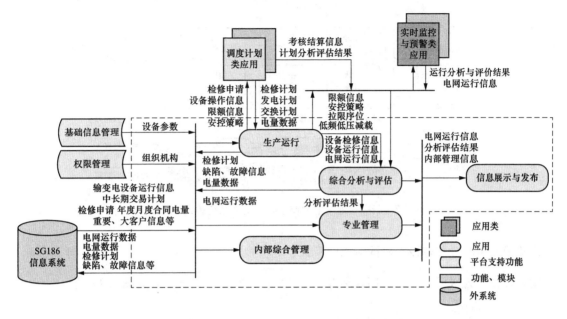

图 2-6　调度管理类应用及数据逻辑关系

四、智能电网调度控制系统的展望

（一）新一代地区电网调度技术支持系统总体架构

新一代地区电网调度技术支持系统面向地区级调度各专业，运用云计算、大数据、人工智能等新兴信息和通信技术（ICT），构建云计算平台和数据驱动型应用，形成一套系统、两种平台协同支撑、两种引擎联合驱动的新一代地区电网调度技术支持系统。

在体系架构上，基于运行控制子平台和调控云子平台两种平台，构建实时监控、自动控制、分析校核、培训仿真、计划预测、主配协同调控、运行评估和调度管理八大类业务应用，利用调度数据网、综合数据网和互联网三种网络，广泛采集发电厂、变电站、外部气象环境、用电采集、电动汽车以及柔性负荷等数据，并基于人机云终端，实现对两种平台、八大类业务应用的统一浏览查看，如图 2-7 所示。

在系统部署方面，采用分布式就地部署和云端部署相结合的方式，实时监控、自动控制、主配协同调控在地调实施就地部署，其中主配协同调控根据地调实际需求，采取主配

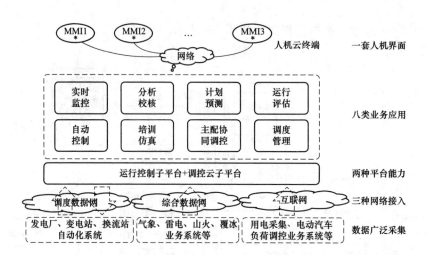

图 2-7　新一代地区电网调度技术支持系统体系架构图

一体建设或主配独立建设、协同应用的模式；分析校核、培训仿真、运行评估、计划预测、调度管理依托省级云节点，采用云端部署和就地部署相结合的方式，如图 2-8 所示。

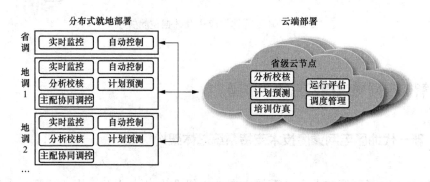

图 2-8　新一代地区电网调度技术支持系统部署示意图

（二）新一代地区电网调度技术支持系统软件架构

1. 支撑平台

新一代地区电网调度技术支持系统的支撑平台由运行控制子平台和调控云子平台组成。

运行控制子平台原则上采用自研和商用软件，具有高实时、高可靠的特征，主要服务于生产控制大区、以模型驱动为主的应用。运行控制子平台应包含数据存储管理、通信总线、模型管理、HA 管理、计算引擎等公共组件，提供统一规范的基础服务、数据服务和人机交互服务，应具备平台管理和安全防护功能。

调控云子平台采用开源软件和自研软件相结合的方式，具有开放、共享、易扩展的特征，主要服务于安全运行区、以数据驱动为主的应用。调控云子平台应包含公共资源管理、模型数据平台、运行数据平台、实时数据平台、大数据平台、调控云服务体系。调控云子平台由省级统一建设，地调使用。

2. 人机云终端

新一代地区电网调度技术支持系统提供具有"位置无关、权限约束、同景展示"特征的人机云终端，应支持在调控大屏幕、桌面工作站、移动设备等设备上人机交互。在信息安全约束与权限控制管理范围内，基于分布于调度数据网、综合数据网、互联网等形式的人机交互网，获取全网一致的基础模型、实时运行工况、分析决策结果、统计数据等信息，为电网监视、分析、防控和决策提供语音、触摸、人脸识别等人机交互方式；支持调度人员本地、异地无差别监视控制以及移动设备信息浏览，提高调度监控人员对电网运行状态的掌控能力。

3. 应用功能

新一代地区电网调度技术支持系统是一套面向地区电网调度生产业务的集成的、集约化系统，对地区电网实时调度运行、生产组织、运行管理等业务提供技术支持，主要包括实时监控、自动控制、分析校核、计划预测、主配协同调控、培训仿真、运行评估、调度管理八大类应用。

（1）实时监控类应用通过对传统运行数据、新能源、可调节负荷等内外部数据的全面采集处理，实现对电网一、二次设备的全面监视，综合各类分析计算结果，构建电网实时运行评价指标，支持对电网运行状态的全景感知和立体监视；针对电网故障，智能感知故障设备及波及范围，向关联系统自动推送故障告警及处置策略，协同多级调度联合开展故障处置，支持调度控制业务。实时监控类应用多数功能部署在安全Ⅰ区，侧重于提高电力系统的可观测性并提高安全运行水平。

（2）自动控制类应用以全网实时数据和电网基本模型为基础，通过与稳态自适应巡航、分析校核类、计划预测等应用进行全局优化分析和闭环控制，实现对电网电压和潮流的优化自动控制，支撑调度控制业务。自动控制类应用功能部署在安全Ⅰ区，侧重于保障系统功率平衡以及安全稳定运行，提升频率与电压质量，提高系统经济运行水平。

（3）分析校核类应用按照时间、空间、业务维度裁剪获取电网模型及实时数据，通过并行快速算法和智能化分析手段，结合地区电网面临的安全问题以及调度运行业务需求，从电力系统稳态、动态等方面，对电力系统实时、计划和预想运行方式下的运行情况进行全局性分析预警、安全校核与辅助决策，并为实时监控、自动控制、主配协同调控等应用提供分析决策计算服务，支撑大电网运行全方位安全预警和多维度多层次协调防御。

（4）计划预测类应用实现系统内负荷、新能源、水电、分布式电源的中长期电量预测、短期功率预测、超短期功率预测、概率预测和电能量计量等功能，主要用于支撑调度、计划等业务运转，多数功能部署在安全Ⅲ区，侧重于提高负荷预测和清洁能源预测的准确率，保障大电网的电力电量平衡，促进清洁能源安全消纳。

（5）主配协同调控类应用基于配电网模型和运行数据，实现对配电网运行状态的监视和故障处置，能够协同主网进行全网拓扑智能搜索，动态生成供电路径、负荷转供路径，提供主配协同保供电功能，支持调度控制业务。主配协同调控类应用多数功能部署在安全Ⅰ区，侧重于提高主配电网监视、调度的协同处置并提高安全运行水平。

（6）培训仿真类应用实现对电网调控运行的仿真模拟和运行推演，为调控运行人员提供全面的培训模拟、联合演练及推演分析环境，为调控运行人员进一步掌握电网运行特性提供支撑，多数功能部署在安全Ⅲ区，侧重于提高调控运行人员业务能力并为调控业务提供优化决策建议。

（7）运行评估类应用通过包括安全评估、调控运行分析、清洁能源消纳、设备运行效率等的评估，以电网模型和运行数据为基础，构建电网运行评估指标体系，及时掌握电网总体态势，提高设备运行效率，指导电网运行，支撑清洁能源消纳。依托大数据和人工智能技术，对电网历史运行情况进行客观量化评价，对典型电网调度业务进行深度挖掘与评估，基于省级调控云平台部署，地调使用，侧重于指导电网运行持续优化。

（8）调度管理类应用实现电力系统基础数据、运行信息、工作流程、业务协作等的规范管理，为调度机构日常调度运行、生产组织、二次运行管理作支撑，基于省级调控云平台部署，地调使用，侧重于提高地区电网的运行绩效水平。

（三）新一代地区电网调度技术支持系统硬件架构

新一代地区电网调度技术支持系统硬件架构由生产控制大区和安全运行区相关的磁盘

阵列、服务器、工作站、网络安防等设备构成。根据业务的部署特点，结合纵深防护理念，将系统整体网络分为前端汇聚网、内端业务处理网和后端存储网三个重要组成部分，其中生产控制大区将配置冗余的核心交换机，作为业务处理网的核心汇聚节点，各业务汇聚交换机通过与核心交换机的网络连接，实现生产控制大区各业务之间的互联互通，主要为实时监控、自动控制、分析校核、计划预测、主配协同调控等类应用提供优质的存储资源、应用计算资源和网络安防资源等。安全运行区根据相同网络结构进行硬件设备部署，统一纳入省级调控云进行监管，通过各业务汇聚交换机与安全运行区现有核心交换机进行网络连接，实现新一代地区电网调度技术支持系统三区相关业务的互联互通，主要为分析校核、培训仿真、运行评估、调度管理等类应用提供硬件资源服务。同时根据安全防护需要，前端汇聚网络边界将通过纵向加密装置和防火墙进行安全防护，生产控制大区与安全运行区之间通过一套正反向隔离阵列进行安全隔离。硬件架构示意图如图 2-9 所示。

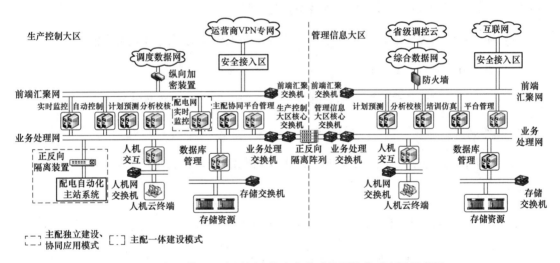

图 2-9　新一代地区电网调度技术支持系统硬件典型配置示意图

第二节　基　础　平　台

一、基础平台概述

基础平台向各类应用提供支持和服务，主要包括系统管理、消息总线和服务总线、公共服务等基本功能。

二、系统管理

系统管理负责系统资源的监视、调度和优化，能够实现对各类应用的统一管理，主要包括节点管理、系统应用管理、进程管理、网络管理、资源监视、日志管理、CASE 管理等功能，并提供各类系统维护工具。

（一）节点管理

1. 主要功能

系统节点管理使用在安全Ⅰ、Ⅲ区，模块主要提供计算机节点的配置、运行状态监视和报警功能。

（1）提供节点配置管理工具，可以在线搜索和配置系统各节点的运行方式，包括应用功能的设置、应用的分布、节点的名称及节点的数量等。

（2）提供系统启停功能，负责整个系统服务器和工作站的系统启动和停止。

（3）提供节点监视工具，可通过工具在线监视各节点的运行状态。

（4）具有节点异常报警功能，节点离线将自动发出告警，以便及时处理。

2. 工作原理

通过标准化的数据库访问界面，将系统的配置信息记录在数据库中，提供系统启动和运行所必需的信息。

系统启停模块根据数据库和配置文件中的节点配置、应用分布配置、进程所属应用配置等信息得出服务器或工作站上需启动进程的总配置，逐一启动初始化进程、常驻进程、清理进程等，所有进程启动完毕后即完成了启动本机所有应用的任务。需要停止系统时，启停模块根据正在运行的所有进程的注册信息，将进程逐一停止，达到停止系统运行的目的。

系统的每个节点上运行监视程序，统一在数据库中汇总各节点的监视信息，通过节点监视工具展示出来，出现异常也由监视程序发出告警。

3. 技术特点

（1）可在线动态增加冗余配置节点，增加的节点只需简单的配置及本机启动后便可方便地加入整个系统，系统中其他已运行的机器不需要启停。

（2）可动态删除节点，删除的节点只需本机停止后便可退出整个系统，系统中其他已运行的机器不需要启停。

（二）系统应用管理

1. 主要功能

系统应用管理对整个系统中的应用分布进行配置、对应用状态进行管理，提供应用初始化配置、故障自动切换和手动切换、应用状态的监视和查询功能。

（1）提供应用配置管理工具，可以在线配置系统中各应用的分布。

（2）系统支持自动切换和手动切换。当主机服务器故障时发生自动切换，维护人员可根据实际需要进行手动切换。

（3）提供编程接口供开发人员查询和控制应用状态。

（4）系统应用管理提供界面监视工具，可通过工具在线监视各应用的运行状态是否正常，也可通过界面工具切换应用的状态。

（5）系统应用管理具有应用状态变化报警功能，应用状态发生自动或手动切换，或应用状态发生故障、应用启动/退出等都将自动发出告警。

2. 工作原理

（1）通过标准化的数据库访问界面，将应用的配置信息记录在数据库中，系统启动时通过应用配置信息决定在本机启动哪些应用。

（2）每个节点运行应用管理程序。应用管理程序通过广播向全系统发送本机的心跳报文。心跳报文中包括应用状态、应用优先级、进程状态、网络状态等信息。可通过心跳报文中的内容或心跳的有无获取系统中任意其他节点的状态。当处于主机状态的节点故障将发生自动切换，同时状态变化时由应用管理程序发出告警。

（3）提供应用切换工具进行手动切换应用状态。应用切换工具通过向命令中指定的节点发送某态某应用的切换报文，指定节点的应用管理程序收到报文后再根据系统中所有节点上此应用的状态判断是否进一步进行切换动作。

（4）通过节点管理中提到的节点监视程序向数据库中统一汇总各节点的应用状态信息，

通过界面工具展示出来。

3. 技术特点

（1）系统应用管理支持四大类应用，支持的应用数目可编程扩充。

（2）可在线增加应用分布的节点，系统不需要重启。

（3）应用管理的设计不再是传统的双机热备技术，而是扩展到多机热备技术，大大提高了可靠性指标。在配置适当的情况下，只要系统还有一台服务器能正常运转，系统就能正常运转下去。核心机制是当处于主机状态的服务器故障时，多个处于热备用状态的服务器按照优先级顺序，由最优先者升级为主机。

（4）系统应用管理采用分布式设计。系统中的任意一个节点都能接收整个系统的完整的应用管理信息，并根据仲裁算法进行仲裁。不依赖于系统中的某一台机器或某几台机器，大大加强了系统的健壮性，任一机器离线后系统都能正常运转，理论上只要一台服务器功能正常整个系统便能正常运行。

（5）系统应用管理具有优秀的性能指标：冗余热备用节点之间实现无扰动切换，热备用节点接替值班节点的切换时间小于 3s，冷备用节点接替值班节点的切换时间小于 5min。

（6）系统应用管理支持多网段配置，服务器与工作站可分布在不同网段。支持工作站在远程的网段上向服务器所在的主网段使用资源定位远程获取应用信息。

（三）进程管理

1. 主要功能

进程管理的主要任务是管理和监视应用进程的运行情况，保证整个系统的正常运行，在进程故障时重启进程，实时报告进程运行的状态。

系统提供一个全系统服务器、工作站的进程管理工具，可对服务器、工作站上运行的每个进程进行监视和管理，能详细列出进程信息，包括 ID、启动时间、故障时间、运行状态等，并能够在画面上进行显示。当系统进程发生异常时，系统能够对其进行自恢复，同时，通过报警，通知值班员。如自恢复不成功，可通过进程管理工具进行人工恢复。

对于软件模块非正常退出的情况，如果是主用模块退出，系统自动将备用模块切为主用模块；如果是备用模块退出，则直接尝试重启该模块。如果异常退出的模块不能在指定的时间内（由系统配置参数决定）成功重启，系统发出相应的告警通知用户进行必要的处理。

2. 工作原理

进程管理从实时库中获取关键进程、常驻进程信息，初始化进程管理的共享内存。

进程管理监视和管理注册的进程，实时更新进程状态信息到实时库中，并在人机画面上显示。

进程管理为系统中平台进程、应用进程等应用模块提供通用的调用接口。

进程管理的系统结构如图 2-10 所示。

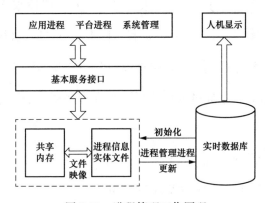

图 2-10　进程管理工作原理

3. 技术特点

（1）提供一个全系统服务器、工作站的界面进程管理工具，可对全系统的进程进行统一的监视管理。

（2）提供通用的进程注册和管理接口，应用进程无须静态注册，即可动态加入系统的进程管理，管理灵活方便。

（四）网络管理

1. 主要功能

平台网络管理软件对网络通信功能进行冗余设计，使网络通信即使在单一网络部件出现故障的情况下仍然能保持通信的不间断运行，从而保证整个系统正常工作。

系统采用 Linux 操作系统的 Bonding 驱动技术，切换速度快，实时性好，配置灵活，实现方便，对应用透明，具有更高的效率和更强的灵活性，在实现冗余的同时实现负载均衡。

2. 工作原理

平台网络管理整体实现方案如图 2-11 所示。

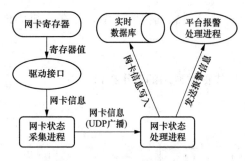

图 2-11　平台网络管理整体实现方案

（1）网卡状态采集进程定时向内核驱动请求网卡状态和信息，由网卡驱动接口提取网卡寄存器值，然后把相关信息和统计的状态返回到用户空间，最后网卡状态采集进程通过发送用户数据报协议（UDP）广播报文传送给网卡状态处理进程。网卡状态采集进程运行在每个节点。

（2）网卡状态处理进程接收到网卡采集进程的 UDP 广播报文后，根据报文类型，写入本地实时数据库，并将报警信息通过消息总线发送给平台报警处理进程。

3. 技术特点

（1）对网卡故障判断及时正确。从检测网卡错误到成功切换网卡时间仅为 100ms，切换恢复快，多个网卡都正常时，能够做到负载均衡。

（2）提供了标准的访问接口，开放性好，易监测，易维护，能及时检测到网卡中断、网卡流量异常，及时写入数据库并发出报警信息。

（3）网络管理软件对应用透明。遵循软件"分层设计"的原则，网络管理位于平台的最底层，对操作系统和商用数据库应用透明，对平台和应用软件透明。

（五）资源监视

1. 主要功能

资源管理主要实现了以下两个功能。

（1）负责监视和记录系统中各种资源，包括计算机的 CPU 负荷、内存使用情况、磁盘空间占用、网络负载情况等。

（2）具备越限报警功能，对于资源占用超过规定门槛值（比如磁盘剩余空间不足）发出报警信息，以便及时进行处理。

2. 工作原理

（1）每个节点运行系统资源监视程序。通过系统调用、操作系统命令、网卡监控程序获取计算机的 CPU 负荷、内存使用情况、磁盘空间占用、网络负载等信息。

（2）监视程序向数据库汇总整个系统的上诉信息，通过界面工具展示出来。

3. 技术特点

（1）系统资源监视提供了图形化的资源监视界面工具，监视各个节点 CPU、内存、硬盘、网络等设备的关键性能参数及使用情况，确保其正常运行。

（2）CPU、内存、硬盘、网络情况的监视和展示能够由程序自动化完成，自动监视并自动写入数据库，能够动态增加新设备和更新已有设备，而不再需要人工事先配置和事后人工干预。

（3）将所有告警极限（门槛值）的配置统一在数据库中，便于调整。

（六）日志管理

1. 主要功能

日志管理包括系统日志信息的记录、查看、备份等功能。日志文件专门用来保存系统中各个进程需要记录的活动，供调试、查错、事后分析等。通过定义日志标准，详细记录系统设备、基础平台和应用软件的工作状态，最终达到便于调度中心管理人员清晰了解及管理本地及系统的应用工况，确保设备工作正常的目的。

日志管理提供一组应用程序接口（API）函数，系统中各应用进程通过调用 API 函数，向操作系统守护进程 syslog 发送日志信息，在特定目录生成需要保存的日志记录。

2. 工作原理

平台系统日志管理实现方案如图 2-12 所示。

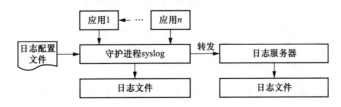

图 2-12　日志管理实现方案

服务端：采用操作系统 syslog 作为日志服务的服务端，syslog 在默认情况下不接受其他日志服务器发过来的消息，因此在日志服务器上通过添加启动参数"-r"，打开 syslog 接收外来日志消息的功能，其转发端口为 UDP514。

客户端：通过封装函数 syslog，提供给各应用程序 API 写日志文件。

3. 技术特点

（1）充分利用操作系统 syslog 的基本机制，以守护进程 syslog 作为技术支持系统日志管理的服务端。

（2）封装 Linux 操作系统 glibc 函数 syslog 作为各个应用进程的客户端 API。

（3）定义统一的日志文件记录格式。

（4）定义统一的日志记录级别。

（5）提供方便的浏览工具，可进行本地日志文件信息浏览、查询、删除等操作。

（七）CASE 管理

1. 主要功能

CASE 管理功能是系统实现应用场景数据存储和管理的公共工具，便于应用使用特定环境下的完整数据开展分析和研究。其功能包括 CASE 的存储触发、存储管理、查询、浏览、检验和比较功能，并具有 CASE 匹配、一致性及完整性校验功能。

CASE 管理支持多种类型数据及其组合的保存和管理，应用可根据需要自己定义 CASE 数据的内容、来源和管理方式。缺省支持的场景数据包括电网模型的 CASE、运行方式的 CASE 和历史事件的 CASE 等。

2. 工作原理

技术支持系统的支撑平台从设计上保证了对多态、多应用的支持。系统不仅支持实时态，同时支持培训态、研究态等多个态。通常情况下，调度自动化系统注重实时监控功能，然而当系统支持多态后，其功能就有了很大的扩展。研究态包括历史 CASE 研究、考虑模型变化的全景 PDR、未来方式研究以及测试等。

技术支持系统设计是统一考虑的多态支持，不同态下的相同应用使用相同的进程，所以不管是在培训态还是研究态下，用户看到的都是与实时态下完全一致的功能逻辑与界面，对于用户来说，这是最自然、最易接受的，也是具有最佳应用效果的。

为了能够让"回顾过去、展望未来"功能真正实现方便、实用，技术支持系统的支撑平台提供了完善的 CASE 管理功能，包括 CASE 保存的自动与手动触发、存储管理、检索、一致性与完整性检验等各方面。

CASE 保存的内容包括多种类型，系统模型的 CASE 包括系统的电网模型、参数以及图形文件等，达到完整反映某一时刻电网模型的目的；运行方式的 CASE 则包括运行方式的所有数据；而动态事件的 CASE 则是保存了某一时段内发生的所有事件，包括遥信变位、遥测的变化等。

CASE 的应用包括有关"回顾过去"功能的各个方面，包括全景电力分配记录仪（PDR）重演、极值断面回顾、历史潮流计算以及 DTS 对过去的典型事故进行重演等。

平台提供 CASE 的管理工具用于手动的 CASE 断面管理，提供 API 用于自动的 CASE 断面形成和调用，支持对电网模型、图形、方式数据及动态事件等保存和调用的 CASE 单元，可定义常用 CASE 模板，提供 CASE 匹配、一致性和完整性校验。

应用根据各自的具体要求，实现 CASE 的保存和调用。

三、消息总线和服务总线

基础平台的信息交互采用消息总线和服务总线的双总线设计，提供面向应用的跨计算机信息交互机制。消息总线按照实时监控的特殊要求设计，具有高速实时的特点，主要用于对实时性要求高的应用；服务总线按照企业级服务总线设计，基于 SOA 的体系架构环境，对应用开发提供广泛的信息交互支持。

（一）消息总线

1. 主要功能

基于事件的消息总线提供进程间（计算机间和内部）的信息传输支持，具有消息的注册、撤销、发送、接收、订阅、发布等功能，以接口函数的形式提供给各类应用；支持基于用户数据报协议（UDP）和传输控制协议（TCP）两种实现方式，具有组播、广播和点到点传输形式，支持一对多、一对一的信息交换场合。针对电力调度的需求，支持快速传递遥测数据、开关变位、事故信号、控制指令等各类实时数据和事件；支持对多态（实时态、反演态、研究态、测试态）的数据传输。

2. 工作原理

消息总线通过基于共享内存的进程间通信和节点间的消息传输构成消息总线，完成消息的收发功能。消息总线对上层应用封装成六个通用的基本服务接口。应用进程通过调用六个接口函数使用消息总线。消息总线的总体架构如图 2-13 所示。

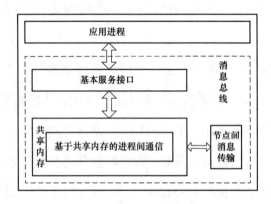

图 2-13 消息总线的总体架构

实时消息总线的实现机制应主要通过 UDP、TCP 通信协议实现事件的发布/订阅。在同一节点内部，消息的发布者和消息的接收者之间的消息传递基于共享内存。在不同节点之间实现消息的发布者和消息的接收者之间的消息传递基于组播技术或点对点。

组播是消息发布者将消息报文发布给同组的各个节点，接收节点的消息代理再通过共享内存等通信方式将消息传递到接收者。

消息总线部署在各个发布/订阅的节点，消息总线提供报文重传机制，保证报文的有效传递。

消息总线的内部实现机制和实现细节对系统中的各应用透明，应用进程通过六个接口函数加入到消息总线中。消息发送进程通过注册函数（messageInit）、发送消息函数（messageSend）、退出注册函数（messageExit）使用消息总线，消息接收进程通过注册函数（messageInit）、订阅函数（messageSubscribe）、接收消息函数（messageReceive）、退出注册函数（messageExit）使用消息总线。

消息总线、消息发送进程、消息接收进程之间的调用关系、执行流程如图 2-14 所示。

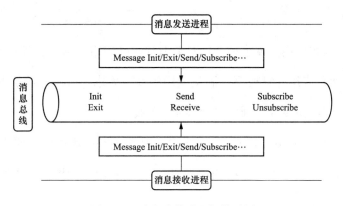

图 2-14   消息总线进程间关系图

3. 技术特点

（1）消息总线采用动态管理共享内存的算法。在消息总线的共享内存中，为应用进程动态、独立地分配共享内存区域，并根据应用进程的不同数据量的使用需求，动态地为应用进程扩大共享内存区域，使应用进程无扰动地使用消息总线。

（2）消息总线利用 UDP 组播技术，在系统内实现一对多的消息传输，提供报文重传机制，保证报文的实时、有效传递。

（3）消息总线的实现与系统平台中其他功能模块独立，不存在耦合关系。

（4）消息总线为应用提供通用的接口原语，应用进程可不依赖静态配置信息，动态加入消息总线。消息按多态属性管理，不同态之间的消息独立。

（二）服务总线

服务总线采用 SOA 架构，屏蔽实现数据交换所需的底层通信技术和应用处理的具体方法，从传输上支持应用请求信息和响应结果信息的传输。

服务总线以接口函数的形式为应用提供服务的注册、发布、请求、订阅、确认、响应等信息交互机制，同时提供服务的描述方法、服务代理和服务管理的功能，以满足应用功能和数据在广域范围的使用和共享。

服务总线作为基础平台的重要内容之一，为系统的运行提供技术支撑。服务总线的目标是构建 SOA 的系统结构，为此服务总线不仅提供服务的接入和访问等基本功能，同时也提供服务的查询和监控等管理功能。

主要技术特点：

（1）提供了标准的应用开发模型。针对电力行业的应用特点，服务总线提供了请求/应答和订阅/发布这两种应用开发模型，满足应用的开发要求。服务总线屏蔽了网络的传输、链路管理等细节内容，使服务的开发更加方便和快捷。

（2）支持 SOA 的体系结构。服务总线提供了比较完整的服务管理原语，可以用于服务的注册、查询和监控功能，使服务的使用具有较好的透明性，服务的部署更加方便，系统也具有更好的可扩展性。

四、公共服务

公共服务是基础平台为应用开发和集成提供的一组通用的服务，这些服务随着系统功能设计的深化，需要不断增加。公共服务至少包括文件服务、画面服务、告警服务、权限服务和人机界面等。

（一）文件服务

1. 主要功能

文件服务是对网络范围内的文件实行统一管理的公用服务，提供远程访问目录和文件的功能，包括文件传输、文件管理、目录管理和文件加锁，可进行文件的创建、更新、删除、打开、关闭、读写等操作。除常规的操作功能外，还应提供文件版本的比对、同步更新和权限控制功能。

2. 工作原理

文件服务分别为 Java 和 Qt 提供了访问接口，人机通过资源定位服务对文件服务进行定位后，通过访问接口与文件服务进行交互。

3. 技术特点

（1）提供文件的增加、删除、修改和读取功能，提供目录的创建、删除和读取功能。

（2）提供文件的版本功能，可以创建文件的版本、读取特定版本、删除特定版本的文件。

（3）支持文件加锁和解锁功能。

（4）支持文件同步功能，可以在两个文件服务之间对文件的变化进行同步。

（二）画面服务

1. 主要功能

画面服务提供静态图形文件信息的传输和相关实时数据的周期刷新功能，支持图形信息的广域调用和浏览。画面服务具有并发处理和实时数据集的缓存管理功能，可实时可靠地响应用户的请求。

2. 工作原理

人机通过资源定位服务对画面服务进行定位后，向画面服务发送画面请求。画面服务分析服务请求，建立相应的画面缓存并根据画面刷新周期向人机返回画面数据。

3. 技术特点

（1）提供画面缓存机制，共享画面数据，提高服务响应速度。

（2）提供数据增量发送机制，即只发送变化数据。

（3）基于线程池的画面数据更新机制，提高服务效率。

（三）告警服务

1. 主要功能

告警服务用于引起用户注意的告警事件处理，包括电力系统运行状态发生变化、未来系统的预测、设备监视与控制、调度员的操作记录等发生的所有告警事件处理。根据不同的需要，告警应分为不同的类型，并提供推画面、音响、语音、打印、启动状态估计等多种告警方式。告警处理接收各类告警，把告警存入商用库中，供告警检索查询工具或其他系统访问使用。

系统的告警服务作为一种公共服务为各应用提供相应的告警功能，由告警服务后台进程、告警定义界面、告警客户端、告警查询工具等部分组成。用户在告警定义界面进行告警方式的定义。告警服务后台进程常驻在各个应用服务器上，处理各个应用程序发过来的告警，根据已经定义好的告警方式决定应采取的告警行为。告警客户端将告警服务后台进程通知的告警行为表现出来。告警查询界面是历史告警信息的检索工具。

告警服务提供灵活方便的方式，使用户随时可以在线修改告警方式，同时使各个应用随时能够根据自己的需要对报警进行方便的扩充。

2. 工作原理

完成一个告警需要多个进程的参与，下面简单介绍一下与告警服务相关的几个进程。

（1）应用程序。应用程序指的是各个应用下（SCADA、PUBLIC、FES、PAS、AGC等）检测出报警需要发出告警的程序。绝大部分应用程序运行在相应应用的主机上，这时只需要向本机的告警服务后台进程发出告警通知；还有一小部分运行在系统的所有节点上，需要向相应应用主机的告警服务后台进程发出告警信息。

（2）后台进程（alarm_server）。告警服务后台过程，连接应用程序、告警客户端、数据库提交服务进程，是告警服务的核心进程。告警服务后台进程在各个应用服务器上运行。告警服务根据已经定义好的告警方式通知告警客户端应采取的告警行为。

（3）告警客户端（alarm_client）。告警客户端运行在各个节点上，负责表现出各种告警动作（包括告警窗显示、语音和推画面等）。

（4）数据库提交服务（midhs）。告警服务利用数据库提交服务进程（midhs）实现写告警登录表的功能。历史记录保存在商用库中的各个告警登录表中。

告警服务进程实现流程如图 2-15 所示。应用程序检测出告警时，发消息（包含告警的具体内容）给告警服务后台进程。告警服务后台进程收到这个消息后，立即检查此告警相应的告警类型与告警状态，根据告警类型和告警状态确定相应的告警动作和告警参数，发

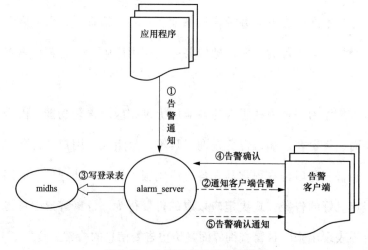

图 2-15　告警服务进程实现流程

消息给每台机器上的告警客户端，同时要把告警信息通过历史库提交服务写进各种告警登录表。告警客户端收到消息后完成相应的告警动作。重要的告警在客户端需要进行告警确认，告警确认后通知告警服务后台进程。告警服务后台进程接到告警确认后再通知所有告警客户端此告警已经得到确认，所有告警客户端均确认此告警。

3. 技术特点

（1）对多应用告警统一处理。平台提供的告警服务统一处理各种告警和事件，根据定义以某种方式发出告警信息，如推画面、声光报警等，同时对电网事件、系统事件等各种事件分别进行记录、保存，并提供检索、分析等服务。

（2）支持多种告警方式进行告警。如上告警窗、推画面、语音报警和启动状态估计等，对不同的告警能定义不同的告警方式。

（3）告警方式能定义到具体的设备对象。平台提供的告警服务不但能够定义不同类型的告警可以有不同的告警处理方式，对同一类型的告警还可以根据不同的设备对象定义不同的告警处理方式。

（四）权限服务

1. 主要功能

权限服务是一组权限控制的公共组件和服务，具有用户的角色识别和权限控制的功能，包括基于对象的控制（如菜单、应用、功能、属性、画面、数据和流程等）、基于物理位置的控制（如系统、服务器组和单台计算机）和基于角色的控制机制等。

权限管理为各类应用提供使用和维护权限的控制手段，是应用和数据实现安全访问管理的重要工具。权限管理通过功能、角色、用户、组等多种层次的权限主体，可以实现多层次、多粒度的权限控制。通过系统管理员、安全管理员、应用管理员等不同类型的角色划分，实现了权限的三权分立、相互制约的功能。权限管理提供界面友好的权限管理工具，方便对用户的权限设置和管理。

2. 工作原理

权限管理用于系统的安全性，用户被授予不同的权限，具有相应权限的用户才能进行相应的操作。权限采用多层次管理的方式，体现了三权分立的思想，分为功能、角色、用户、组和特殊属性 5 类权限主体。

(1) 功能。功能是权限管理中最小的不可再分的权限单位，用于实现一种单一的控制操作，如挂牌功能、遥控功能等。只有系统管理员才可以增加、删除功能，只有安全管理员才可以修改功能定义。体现了三权分立、相互制约的思想。可以通过权限维护工具方便地进行功能维护。

(2) 特殊属性。特殊属性作用在具体的关系表、表域、图形、报表、流程和活动等权限对象上，用于对具体权限对象的特殊定义。特殊属性既可以被赋予用户，也可以被赋予角色，和功能搭配使用，可以实现丰富灵活的权限控制功能。

(3) 角色。权限管理中的角色分为系统管理员、安全管理员和审计管理员三类，体现了三权分立、相互制约的思想。系统管理员用于增删功能、特殊属性、角色、用户和组等权限主体。安全管理员用于修改功能、特殊属性、角色、用户和组等权限主体的定义。审计管理员用于查看权限相关操作日志。

角色由 1 个或多个功能、0 个或多个特殊属性组成，可以被赋予用户。只有系统管理员才可以增加、删除角色，只有安全管理员才可以修改角色定义。可以通过权限维护工具方便地进行角色维护。

(4) 组。权限管理中的组用来对用户进行分类管理，比如自动化组、调度组、运行方式组等。

为了对用户可以登录的物理节点（服务器、工作站等）进行管理，组具有物理节点的属性，可以定义一个组具有的物理节点。只有系统管理员才可以增加、删除组，只有安全管理员才可以修改角色组。可以通过权限维护工具方便地进行组的维护。

(5) 用户。用户是权限管理中权限控制的最终体现者，用户通常对应电力系统中具体的人员。用户可以由 0 个或多个角色、0 个或多个单独功能、0 个或多个特殊属性共同组成，必须至少包含一个角色或者至少包含一个单独功能。用户包含的功能和特殊属性既可以继承自用户所包含的角色，也可以在用户上单独进行定义。

只有系统管理员才可以增加、删除用户，只有安全管理员才可以修改用户权限。可以通过权限维护工具方便地进行用户维护。

3. 技术特点

权限服务基于系统提供的服务总线进行封装，具有 SOA 的特点，可以为多个外部请求提供并发式的权限服务。

为了保证客户端得到的权限信息的准确性，权限服务不缓存任何与权限相关的数据，而是在每次接收到客户端的请求时，通过实时库接口读取权限相关的数据表，这样就保证了权限定义的修改能够立刻生效。

为了提高权限服务的效率，权限服务在通过实时库接口读取权限相关的数据表时，使用速度较快的实时库本地接口，实时库的本地接口实质上是访问实时库本地文件的动态库接口，速度比网络接口要快很多，能够满足权限服务在响应速度上的要求。

(五) 人机界面

人机界面包括画面编辑、界面浏览、界面管理、可视化展示等功能，同时提供应用界面开发和运行的支撑环境。

画面编辑器提供基于间隔模板的厂站图、基于地图空间信息的潮流图、系统图、曲线、列表的绘制和编辑，并提供基于离线维护机制下的图模一体化维护功能，以及基于间隔模板（拓扑域）的快速绘图建模，初步具备由模型自动生成厂站接线图能力，同时提供图元、间隔模板、曲线模板和列表模板的一体化编辑维护功能。

图模一体化维护提供全方位的图形到模型的生成、模型到图形的自动生成、基于 CI-MXML 和 SVG 方式的其他系统图形自动导入 G 语言格式等功能。

界面管理提供对画面风格、菜单等的定制功能。界面浏览功能实现各类应用的统一生动展示和便捷人机交互，提供基于实时信息的多域、多态和多应用的在线图形浏览和应用集成操作，实现告警信息及 SOE 信息等的浏览。

可视化功能借助计算机图形化显示技术，如二维等高线、柱图、三维曲面、管道等，将电网运行的枯燥数据用动态、灵活、实物化的方式展示，将数据展示与应用综合分析相结合，使运行人员从紧张的环境中解脱出来，专注于电网宏观信息的把握、动态稳定安全的控制；使运行人员及时洞察存在的异常和潜在的事故隐患，使调度运行从经验型向分析型、智能型发展。

人机界面的开发支撑环境，向应用提供窗体、标准图形组件的开发接口和服务。为了适应对各类应用的统一展示，图形界面提供人机界面生成器，支持常用界面控件（如菜单、按钮、表格、文本、树、输入框）的用户生成和配置，支持控件的事件回调，从而使大部分的常规界面免编程实现。

人机系统的体系结构如图 2-16 所示，采用客户端层/人机服务层/应用服务器层模式。客户端提供了窗口管理界面、图形显示界面（图形浏览器、图形编辑器）应用操作界面、可视化调度界面。客户端支持客户端/服务器、浏览器/服务器方式，具备跨平台、瘦客户端、易于部署和维护的特性。人机采用 Java、Qt 语言编写，具有跨平台特性，可以运行在各种硬件平台、各种操作系统之上，具有二进制或源码级可移植性。

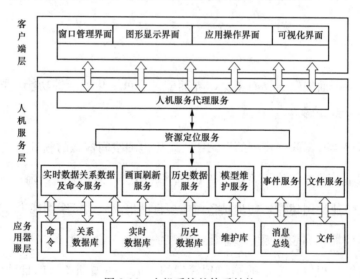

图 2-16　人机系统的体系结构

人机服务层提供人机服务代理服务、资源定位服务、各种人机服务（画面刷新服务、实时数据服务、关系数据服务、命令服务、历史数据服务、文件服务、事件服务等多种服务），客户端通过人机服务代理访问应用服务器资源，实现对系统的维护和控制，应用服务器提供数据的存取和应用逻辑的处理。人机服务代理实现本地服务、远程服务的适配代理，资源定位服务按照主备机制或负载均衡机制定位可用的服务地址和端口，发送给提出请求的客户端。按照访问的服务器资源、访问方式的不同，将具体的人机服务分为画面刷新服务、实时数据服务、关系数据服务、历史数据服务、命令服务、文件服务、事件服务。画面刷新服务是指单线图的全数据和变化更新，实时数据服务是指对实时库的读取更新，关系数据服务是指对关系库的读取更新，历史数据服务是指对历史库的读取更新，命令服务是指对后台命令的调用，文件服务是指对文件的传输（含画面文件），事件服务是指通过消息总线完成设备操作、信息传递。

应用服务器层包括各种可访问的数据资源、对资源的 API，其中数据资源包括实时数据库、关系数据库、历史库、图形文件、应用程序、应用脚本等。

五、实时数据库介绍

（一）触发关系设置

系统的数据库遵循 IEC 61970《能量管理系统应用程序接口（EMS-API）》规范，从模型的概念建立整个系统。按照面向对象的设计概念，设备是系统数据库的核心。一个设备是电力系统的一个具体设施，设备所具有的属性都附属于该设备。遥测量和遥信量一般都不是单独存在的，都是设备的属性，从设备派生而来。比如一条母线的 A/B/C 三相相电压、AB/BC/CA 三相线电压、电压相角、电压的上下限值等一系列量测量都是母线的属性。系统的数据库将设备的常用的遥信、遥测属性直接附属在该设备上。

系统中有一类特殊的设备表：其他遥测量表、其他遥信量表、保护信号表。这些表中的记录都代表单独的遥信或者遥测属性。变电站的保护装置作为特殊的设备，每一个保护信号在保护信息表中添加一条记录。一些单点的信号放入其他遥信量表。一些设备无法触发的遥测放入其他遥测量表，如变电站直流屏电压这个单独的遥测就直接放入其他遥测量表。

1. 遥信触发设置

在系统数据库的设备类的断路器表、隔离开关表、接地开关表、保护信号表、其他遥信量表中添加设备记录时，在参数类的遥信表中将自动触发生成相应的遥信记录。

辅助触点遥信生成：有的厂站断路器或隔离开关只取主触点遥信；有的厂站取两条遥信，即主遥信和辅助触点遥信，也就是现场接线的动合、动断两对触点。定义辅助触点遥信的方法有以下两种。

（1）自动触发。如果辅助触点很多，在"dbi/PUBLIC/系统类/域信息表"中选中断路器表（表 ID407）的"辅助触点遥信值"这个域，如图 2-17 所示（图中为"节点"）。

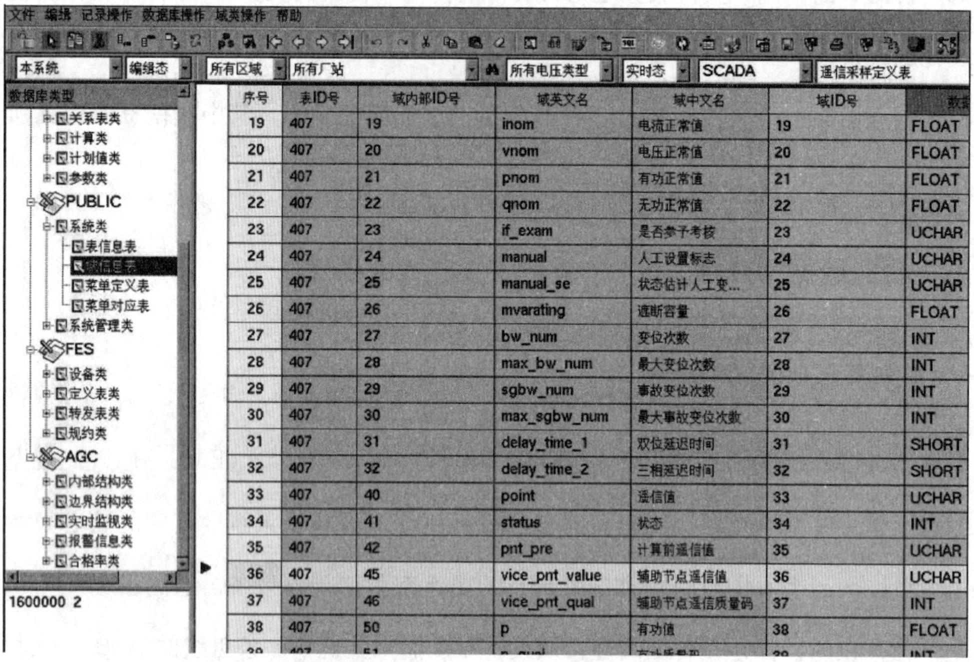

图 2-17　辅助触点自动触发

双击其序号，弹出行编辑框，将其"自动生成量测类型"这个域选为"遥信"，如图 2-18
所示。

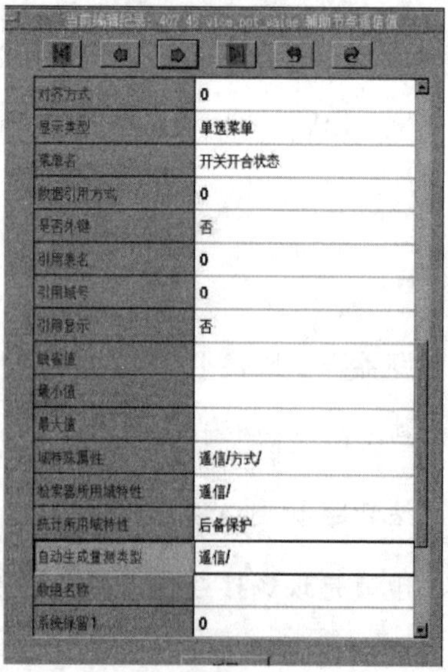

图 2-18　辅助触点自动触发

这样，在断路器表添加记录时，能够触发生成两条遥信记录到遥信表，一条是正常遥信，另一条是辅助触点遥信。同理，设置隔离开关表的辅助遥信触发。

（2）手动添加。如果辅助触点不多，可以手动添加。直接在"dbi/SCADA/参数类/遥信表"中添加一条辅助触点记录。将断路器表中需添加辅助触点的断路器名称拖拽到遥信表的"遥信 ID"这个域，如图 2-19 所示。

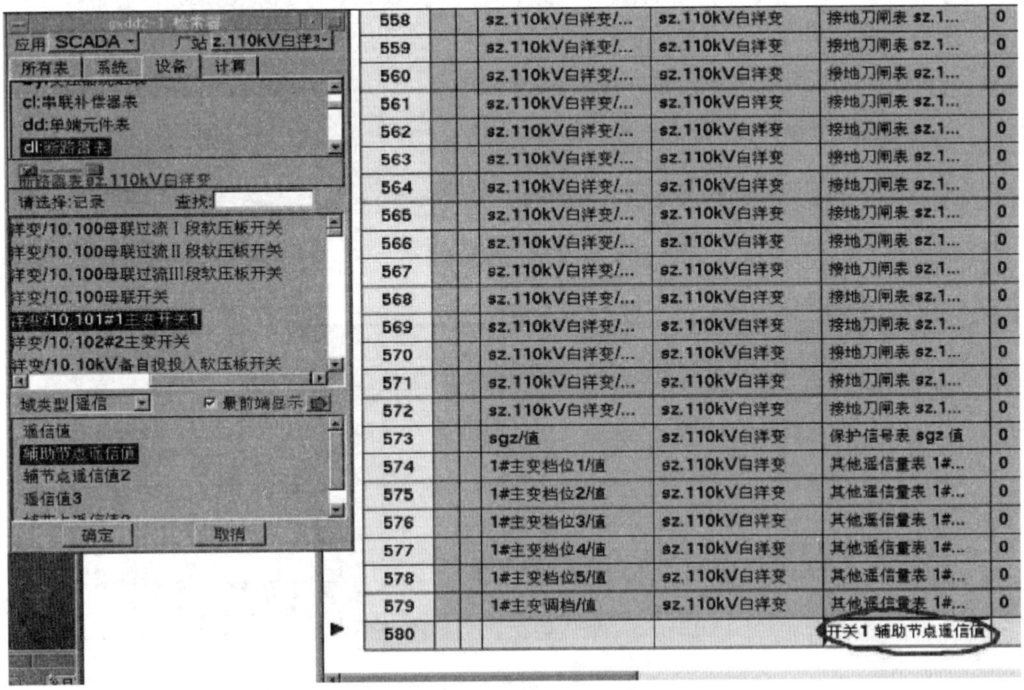

图 2-19　辅助触点手动添加

2. 遥测触发设置

遥测量都是附属在设备上。如果某类遥测要从设备上触发生成，首先检查一下该设备的遥测的自动生成类型是否为遥测。以母线电压为例，打开数据库界面（dbi）界面，选择PUBLIC 应用的域信息表，如图 2-20 所示。

此时画面主画面显示域信息表的内容。双击"表 ID 号"域名，弹出对话框，输入母线表标号 410，快速查找母线表的域，如图 2-21 所示。

双击"线电压"这条记录前的"序号"，弹出行编辑对话框，查看"自动生成量测类型"这个域的域值是否设置为"遥测"，如图 2-22 所示。

文件 编辑 记录操作 数据库操作 域类操作 帮助

本系统 ▼ 编维态 ▼ 所有区域 ▼ sz.110kV白洋变 ▼ 所有电压类型 ▼ 实时态 ▼ SCADA ▼ 遥信采样定义表

序号	表ID号	域内部ID号	域英文名	域中文名	域ID号
1	1	1	table_id	表号	1
2	1	2	table_name_eng	表英文名	2
3	1	3	table_name_chn	表中文名	3
4	1	4	is_system_table	是否数据字典表	4
5	1	5	app_type	应用类型	5
6	1	6	max_record_num	最大记录个数	6
7	1	7	key_generate_type	关键字自动生成类型	7
8	1	8	is_record_app	是否记录分应用	8
9	1	9	is_record_lock	是否记录锁定	9
10	1	10	is_record_resp	是否记录分责任区	10
11	1	11	is_insert_trigger	是否存在插入触发器	11
12	1	12	is_delete_trigger	是否存在删除触发器	12
13	1	13	is_update_trigger	是否存在更新触发器	13
14	1	14	table_version	表的版本信息	14
15	1	15	table_type	表类型	15
16	1	16	reserved_1	是否记录分统计区域	16
17	1	17	reserved_2	下载类型	17
18	1	18	reserved_3	模型验证标志	18
19	1	19	reserved_4	系统保留4	19
20	1	20	reserved_5	系统保留5	20
21	1	21	db_id	所属数据库ID	21

图 2-20   遥测触发关系设置（一）

序号	表ID号	域内部ID号	域英文名	域中文名	域ID号
13	1		late_trigger	是否存在更新触发器	13
14	1		version	表的版本信息	14
15	1		type	表类型	15
16	1		ed_1	是否记录分统计区域	16
17	1		ed_2	下载类型	17
18	1	18	reserved_3	模型验证标志	18
19	1	19	reserved_4	系统保留4	19
20	1	20	reserved_5	系统保留5	20
21	1	21	db_id	所属数据库ID	21

表ID号

= ▼   410

确定   取消

图 2-21   遥测触发关系设置（二）

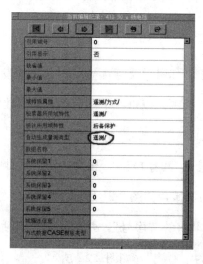

图 2-22   遥测触发关系设置（三）

从运维的角度来看，某一类型的量测量最好统一由"设备表"或"其他遥测表"触发到"遥测表"中。

表 2-1 是推荐的遥测量触发设置（关于相电压、相电流需要在域信息表中填写自动生成量测类型，还要 down_load 相关表）。

表 2-1　　　　　　　　　　　　　　　　系 统 遥 测 量 触 发 表

设备	触发源		触发生成遥测表中记录
	表名	域名/记录名	
母线	母线表	线电压 U_{ab}/线电压 U_{bc}/线电压 U_{ca}/A 相电压幅值/B 相电压幅值/C 相电压幅值	线电压 U_{ab}/线电压 U_{bc}/线电压 U_{ca}/A 相电压幅值/B 相电压幅值/C 相电压幅值
变压器	变压器绕组表	有功值/无功值	有功值/无功值
		电流值	电流值
		A/B/C 相电流幅值	A/B/C 相电流幅值
		主变压器挡位	主变压器挡位
线路	交流线端端点表	有功值/无功值	有功值/无功值
		电流值	电流值
		A/B/C 相电流幅值	A/B/C 相电流幅值
旁路/母联开关	断路器表——母联/分段/旁路开关	有功值/无功值/电流值	有功值/无功值/电流值
负荷	负荷表	有功值/无功值	有功值/无功值
		电流值	电流值
容抗器	并联电容/电抗器表	无功值	无功值
		A/B/C 相电流值	A/B/C 相电流值
发电机	发电机组表	有功功率/无功功率	有功功率/无功功率
		电流值	电流值
		A/B/C 相电流值	A/B/C 相电流值
其他	其他遥测量表	遥测量名称	相应遥测量

（二）SCADA 表

1. 系统类

系统类下的表主要是描述整个电网模型的基础数据，包括厂站表、电压类型表、区域表等，是对整个电网的一个框架描述。

（1）区域表。

表号：404。

存放区域信息，该表为系统基本表，见表2-2。

表 2-2 　　　　　　　　　　　　　　　**区　域　表**

英文标识	区域的英文名称
中文名称	区域的中文名称
公司 ID	为单选菜单，该菜单的内容是公司的所有记录
区域 ID	为单选菜单，该菜单的内容就是在区域表填写的所有记录
其他域	有功发电、无功发电、有功负荷、无功负荷、有功损耗、无功损耗、网损率等均为不可输入域，一般取该域作为计算公式的计算结果

（2）厂站表。

表号：405。

存放厂站信息，该表为系统基本表，见表2-3。

表 2-3 　　　　　　　　　　　　　　　**厂　站　表**

英文标识	厂站的英文名称
中文名称	厂站的中文名称
厂站编号	一般是从1开始编的一个整数。D5000系统对于编号没有特殊要求，用户可以根据自己的使用习惯编号，比如一个地区的变电站统一用一个数字开头，主要用于排序及检索
记录所属应用	该项的选择决定了该厂站在什么应用下存在，一般不需要修改，直接使用缺省配置。 例：如果一个变电站没有选上 PAS 应用，则在厂站信息表中添加的该条记录就不会自动增加一条新记录在 PAS 的厂站表中
区域 ID	单选菜单，其菜单内容就是在区域信息表中输入的记录
厂站类型	水电站/火电站/核电站/变电站/抽水蓄能电站/换流站/串联补偿站/小型水电站：用户自行根据厂站性质分类选择，无特别说明。 虚拟站：系统中并不存在的厂站，比如一个外部厂站，它与本系统设备相联，但它在本系统中并没有设备
最高电压类型 ID	系统根据本厂站所填设备算出，无须人工填写
是否参与考核	适用于高软
是否自动旁路代	在系统参数 auto_pass 为 1 的前提下起作用，针对单个厂站进行自动旁代功能的约束
责任区 ID	单选菜单，定义该厂站的调度管辖权
接线图名称	推画面名称，画面厂站图节点入库时，会将厂站图画面名称填到对应的厂站的该域中
区域 ID（省）	单选菜单，其菜单内容就是在区域信息表中输入的记录，选择该厂所属的省

（3）电压类型表。

表号：401。

电压类型表示系统中电压等级的定义，一般定义电压等级名称即可，见表2-4。

表 2-4 电 压 类 型 表

英文标识	电压等级的名称
中文名称	电压等级的名称
电压基准值	当系统参数 cal_i_value 为 1 时，表示有计算电流近似值的需求时。针对断路器、线路、变压器，根据 P、Q 及电压类型表的电压基值计算电流值，一般不用
电流基值	SCADA 应用一般不用该域

（4）电压等级表。

表号：402。

电压等级表是系统自动生成的，不需要录入，把每个厂站设备表定义的所有电压等级进行汇总，见表 2-5。

表 2-5 电 压 等 级 表

英文标识	英文名称
中文名称	厂站名称-电压等级
厂站 ID	厂站名称
电压类型 ID	对应电压类型表中的电压类型名称

2. 设备类

设备类下的表是对电网模型中各类设备的具体定义和描述，包括断路器表、隔离开关表、接地开关表、母线表、变压器表、交流线段表等。

（1）间隔表。

表号：406。

间隔表是对间隔名称的具体描述，一般用于图形上利用间隔生成图形，或是系统需要设置间隔时需要定义此表，可 dbi 人工添加记录，也可在图形生成时定义，见表 2-6。

表 2-6 间 隔 表

英文标识	间隔名称，人工输入
中文名称	间隔名称，人工输入
厂站 ID	间隔所属厂站
电压类型 ID	间隔所属电压等级
间隔设备结构	系统自动计算出来的，表明该间隔内的接线方式
断路器个数	该间隔所有的断路器数
隔离开关个数	该间隔所有的隔离开关数
接地开关个数	该间隔所有的接地开关数

（2）断路器表。

表号：407。

断路器表是对开关设备的具体描述，见表2-7。表的设备名称及厂站ID可以通过画图填库的方式增加，也可以通过dbi人工添加记录。断路器表的基本设备信息（遥信值）将被触发到遥信表中，基本设备信息（有功值、无功值等）符合条件的将被触发到遥测表中。

表 2-7 断 路 器 表

英文标识	开关名称，人工输入
中文名称	开关名称，人工输入
断路器类型	普通断路器；小车断路器；母联/分段/旁路断路器；变压器分支断路器。 注：只有断路器类型选为"母联/分段/旁路断路器"或"变压器分支断路器"才会触发遥测
间隔 ID	可以人工添加，也可在图形上利用间隔绘图时自动添加，主要用于图形上的间隔操作（间隔挂牌、间隔抑制告警等操作）
双位延迟时间	用于双位遥信量报警，双位遥信刷新在延迟时间之内，则以单个开关方式报警；超出延迟时间，则以相对应双位遥信名称告警。单位为秒（s），默认 3s，该值设置若小于等于 0s 或大于 30s，自动取 3s
是否事故	该断路器分闸时是否直接判为事故分闸，而不需通过其他保护信号（如事故总信号）判定
最大事故变位次数	事故变位次数大于该定义次数则报警

（3）隔离开关信息表。

表号：408。

隔离开关信息表的内容与断路器信息表比较相似，是对隔离开关的具体描述，见表2-8。表的设备名称及厂站ID可以通过画图填库的方式增加，也可以通过dbi人工添加记录。基本设备信息（遥信值）将被触发到遥信表中。

表 2-8 隔 离 开 关 信 息 表

英文标识	隔离开关名称，人工输入
中文名称	隔离开关名称，人工输入
隔离开关类型	预留，暂无用
间隔 ID	可以人工添加，也可在图形上利用间隔绘图时自动添加，主要用于图形上的间隔操作（间隔挂牌、间隔抑制告警等操作）

（4）接地开关信息表。

表号：409。

接地开关信息表的内容与断路器信息表比较相似，是对接地开关的具体描述，见表2-9。表的设备名称及厂站ID可以通过画图填库的方式增加，也可以通过dbi人工添加记录。表的基本设备信息（遥信值）将被触发到遥信表中。

表 2-9　　　　　　　　　　　　　接 地 开 关 信 息 表

英文标识	接地开关名称，人工输入
中文名称	接地开关名称，人工输入
接地开关类型	预留，暂无用
间隔 ID	可以人工添加，也可在图形上利用间隔绘图时自动添加，主要用于图形上的间隔操作（间隔挂牌、间隔抑制告警等操作）

（5）保护信号表。

表号：434。

保护信号表的设备名称及厂站 ID 通过 dbi 人工添加输入，表的基本设备信息将被触发到遥信表中，见表 2-10。

表 2-10　　　　　　　　　　　　　保 护 信 号 表

英文标识	保护信号名称，人工输入
中文名称	保护信号名称，人工输入
厂站 ID	该保护信号所在地厂站
信号类型	事故总：该信号动作同时开关分闸，判事故分闸。 该类信号判定无须定义相关设备
	动作信号/其他：该两类信号动作同时相关设备分闸，判事故分闸。 该两类信号判定需定义相关设备
	预告信号/故障信号/设备信号：仅对信号进行描述，用于区分信号，不做特别处理
电压类型 ID	单选输入
相应开关 1～6	与该保护相关的断路器关联，用检索器拖拽输入，用于判断事故跳闸

（6）其他遥信量表。

表号：435。

其他遥信量表中的内容是对不属于任何电力设备的遥信量的定义，比如说站内设备信号，见表 2-11。表的基本设备信息描述需通过 dbi 人工添加记录。基本设备信息将被触发到遥信表中。

表 2-11　　　　　　　　　　　　　其 他 遥 信 量 表

英文标识	该遥信量的描述，人工输入
中文名称	该遥信量的描述，人工输入
厂站 ID	所属厂站
类型	其他/工况

（7）母线表。

表号：410。

母线表是对母线设备的具体描述，见表2-12。表的设备名称及厂站ID可以通过画图填库的方式增加，也可以通过dbi人工添加记录。基本设备信息将被触发到遥测表中。

表 2-12   **母 线 表**

英文标识	母线名称，人工输入
中文名称	母线名称，人工输入
电压类型 ID	母线电压类型
母线类型	主母/副母
越限检验标志	设备越限标志，置为"是"后，可对线电压进行越限监视
电压设定值	一次设备的基本信息，PAS应用使用，越限检验标志为"是"时有效
电压上限	用于设备越限监视。越限检验标志为"是"时，且电压上限要大于0，当电压值大于电压上限时，越限告警。不平衡量计算时，电压值必须在电压上限和下限之间
电压下限	用于设备越限监视。越限检验标志为"是"时，且电压下限要大于0，当电压值大于0且小于电压下限时，越限告警。不平衡量计算时，电压值必须要在电压上限和下限之间
电压正常值	用于遥测越限的限值设定，对应限值表中的基值若来源于额定值，并且限值表中的记录来自母线表，则该域有效，其基值取该域的值
有功不平衡量	系统自动计算，母线所连接设备的有功和，越接近0越好
无功不平衡量	系统自动计算，母线所连接设备的无功和，越接近0越好
电压不平衡量	系统自动计算，几条相连母线之间的电压差，越接近0越好
有功不平衡门槛	有功值超过该门槛值时才计算有功不平衡量
无功不平衡门槛	无功值超过该门槛值时才计算无功不平衡量
电压不平衡门槛	电压值超过该门槛值时才计算电压不平衡量

（8）变压器表。

表号：416。

变压器表是对变压器设备的具体描述，见表2-13。表的设备名称及厂站ID可以通过画图填库的方式增加，也可以通过dbi人工添加记录。表的基本设备信息根据其绕组类型将自动触发到变压器绕组表中。

表 2-13   **变 压 器 表**

英文标识	变压器名称，人工输入
中文名称	变压器名称，人工输入
绕组类型	双绕组：自动触发2条记录（高、低）到变压器绕组表中； 三绕组：自动触发3条记录（高、中、低）到变压器绕组表中

变压器类型	主变压器、启动变压器、厂用变压器
越限检验标志	设备越限标志，置为"是"后有效。可对变压器绕组表的有功、无功功率进行设备越限监视
终端变压器标志	对于有量测的厂用变压器、站用变压器，需要定义到变压器表，由于这些设备的低电压等级不需要关心，需要把终端变压器标志置为"是"
是否 SCD 监视	安全约束调度，PAS 应用使用，也可在图形列表中设定
有功不平衡量	系统自动计算，高、中、低有功相加，越接近 0 越好
无功不平衡量	系统自动计算，高、中、低无功相加，越接近 0 越好
有功不平衡门槛	有功值超过该门槛值时才计算有功不平衡量
无功不平衡门槛	无功值超过该门槛值时才计算无功不平衡量

（9）变压器绕组表。

表号：417。

变压器绕组表是对变压器绕组的具体描述，见表 2-14。表中的设备 ID 信息从变压器表根据绕组类型触发而来。基本设备信息将被触发到遥测表中。

表 2-14　　　　　　　　　　　变 压 器 绕 组 表

英文标识	变压器绕组名称，从变压器表触发而来
中文名称	变压器绕组名称，从变压器表触发而来
电压类型 ID	变压器绕组电压等级
变压器绕组类型	高、中、低
变压器绕组连接类型	空、星形不接地、星形接地、三角形
越限检验标志	不用
有载调压标志	只对 AVC 有用
绕组额定功率	用于遥测越限的限值设定，对应限值表中的基值若来源于额定值，并且限值表中的记录来自变压器绕组表，则该域有效，其基值取该域的值
绕组额定电流	
绕组额定电压	
有功上限	用于越限监视，当变压器越限检验标志为"是"时有效
无功上限	用于越限监视，当变压器越限检验标志为"是"时有效

（10）发电机组表。

表号：411。

发电机组表是对发电机设备的具体描述，见表 2-15。表的设备名称及厂站 ID 可以通过画图填库的方式增加，也可以通过 dbi 人工添加记录。基本设备信息将被触发到遥测表中。

表 2-15　　　　　　　　　　　　　　发 电 机 组 表

英文标识	发电机名称，人工输入
中文名称	发电机名称，人工输入
电压类型 ID	发电机电压等级
越限检验标志	设备越限标志，置为"是"后，可对有功/无功进行越限监视
机组有功上/下限	设备越限监视，越限检验标志为"是"时有效
机组无功上/下限	设备越限监视，越限检验标志为"是"时有效

（11）负荷表。

表号：412。

负荷表是对负荷设备的具体描述，见表 2-16。表的设备名称及厂站 ID 可以通过画图填库的方式增加，也可以通过 dbi 人工添加记录。基本设备信息将被触发到遥测表中。

表 2-16　　　　　　　　　　　　　　负　荷　表

英文标识	负荷名称，人工输入
中文名称	负荷名称，人工输入
电压类型 ID	负荷电压等级
有功正常值	用于遥测越限的限值设定，对应限值表中的基值若来源于额定值，并且限值表中的记录来自负荷表，则该域有效，其基值取该域的值
无功正常值	
电流正常值	

（12）并联电容/电抗器表。

表号：419。

并联电容/电抗器表是对并联电容器及并联电抗器设备的具体描述，见表 2-17。该表的设备名称及厂站 ID 可以通过画图填库的方式增加，也可以通过 dbi 人工添加记录。并联电容/电抗器表的基本设备信息将被触发到遥测表中。

表 2-17　　　　　　　　　　　　　　并联电容/电抗器表

英文标识	并联电容/电抗器名称，人工输入
中文名称	并联电容/电抗器名称，人工输入
电压类型 ID	并联电容/电抗器电压等级
容抗器类型	电容器及电抗器的类型选择
额定容量	用于遥测越限的限值设定，对应限值表中的基值若来源于额定值，并且限值表中的记录来自并联电容/电抗器表，则该域有效，其基值取该域的值
额定电压	

（13）串联补偿器表。

表号：420。

串联补偿器表是对串联补偿器设备的具体描述，见表 2-18。该表的设备名称及厂站 ID 可以通过画图填库的方式增加，也可以通过 dbi 人工添加记录。串联补偿器表的基本设备信息将被触发到遥测表中。

表 2-18　　　　　　　　　　　　串 联 补 偿 器 表

英文标识	串联补偿器名称，人工输入
中文名称	串联补偿器名称，人工输入
电压类型 ID	串联补偿器电压等级
额定功率	用于遥测越限的限值设定，对应限值表中的基值若来源于额定值，并且限值表中的记录来自串联补偿器表，则该域有效，其基值取该域的值
额定电压值	
额定电流	

（14）T 交流线路表。

表号：413。

T 交流线路表用于对 T 接线和Ⅱ接线的描述定义，见表 2-19。无论是 T 接线还是Ⅱ接线定义需在该表中定义一条线路；对于Ⅱ接线，如果中间阻抗可以忽略（一般小于 1km），包含交流线段数为 4；如果中间阻抗不可以忽略，需要定义两个 T 接站，包含交流线段数为 5。该表只能通过 dbi 人工添加记录。

表 2-19　　　　　　　　　　　　T 交 流 线 路 表

英文标识	线路的名称，人工输入
中文名称	线路的名称，人工输入
包含交流线段数	T 接线：3； Ⅱ接线：4/5

（15）交流线段表。

表号：414。

交流线段表是对交流线段的详细描述，见表 2-20。可以通过绘制潮流图时属性描述填库生成，也可以通过 dbi 人工添加记录，该表的基本设备信息将根据其中两端信息定义被触发到交流线段端点表中。

表 2-20   交 流 线 段 表

一端厂站 ID	人工输入或画图填库输入
二端厂站 ID	人工输入或画图填库输入
英文标识	交流线段名称，人工输入
中文名称	交流线段名称，人工输入
线路 ID	如果是 T 接线或 Ⅱ 接线，需填写该域，对应线路表中的线路名称
电压类型 ID	交流线段电压等级
等值标志	选择"是"：将该交流线段等值为一个负荷或发电机。但是只在交流线段两端中有一端空挂或没有填库的前提下有效（即对应端点节点号为-1）
有功不平衡量	系统自动计算，线段表两端有功相加，越接近 0 越好
无功不平衡量	系统自动计算，线段表两端无功相加，越接近 0 越好
有功不平衡门槛	有功值超过该门槛值时才计算有功不平衡量
无功不平衡门槛	无功值超过该门槛值时才计算无功不平衡量

（16）交流线段端点表。

表号：415。

交流线段端点表是对交流线段端点的具体描述，见表 2-21。其内容一般情况下均由交流线段表触发，不通过厂站图画图填库或通过 dbi 人工添加记录。交流线段端点表的基本设备信息将被触发到遥测表中。

表 2-21   交 流 线 段 端 点 表

英文标识	交流线段端点名称，由交流线段表触发而来
中文名称	交流线段端点名称，由交流线段表触发而来
电压类型 ID	交流线段端点电压等级，由交流线段表触发而来
线段 ID	所属交流线段，由交流线段表触发而来

（17）单端元件表。

表号：421。

单端元件表是对电网终端设备（如避雷器、消弧线圈等）的具体描述，见表 2-22。该表的设备名称及厂站 ID 可以通过画图填库的方式增加，也可以通过 dbi 人工添加记录。该表仅为设备描述，便于全网拓扑，没有量测量触发。

表 2-22   单 端 元 件 表

英文标识	单端元件名称，人工输入
中文名称	单端元件名称，人工输入
类型	TA、TV、厂用变压器、接地电阻、消弧线圈、避雷器
电压类型 ID	设备电压等级选择

（18）其他遥测量表。

表号：436。

其他遥测量表中的内容是对未在前面所述的各类设备表中描述到的遥测量进行定义，如主变压器温度、发电机频率等，见表 2-23。该表基本设备信息描述需要通过 dbi 通过人工添加记录。该表的基本设备信息将被触发到遥测表中。

表 2-23	其 他 遥 测 量 表
英文标识	遥测量描述，人工输入
中文名称	遥测量描述，人工输入
厂站 ID	单选输入
类型	其他、频率、工况

（19）直流系统表。

表号：424。

直流系统表中存放的是直流系统信息，见表 2-24。该表基本设备信息描述需要通过 dbi 通过人工添加记录。该表没有量测量触发。

表 2-24	直 流 系 统 表
英文标识	直流系统名称，人工输入
中文名称	直流系统名称，人工输入

（20）换流器表。

表号：425。

换流器表中存放的是换流器信息，见表 2-25。该表基本设备信息描述需要通过 dbi 通过人工添加记录。该表的基本设备信息将被触发到遥测表中。

表 2-25	换 流 器 表
英文标识	换流器名称，人工输入
中文名称	换流器名称，人工输入
直流系统 ID	单选菜单，菜单内容来自直流系统表
交流侧电压类型 ID	换流器交流侧电压等级
直流侧电压类型 ID	换流器直流侧电压等级

（21）直流线段表。

表号：426。

直流线段表是对直流线段的详细描述，见表 2-26，可以通过绘制潮流图时属性描述填库生成，也可以通过 dbi 人工添加记录。该表的基本设备信息将根据其中两端信息定义被触发到直流线端表中。

表 2-26 　　　　　　　　　　　　　　　**直 流 线 段 表**

首端厂站 ID	人工输入或画图填库输入
末端厂站 ID	人工输入或画图填库输入
英文标识	直流线段名称，人工输入
中文名称	直流线段名称，人工输入
直流系统 ID	单选菜单，菜单内容来自直流系统表
电压类型 ID	直流线段电压等级

（22）直流线端表。

表号：427。

直流线端表是对直流线端的具体描述，见表 2-27。其内容一般情况下均由直流线段表触发，不通过厂站图画图填库或通过 dbi 人工添加记录。直流线端表的基本设备信息将被触发到遥测表中。

表 2-27 　　　　　　　　　　　　　　　**直 流 线 端 表**

英文标识	直流线端名称，由直流线段表触发而来
中文名称	直流线端名称，由直流线段表触发而来
直流导线 ID	所属直流线段，由直流线段表触发而来

3. 参数类

参数类下的表大部分是设备类表自动触发出来的，是定义一些特殊属性的地方，如合理上、下限和告警方式等，包括遥信表、遥测表、遥控关系表等。

（1）遥测表。

表号：432。

遥测表的基本信息内容是由设备类中的相关设备触发而来，见表 2-28。其遥测 ID 为由设备类相关表自动触发生成，无须人工输入。

表 2-28 　　　　　　　　　　　　　　　**遥 测 表**

英文标识	遥测量描述，由设备表触发而来
中文名称	遥测量描述，由设备表触发而来
遥测 ID	设备表中的 ID，由设备表触发而来

合理上限/下限	在该范围内的值可以被刷新并被处理，如果为 0，则不进行合理性判断
告警方式	用于对有越限监视的遥测量自定义告警方式时，如果无特别要求可不用定义，系统自动会取默认告警方式
语音文件名	文件存放目录：/home/d5000/项目名称/data/sounds，文件类型：*.wav。如用语音合成软件，就不需要设置该域

（2）遥信表。

表号：431。

遥信表的基本信息内容是由设备类中的相关设备触发而来，见表 2-29。其遥信 ID 为自动触发生成，无须人工输入。

表 2-29　　　　　　　　　　　遥　信　表

英文标识	遥信量描述，由设备表触发而来
中文名称	遥信量描述，由设备表触发而来
遥信 ID	设备表中的 ID，由设备类表触发而来
告警方式	用于对该遥信量自定义告警方式时，如果无特别要求可不用定义，系统自动会取默认告警方式
语音文件名	文件存放目录：/home/d5000/项目名称/data/sounds，文件类型：*.wav。如用语音合成软件，就不需要设置该域

（3）遥脉表。

表号：604。

遥脉表中定义实测上送的脉冲及数字电能量，见表 2-30。该表内容需要通过 dbi 人工添加记录。

表 2-30　　　　　　　　　　　遥　脉　表

厂站 ID	遥脉量所属厂站定义
遥脉量名称	遥脉量名称定义
遥脉类型	暂无用
死区范围	暂无用

（4）数字控制表。

表号：801。

数字控制表中的内容是对需要遥控的量进行进一步属性描述，见表 2-31。

表 2-31　　　　　　　　　　　数 字 控 制 表

英文标识	该条控制记录的描述，人工输入
中文名称	该条控制记录的描述，人工输入
厂站 ID	单选菜单，选择所属厂站
遥信 ID	要控制的遥信 ID，由检索器拖拽
遥控类型	遥控：常规遥控； 直接遥控：遥控过程中无返校流程
操作方式	单人遥控：整个遥控操作过程由一人完成； 监护遥控：整个遥控操作过程由操作员和监护员交互完成
超时时间	单位：秒。 返校超时判定时间，超过该设定时间，则为返校超时。 遥信上送超时时间，遥控执行操作后，若变位遥信未在该时间内上送，则为遥控失败
相关遥信 1～4	如果定义了相关遥信 ID，遥控时要检验相关遥信的开合状态，如果控合时任何一个开关不符合控合时状态，控分时任何一个开关不符合控分时状态，该开关都不允许遥控
控合时状态 1～4	
控分时状态 1～4	
遥控状态	遥控正常、遥控闭锁、遥控闭锁分、遥控闭锁合。 由画面挂牌时，所定义的牌如果定义了闭锁，会刷新到该域

（5）升降控制表。

表号：803。

升降控制表用于在画面上直接对变压器进行调挡操作，见表 2-32，其记录需要通过 dbi 人工添加输入。

表 2-32　　　　　　　　　　　升 降 控 制 表

英文标识	该条控制记录的描述，人工输入
中文名称	该条控制记录的描述，人工输入
厂站 ID	单选菜单，选择所属厂站
遥测 ID	不用
绕组 ID	检索器从变压器绕组表中拖拽输入
控升 ID	检索器从设备表中拖拽输入
控升状态	升遥信量控升时的有效状态。 如选择"合"，则说明对升遥信做遥控操作发"合"时表示控升
控降 ID	检索器从设备表中拖拽输入
控降状态	降遥信量控降时的有效状态。 如选择"合"，则说明对降遥信做遥控操作发"合"时表示控降
急停 ID	检索器从设备表中拖拽输入
急停状态	急停遥信量控急停时的有效状态。 如选择"合"，则说明对急停遥信做遥控操作发"合"时表示控急停

（6）设点控制表。

表号：802。

设点控制表的定义用于在画面上直接对遥测进行遥调操作，见表 2-33，其记录需要通过 dbi 人工添加输入。

表 2-33　　　　　　　　　　　　设 点 控 制 表

英文标识	该条控制记录的描述，人工输入
中文名称	该条控制记录的描述，人工输入
厂站 ID	单选菜单，选择所属厂站
遥测 ID	检索器从设备表中拖拽输入

（7）标志牌定义表。

表号：615。

标志牌定义表用来定义画面上挂牌的名称与图元的对应关系，见表 2-34，其记录需要通过 dbi 人工添加输入。

表 2-34　　　　　　　　　　　　标 志 牌 定 义 表

名称	键盘输入，画面上设置标志牌界面上"选择标志牌"列表中显示的名称
图元名称	每种牌必须有相应的标志牌图元对应，输入对应标志牌图元名称，无须带后缀
标志牌类型	检修、接地、故障、保电等
是否闭锁遥控	闭锁遥控为"是"时，且遥控禁止合、遥控禁止分均为"否"时，挂牌后可以闭锁遥控的控分和控合
是否抑制告警	为"是"时，挂牌后对所属设备抑制告警
是否封锁量测	为"是"时，挂牌后对所属设备被封锁，数据不再刷新
是否带电置牌	为"是"时，允许设备带电挂该牌
是否可操作	为"否"时，挂牌设备不允许进行封锁、置数操作（不包括遥控操作）； 为"是"时，挂牌设备允许进行封锁、置数操作
遥控禁止合	为"是"时，无论"是否闭锁遥控"为"是"还是为"否"，遥控操作均闭锁"控合"操作
遥控禁止分	为"是"时，无论"是否闭锁遥控"为"是"还是为"否"，遥控操作均闭锁"控分"操作
停电禁止挂牌	为"是"时，设备停电状态下不可以挂该牌

4. 计算类

计算类下的表是 SCADA 功能类表，主要是对需要计算或监视处理的信息进行二次定义和描述，包括计算点表、限值表、事故跳变定义表等。

（1）计算点表。

表号：433。

计算点表中定义的内容为需要通过定义公式计算出的结果量（即计算量）描述，见表2-35。其记录需要人工添加输入。该表的基本设备信息将被触发到遥测表中。

表 2-35 计 算 点 表

英文标识	计算结果描述，人工输入
中文名称	计算结果描述，人工输入
厂站 ID	所属厂站

（2）限值表。

表号：800。

限值表的内容是对遥测越限定义的具体描述，见表2-36。限值表的记录由检索器拖拽而来。

表 2-36 限 值 表

英文标识	限值描述，人工输入
中文名称	限值描述，人工输入
厂站 ID	所属厂站
遥测 ID	由检索器拖拽要监视越限的遥测量
类型	暂无用
是否百分比	选择"是"，则说明该定义量的限值是通过基值与百分比计算的方式得出的。 （上/下）限值＝（上/下）限百分比×基值
是否为事故	选择"是"，则该量若越限判为事故越限，属事故告警类
基值	"是否百分比"选"是"时人工输入
四组高低限值	有几组就填几组，0表示不启用
四组高低限百分比	"是否百分比"选"是"时人工输入
延迟时间	大于0时启用延迟算法，判定越限状态保持时间，若在此时间内恢复则不告警
越上限范围/越下限范围	针对延迟算法，当前值大于上限＋越上限范围或小于下限－越下限范围时即立即告警，否则等待延迟时间再判定

（3）时段表。

表号：610。

时段表的内容需通过dbi人工添加，见表2-37。

表 2-37 时 段 表

时段序号	人工输入，从 1 开始
时段起始时刻	时分秒有效
时段中止时刻	时分秒有效
时段类型	高峰、低谷、腰荷、尖峰

（4）跳变事故定义表。

表号：611。

跳变事故定义表的内容是对遥测量跳变判定的具体描述，见表 2-38。跳变事故定义表的记录通过 dbi 人工输入，遥测 ID 通过检索器拖拽完成。

表 2-38 跳 变 事 故 定 义 表

类型	变化值："变化值门槛"的类型为二次值； 变化率："变化值门槛"的类型为变化率
方向	升：只判定正向跳变； 降：只判定反向跳变； 双向
正常上/下限	若遥测量在该限值范围内则正常，超出则作为跳变判定条件之一
变化值门槛	本次刷新的遥测值与上次刷新的遥测值的差值大于该门槛值，则作为判定条件之一。 若类型为"变化值"，则判定方式为（本次刷新的遥测值－上次刷新的遥测值）＞该门槛值；若类型为"变化率"，则判定方式为 $$\frac{本次刷新的遥测值－上次刷新的遥测值}{上次刷新的遥测值}＞该门槛值（变化率）$$ 变化率门槛值填小数值（如 20%，则填 0.2）
跳变时间门槛	单位：秒。 当该遥测量同时满足上述两个跳变判定条件时，且维持时间大于该跳变时间门槛值，则判为跳变；若为 0，则默认为 1s
复归时间门槛	单位：秒。 判定跳变状态保持时间，若在此时间内恢复，则不告警；若为 0，则默认为 1s
告警时限	单位：秒。 跳变告警后状态保持时间，超过该时间后自动恢复，跳变状态自动清除
是否事故	选择"是"：若该量跳变则判为事故跳变，属事故告警类

（5）点多源信息表。

表号：603。

点多源信息表的内容是对遥测点多源判定的具体描述，见表 2-39。点多源信息表的记录通过 dbi 人工输入，结果 ID 通过检索器拖拽完成。

表 2-39　　　　　　　　　　　　　　**点 多 源 信 息 表**

类型	人工/自动：表示该点多源判定是程序自动选择还是人工介入
是否取状态估计	选择"是"：则点多源选择是加选状态估计值； 优先级判定：自定义来源量优先于状态估计值
来源数目	自定义的可选来源量个数
来源 1ID～ 来源 10ID	有 10 个来源可供自定义，输入方式可通过检索器拖拽。 若点多源结果量是实测量，则在该域中需再次定义，定义顺序无特别要求。 优先级判定：根据各来源量的质量码的"多源数据优先级"值进行判定，优先取值高的量，其中越限的量与正常的量具备同等优先级。在同等质量码的情况下，按顺序由先到后

（6）极值潮流统计定义表。

表号：608。

极值潮流统计定义表的内容是对遥测极值潮流统计定义的具体描述，见表 2-40。极值潮流统计定义表的记录通过 dbi 人工输入，遥测名称通过检索器拖拽完成。

表 2-40　　　　　　　　　　　　　　**极值潮流统计定义表**

极值名称	对该极值量的具体描述，用户自定义，主要是便于检索器拖拽使用
下限值	低于下限值则不参加统计
上限值	高于上限值不参加统计
变化率限值	为绝对值，表示变化范围
基值	预留
是否保存方式	选择"是"：在该定义量最大，最小时保存数据断面

（7）电能表。

表号：607。

电能表主要用于计算电能及实测遥脉的定义描述，见表 2-41，需要通过 dbi 人工添加记录。

表 2-41　　　　　　　　　　　　　　**电 能 表**

对应遥脉 ID	对应遥脉量表 ID，可通过检索器拖拽输入
厂站 ID	电能量所属厂站定义
电能名称	电能量名称定义，人工输入
类型	硬电能：通过遥脉上送的电能； 软电能：通过遥测量积分累计的电能，每 5s 累计一次
统计周期	电量统计周期，单位为秒（s），一个周期清零一次，重新统计
电能统计类型	预留，默认选择即可
单位换算系数	硬电能：标度值，即多少脉冲表示 1kWh； 软电能：积分累计后的单位转换

5. 计划值类

计划值类下的表是对计划信息的定义和描述，包括计划定义表和计划公式表。

（1）计划定义表。

表号：804。

计划定义表主要用于计划信息的定义描述，见表 2-42，需要通过 dbi 人工添加记录。

表 2-42 计 划 定 义 表

英文标识	计划值描述，人工输入
中文名称	计划值描述，人工输入
厂站 ID	所属厂站定义
实际值遥测 ID	对应遥测 ID，可通过检索器拖拽输入
计划类型	发电计划、受电计划、负荷预计等
计划点数	根据实际情况选择，一般为 96 点或者 288 点
计划值来源	历史数据/外部数据
计划值插值算法	矩形/梯形
导入名称	对应计划值文件中的计划名称

（2）计划公式表。

表号：806。

计划公式表主要用于定义通过计算得到的计划值的公式信息，见表 2-43，需要通过 dbi 人工添加记录。

表 2-43 计 划 公 式 表

结果 ID	单选菜单，对应计划定义表中的计划名称，人工选择
计算优先级	计算的顺序，人工输入
公式串	计算的公式，人工输入
操作数个数	操作数个数，人工输入
操作数 1～操作数 50	单选菜单，对应计划定义表中的计划名称，人工选择

（三）FES 表

1. 设备类

（1）通信厂站表。

表号：1240。

通信厂站表是厂站有关通信参数的具体描述，见表 2-44。该表是由 SCADA 厂站信息表触发生成。

表 2-44　　　　　　　　　　　　**通 信 厂 站 表**

最大遥信数	必须大于转发或接收的最大遥信点号
最大遥脉数	必须大于转发或接收的最大遥脉点号
最大遥测数	必须大于转发或接收的最大遥测点号
最大遥控数	必须大于最大遥控点号
是否允许遥控	是：前置下发遥控报文； 否：前置不下发遥控报文
对时周期	前置按此周期定时发送对时报文
遥脉周期	如果通道的规约有招召遥脉报文，前置按此周期定时发送召遥脉报文
总召唤周期	如果通道的规约有总召唤报文，前置按此周期定时发送总召唤报文
遥测不变化时间（s）	前置服务器判断遥测数据不变化的时间，单位为秒（s）
人工置态	未封锁：厂站的投入退出故障状态由程序自动判断； 封锁投入：厂站状态人工封锁在投入状态，不变化； 封锁退出：厂站状态人工封锁在退出状态，不变化

（2）通道表。

表号：1241。

通道表是所有通道参数的具体描述，见表 2-45。该表是由 SCADA 厂站信息表触发生成。默认只触发生成一条记录，如果厂站有多通道，则在通道里用该厂触发的通道复制粘贴操作增加通道。

表 2-45　　　　　　　　　　　　**通 道 表**

统计周期	通道误码率计算、投入/退出/故障/值班/备用情况等的统计周期
通道类型	串口：从终端服务器送上的专线通道； 网络：从前置交换机连接的通道； 虚拟：没有实际物理连接的通道； 天文钟：从前置机串口连接的天文钟； 天文钟-网络：从前置交换机连接的网络方式的天文钟； BH_SERIES_CHAN：保护串口通道； BH_NET_CHAN：保护网络通道； BH_VIRTUAL_CHAN：保护虚拟通道； 电话拨号：电话拨号的通道
网络类型	TCP 客户：网络的 TCP_CLIENT 端； TCP 服务器：网络的 TCP_SERVER 端； UDP：网络是 UDP 类型； TASE2 客户：TASE2 通道的 CLIENT 端； TASE2 服务器：TASE2 通道的 SERVER 端； 客户端接口：TASE2 专用； 人工调试：TASE2 专用
通道优先权	通道值班备用的优先权，一级优先级最高，四级最低，优先级高并且投入的通道值班

网络描述一	通道类型串口：填对应的终端服务器在前置网络设备表里的"前置网络设备名"的内容； 通道类型网络：填连在前置 3 号交换机的远程终端单元（RTU）的 IP 地址
网络描述二	通道类型串口：填对应的终端服务器在前置网络设备表里的"前置网络设备名"的内容； 通道类型网络：填连在前置 4 号交换机的 RTU 的 IP 地址
端口号	通道类型串口：填所连终端服务器的端口的位置 1～16； 通道类型网络：填网络端口号
遥测类型	实际值：前置不计算直接把遥测值送到 SCADA； 计算量：前置遥测值=原码×系数/满码值； 工程量：用工程值上下限和量测值上下限计算
主站地址	规约里的源地址
RTU 地址	规约里的目的地址
工作方式	主站：有下行报文； 监听：没有下行报文，只接收报文（只对某些规约有效）
校验方式	通道类型为串口时的参数； 通道的校验方式：奇校验、偶校验、无校验
波特率	通道类型为串口时的参数，通道的通信速率
停止位	通道类型为串口时的参数
通信规约类型	选择规约，对于规约里还有不同参数选项设置的，将触发相应的规约类表，在该表填具体的参数
故障阈值	变化遥测数/总遥测数的百分比小于故障阈值，通道判成故障
通道分配模式	自动分配：按照分配原则，自动连接所配置的前置服务器。 A/B：通道连接 A 机或者 B 机，在 A、B 之间切换； C/D：通道连接 C 机或者 D 机，在 C、D 之间切换
是否备用	设置备用通道的类型"热备"还是"冷备"。 0：否；1：热备；2：冷备
所备系统	设置备用区域，当此通道所备的数据采集区域子系统与本数据采集区域子系统解列后，此通道变为"值班"状态，并将处理后的数据送往 SCADA 应用
通道报文保存天数	整数，例如：1 代表此通道的报文保存 1 天
报文缓冲区字节数	不填
人工置态	未封锁：通道的投入退出故障状态由程序自动判断； 封锁投入：通道状态人工封锁在投入状态，不变化； 封锁退出：通道状态人工封锁在退出状态，不变化
通道值班人工置态	未封锁：通道的值班备用状态由程序自动判断； 封锁值班：通道状态人工封锁在值班状态，不变化； 封锁备用：通道状态人工封锁在备用状态，不变化
封锁连接置态	未封锁：通道的连接前置机状态由程序自动判断； 封锁 A 机：通道人工封锁连接在 A 前置机，不变化； 封锁 B 机：通道人工封锁连接在 B 前置机，不变化； 封锁 C 机：通道人工封锁连接在 C 前置机，不变化； 封锁 D 机：通道人工封锁连接在 D 前置机，不变化
所属系统	标识通道所属的区域子系统

（3）前置配置表。

表号：1244。

前置配置表是系统前置机的配置情况的参数，记录个数为前置机的个数，该表一旦配好后，不能随意修改，见表 2-46。

表 2-46 前 置 配 置 表

节点 ID	前置机的节点号
前置机名称	根据前置节点号自动生成
前置机号	本前置机在前置系统的序号，A 机/B 机/C 机/D 机
运行方式	前置系统一共有几台前置机，单机/双机/三机/四机
网络配置	前置系统的网络情况，单网/双网/三网/四网
终端服务器类型	接入的终端服务器型号，moxa/chase/cisco/bts
终端服务器个数	接入的终端服务器数目
人工置态	未封锁：前置机的在线离线状态由程序自动判断； 封锁在线：前置机状态人工封锁在在线状态，不变化； 封锁离线：前置机状态人工封锁在离线状态，不变化
所属系统	标识前置服务器所属的区域子系统

（4）前置网络设备表。

表号：1243。

前置网络设备表是终端服务器的参数，记录个数为接入的终端服务器数目，见表 2-47。

表 2-47 前 置 网 络 设 备 表

测点名称	该遥信量的描述
前置网络设备名	标识终端服务器的名称，不重复
前置网络设备号	标识终端服务器的编号，从 1 开始，不重复
前置网络设备 ip1	连 3 号交换机的终端服务器的 IP 地址
前置网络设备 ip2	连 4 号交换机的终端服务器的 IP 地址
终端服务器类型	终端服务器类型，moxa/chase/cisco/bts
前置设备单双网	前置网络设备网络情况，单网/双网
所属系统	标识终端服务器所属的区域子系统

2. 定义表类

（1）前置遥测定义表。

表号：1246。

前置遥测定义表的基本信息内容是由设备类中的相关设备触发而来，见表 2-48。其遥测 ID 为由设备类相关表自动触发生成,无须人工输入。前置遥测定义表是遥测前置通信、计算处理的参数。

表 2-48　　　　　　　　　　　　　　　**前 置 遥 测 定 义 表**

点号	通信的顺序号
系数	遥测计算的参数,参见表 2-45 通道表的"遥测类型"
满度值	
满码值	
通道一	所属通道的名称
通道二	
通道三	
通道四	
分发通道	该点分发到某个通道的名称
所属分组	DL/T 476—2012《电力系统实时数据通信应用层协议》规约的接收分组
死区值	新的遥测值减去旧的遥测值小于死区值,则不把新值当变化数据送到 SCADA
归零值	遥测值小于归零值,前置处理为 0
是否过滤遥测突变	不用
是否有效	不用
突变百分比	变化的差值/原来的值的百分比大于"突变百分比",则认为突变,过滤
基值	遥测计算的参数,参见表 2-45 通道表的"遥测类型"

(2) 前置遥信定义表。

表号:1245。

遥信定义表的基本信息内容是由设备类中的相关设备(断路器表、隔离开关表、接地开关表、保护信号表、测点遥信信息表)触发而来,见表 2-49。其遥信 ID 为自动触发生成,无须人工输入。前置遥信定义表是遥信前置通信、计算处理的参数。

表 2-49　　　　　　　　　　　　　　　**前 置 遥 信 定 义 表**

点号	通信的顺序号
通道一	所属通道的名称
通道二	
通道三	
通道四	
分发通道	该点分发到某个通道的名称
所属分组	DL/T 476—2012《电力系统实时数据通信应用层协议》规约的接收分组
是否过滤误遥信	不用

是否过滤抖动	不用
抖动时限	无效：不过滤抖动； 其他时间：在一定时间内出现了从状态 1 到状态 2 再到状态 1 的变化，并且中间的时间间隔均小于抖动时延，则前置会把状态 2 的变化打上"可疑"以示和正常变化的区别
极性	正极性：前置不取反； 反极性：前置取反
是否有效	不用

（3）前置遥脉定义表。

表号：1247。

前置遥脉定义表中定义遥脉的通信计算参数，见表 2-50。

表 2-50 **前 置 遥 脉 定 义 表**

点号	通信的顺序号
通道一	
通道二	所属通道的名称
通道三	
通道四	
分发通道	该点分发到某个通道的名称
所属分组	DL/T 476—2012《电力系统实时数据通信应用层协议》规约的接收分组
基值	不用
系数	不用

3. 转发表类

（1）前置遥信转发表。

表号：1248。

前置遥信转发表的内容是对需要从前置转发的量的通信参数定义，见表 2-51。该表的记录为遥信定义表"是否转发"触发而来，无须人工输入，如果某一个量需要转发多次，则在前置遥信转发表里把这条记录复制粘贴多条即可。

表 2-51 **前 置 遥 信 转 发 表**

通信厂站	从该厂转发出去，须定义到通道，系统会自动找到值班通道
所属分组 ID	DL/T 476—2012《电力系统实时数据通信应用层协议》规约的发送分组 ID
转发顺序号	转发顺序号
极性	遥信值是否取反发送

是否屏蔽	遥信值是否固定某个值发送
屏蔽值	遥信值固定这个值发送
是否有效	遥信是否发送

（2）前置遥测转发表。

表号：1249。

前置遥测转发表的内容是对需要从前置转发的量的通信参数定义，见表 2-52。该表的记录为遥测定义表"是否转发"触发而来，无须人工输入，如果某一个量需要转发多次，则在前置遥测转发表里把这条记录复制粘贴多条即可。

表 2-52　　　　　　　　　　　　　前 置 遥 测 转 发 表

通信厂站	从该厂转发出去，无须定到通道，系统会自动找到值班通道
所属分组 ID	DL/T 476—2012《电力系统实时数据通信应用层协议》规约的发送分组 ID
转发顺序号	转发顺序号
是否屏蔽	遥测值是否固定某个值发送
屏蔽值	遥测值固定这个值发送
死区值	新的遥测值减去旧的遥测值大于死区值，则作为变化数据发送
系数	遥测值×系数＋基值发送
基值	遥测值×系数＋基值发送

（3）下行遥控信息表。

表号：1206。

下行遥控信息表中的内容是对需要遥控的量进行进一步属性描述，见表 2-53。该表的记录为遥信定义表触发而来，其数据点名、描述及厂站名均为触发，无须人工输入。

表 2-53　　　　　　　　　　　　　下 行 遥 控 信 息 表

数据点号	该遥控量的点号
极性	遥控是否取反
检无压点号	该遥控量的检无压点号
检同期点号	该遥控量的检同期点号
本表是否忽略校验唯一性	否：数据点号、检无压点号、检同期点号均不能重复； 是：数据点号、检无压点号、检同期点号可重复
遥控点号 2	该遥控量的第二个点号

（4）下行遥调信息表。

表号：1207。

下行遥调信息表中的内容是设置调挡操作的相关参数，见表 2-54。该表记录的数据点名为调用检索器拖拽的方式生成，数据点号、升挡点号、降挡点号、急停点号均为手工录入。

表 2-54　　　　　　　　　　　**下 行 遥 调 信 息 表**

数据点名	做调挡操作的变压器绕组分接头位置
数据点号	该遥调量的点号
类型	调挡的操作类型： 遥控：常规遥控； DA 遥控：遥控过程中有返校流程，但操作被简化，没有预置操作，只有执行操作，返校通过程序自动执行； 直接遥控：遥控过程中无返校流程； AVC 遥控：若被设为该类型，则 SCADA 应用将对该遥控点屏蔽，交给 AVC 去操作完成
升挡点号	调升的点号
降挡点号	调降的点号
急停点号	急停的点号
是否忽略校验遥控唯一性	否：升挡、降挡、急停点号不能和下行遥控定义表中的数据点号相同； 是：对于特殊规约，升挡、降挡、急停点号可以和下行遥控定义表中的数据点号相同
升挡状态	升挡操作"控分"还是"控合"
降挡状态	降挡操作"控分"还是"控合"
急停状态	急停操作"控分"还是"控合"

（5）下行设点信息表。

表号：1208。

下行设点信息表中的内容是用来设置对遥测量数值做调节操作的相关参数，见表 2-55。

该表的记录为遥测定义表"是否遥调"触发而来，无须人工输入。

表 2-55　　　　　　　　　　　**下 行 设 点 信 息 表**

数据点名	做数值调节的遥测量名
厂站名	遥测量所属厂站
数据点号	遥测量做数值调节的点号
工程量最大值	工程量可设置的最大值
工程量最小值	工程量可设置的最小值
生数据最大值	生数据可设置的最大值，生数据＝（设点值－截距）/斜率
生数据最小值	生数据可设置的最小值，生数据＝（设点值－截距）/斜率
数据转换斜率	下行设点信息表中斜率不为 0，则直接取下行设点信息表中斜率和截距； 下行设点信息表中斜率为 0，则斜率＝（工程量最大值－工程量最小值）/（生数据最大值－生数据最小值）
数据转换截距	截距＝工程量最大值－生数据最大值×斜率
极性	遥测值是否取反

4. 规约类

（1）CDT 规约表。

表号：1261。

填写所有 CDT 规约通道的 CDT 规约相关参数，触发生成，无须手动添加、删除。

（2）IEC 101 规约表。

表号：1262。

填写所有 IEC 60870-5-101《远动设备和系统　第 5-101 部分：传输协议　基本远动任务配套标准》（简称 IEC 101 规约）转发规约通道的规约相关参数，触发生成，无须手动添加、删除，见表 2-56。

表 2-56	IEC 101 规约表
SOE 转遥信变位	将每一个 SOE 生成一个遥信变位，适合只送 SOE 而不送遥信变位的 RTU
遥测类型	转发规约里发送的遥测类型
规约细则	根据实际选择不同的细则

（3）IEC 104 规约表。

表号：1264。

填写所有 IEC 60870-5-104《遥控设备和系统　第 5-104 部分：传输协议　使用标准传输轮廓的 IEC 60870-5-101 所列标准的网络存取》（简称 IEC 104 规约）转发规约通道的规约相关参数，触发生成，无须手动添加、删除，见表 2-57。

表 2-57	IEC 104 规约表
SOE 转遥信变位	将每一个 SOE 生成一个遥信变位，适合只送 SOE 而不送遥信变位的 RTU
遥测类型	转发规约里发送的遥测类型
规约细则	根据实际选择不同的细则

（四）PUBLIC 表

（1）节点信息表。

表号：160。

节点信息表是对系统中所有节点的具体描述，配置系统中各机器节点的名称、ID 和类型，见表 2-58。节点名称要求要与 mng_priv_app.ini、net_config.sys 以及 /etc/hosts 中一致。

表 2-58 节点信息表

节点名称	用于标识系统中各节点的名称，可根据工程实际情况修改，无节点命名要求
节点类型	工作站：对于一般节点，不做服务器的节点，定义为工作站； 服务器：该节点属于各应用服务器，如定义 SCADA 应用服务器时，就需要将节点类型定义为服务器； 需要被动监视节点：对于没有安装 D5000 系统应用的节点，如果需要监视其网络状态或 CPU 状态，需要定义为需要被动监视节点，由 PUBLIC 主机监视其性能。一般针对安装数据库的节点，可以监视其数据库状态
是否使用标志位	该域暂未使用
区域号	节点所属区域，与区域信息表关联
警铃警笛区域信息	该域暂未使用
节点状态	由系统管理进程自动更新：离线、在线、应用异常、所有应用异常
网络状态	由系统管理进程自动更新。 中断：当系统退出后或者机器两块网卡均中断后，网络状态为中断； 正常：系统应用正常启动，且至少有一块网卡为正常
1 号网卡状态	由系统管理进程自动更新：中断、正常
2 号网卡状态	由系统管理进程自动更新：中断、正常
数据库状态	描述数据库的状态：DB 未知、正常、异常、网络异常

（2）系统应用分布信息表。

表号：163。

系统应用分布信息表是用来定义系统各应用服务器分布的表，表示各个应用在系统各节点上的运行情况，见表 2-59。应用服务器按照不同系统号、不同态、不同应用分别配置。

表 2-59 系统应用分布信息表

系统号	实时系统/DTS 系统/Web 系统
运行 CONTEXT	运行态： 1——实时态； 2——研究态； 3——规划态； 4——测试态； 5——反演态； 6——培训态
应用号	应用编号，如 SCADA：1000
应用名	应用名称，如：SCADA
运行节点个数	配置该应用的热备服务器节点个数
节点 1～16	定义应用热备服务器的节点名称（1～16）
冷备节点数	配置该应用的冷备服务器节点个数
冷备节点 1～16	定义应用冷备服务器的节点名称（1～16）
应用所属模式	实时模式、研究模式、未来模式。 一般为实时模式

（3）系统应用分布扩展表。

表号：183 。

系统应用信息分布扩展表适用于地县一体化或者系统服务器节过多的项目，该表内容与表 2-59 系统应用分布信息表（163）类似，其中应用节点和冷备节点最多可以分别定义 256 个。

如果系统应用分布表中的某条记录的节点数和冷备节点数都小于等于 16，则该记录就使用系统应用分布表中的定义；否则该记录则使用系统应用分布扩展表中的定义。

（4）进程信息表。

表号：164。

进程信息表包括所有的系统进程信息，见表 2-60。

表 2-60 **进 程 信 息 表**

应用 ID	进程所属应用名称
进程别名	提交给系统管理的进程名称
命令名	执行命令名称
启动类型	分为常驻可选进程、常驻关键进程、仅运行一次进程、等待完成进程、应用退出时清理进程。 常驻可选进程：表示该进程是常驻进程，并且调用注册接口，若退出，系统管理会重新将该进程启动，该进程异常不会影响应用。 常驻关键进程：表示该进程是常驻进程，并且调用注册接口，若退出，系统管理会重新将该进程启动，但是，该进程异常会使整个应用变为故障。 仅运行一次进程：应用启动时，初始化调用相关程序，不会等待该程序运行结束。 等待完成进程：应用启动时，初始化调用相关程序，并且等待程序运行结束。 应用退出时清理进程：应用退出时，调用相关程序，等待程序运行结束
是否自动运行	系统启动时是否自动运行，是为 1，否为 0
运行方式	0 表示后台输出不打印到文件； 1 表示后台输出会打印到 $ proc_alias. out 文件中
命令运行参数	进程的启动命令后面要跟参数，如 rtdb_server scada，那么 scada 就是运行参数
文件路径名	进程的启动命令所在路径，一般在 bin 目录下面，该域暂未使用
所属态	定义进行所属的态（上下文）：实时态、培训态、研究态、Web 实时态、Web 培训态、Web 研究态

（5）交换机信息表。

表号：175。

该表是对系统中交换机的信息描述，见表 2-61。

表 2-61   **交 换 机 信 息 表**

交换机名称	交换机名
交换机型号	根据交换机的实际型号填写，如 6506
交换机地址	交换机上 VLan1 上设置的地址，是和工作站不浮动的地址在同一子网的地址，即主网地址
端口数量	交换机的端口数量：电口＋光口
发送 traps 时使用的 community	一般和交换机名一样
交换机所属的域	实时系统、DTS 系统、Web 系统
由哪个应用的主机进行监视	主网的交换机一般选 PUBLIC，前置的交换机选 FES
监视区域	多用于地县一体化，即表示交换机属于哪个地调或者县调。非地县一体化，直接填写地调。该信息和区域信息表保持一致

（6）交换机端口表。

表号：176 。

该表是对交换机信息表中定义的交换机上的端口说明，见表 2-62。

表 2-62   **交 换 机 端 口 表**

所属交换机 ID	选择该条记录对应的交换机名称
端口编号	交换机内每个端口的编号，从交换机里读出来的
端口名称	使用命令查看。 华为、华三查看命令：disp_cur； 思科查看命令：show running
端口通信协议	该域暂未使用
端口设定速度	从交换机中读出

（7）磁盘监视信息表。

表号：177，见表 2-63。

表 2-63   **磁 盘 监 视 信 息 表**

节点 ID	新建系统时先将该表内容清空，系统运行时将自动生成
告警极限（%）	监视告警限值

（8）CPU 及内存负荷表。

表号：168，见表 2-64。

表 2-64   **CPU 及内存负荷表**

节点 ID	新建系统时先将该表内容清空，系统运行时将自动生成
CPU 告警极限（%）	监视告警限值 注：系统使用率＋用户使用率＞告警极限，则告警； 空闲率＝1－系统使用率－用户使用率

第三节　前　置　子　系　统

一、前置子系统概述

前置子系统（front end system，FES）作为 D5000 系统中实时数据输入、输出的中心，主要承担了调度中心与各所属厂站之间、与各个上下级调度中心之间、与其他系统之间以及与调度中心内的后台系统之间的实时数据通信处理任务，也是这些不同系统之间实时信息沟通的桥梁。信息交换、命令传递、规约的组织和解释、通道的编码与解码、卫星对时、采集资源的合理分配都是前置子系统的基本任务，其他还有像通信报文监视与保存、站多源数据处理、为站端设备对时、设备或进程异常告警、维护界面管理等任务。

二、前置子系统数据流

（一）子系统间数据流

前置子系统与其他数据采集设备和系统间的数据流向有多条路径，如图 2-23 所示。

（1）数据流①（传送的是熟数据）的内容包括：

1）变化的遥信信息；

2）变化的遥测信息；

3）遥控返校信息；

4）请求的数据回答；

5）全数据刷新。

（2）数据流②的内容包括：

1）遥控命令（选择、执行、撤销）信息；

2）遥调命令；

3）设点命令；

4）特定数据召唤。

（3）数据流③的内容包括：

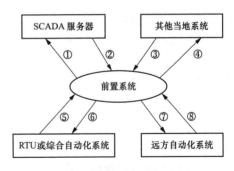

图 2-23　子系统间数据流图

1）数据召唤；

2）控制命令。

（4）数据流④（传送的是熟数据）的内容包括：

1）变化的遥信信息；

2）变化的遥测信息；

3）变化的工况信息；

4）请求的数据回答；

5）全数据刷新。

（5）数据流⑤（传送的是生数据）的内容包括：

1）变化的遥信信息；

2）变化的遥测信息；

3）分接头位置信息；

4）遥脉信息；

5）遥控返校信息；

6）遥调确认信息；

7）命令结束信息；

8）时钟确认信息；

9）过程信息；

10）肯定确认；

11）否定确认；

12）请求的应用数据回答；

13）请求的链路报文回答；

14）全数据。

（6）数据流⑥的内容包括：

1）链路召唤；

2）链路命令；

3）变化数据召唤；

4）全数据召唤；

5）特定数据召唤；

6）遥控命令（选择、执行、撤销）；

7）遥调命令；

8）设点命令；

9）参数命令；

10）对时命令。

（7）数据流⑦的内容包括：类数据流⑥。

（8）数据流⑧的内容包括：传送的是生（或熟）数据，类数据流⑤。

（二）子系统内数据流

经远程终端单元（RTU）采集的数据通过网络通道或传统的串行通道，输送到路由器或终端服务器，再通过交换机的数据采集网段，发送到前置终端服务器，然后通过消息总线和交换机1、2号网段，被SCADA服务器接收并处理成系统数据，如图2-24所示。

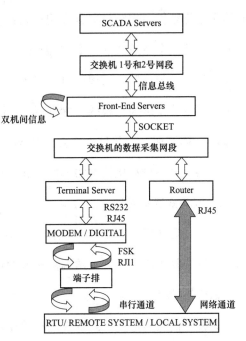

图 2-24　子系统内数据流图

三、规约介绍

（一）规约的定义

在远动系统中，为了确保信息传输的准确性，必须制定关于信息传输顺序、信息格式和信息内容等方面的约定，这套约定被称为规约。

（二）规约分类

根据传送方式的不同，远动规约可分为循环式远动规约和问答式远动规约两类。

1. 循环式远动规约

循环式远动规约（CDT 规约）的主要特点是由厂站作为主动方，周期性地向调度端发送遥信、遥测、变位等数据。发送端和接收端需始终保持严格同步，按照预先约定的顺序循环传输信息。

CDT 规约要求信息持续循环传送，即使信息受干扰而被拒收，下一帧仍可传送，丢失的信息可得到补救。保护性措施可以降低要求，适用于单工或双工通道，但不适用于半双工通道。可采用位同步和波形的积分检出等措施提高通道传输质量。这种通信规约传输信息的效率较低。

CDT 规约是国内广泛采用的一种循环式规约，其特点包括采用可变帧长度、多种帧类别循环传送、变位遥信优先传送、重要遥测量更新循环时间较短以及区分循环量、随机量和插入量等，以满足电网调度安全监控系统对远动信息的实时性和可靠性的要求。

CDT 规约具有接口简单、传送便捷的优点，在无法进行双向通信的情况下，仅进行单向传送也能胜任。规约报文整齐规律，易于理解和调试。然而，由于其要求实时上传所有数据，因此一个通道被一台 RTU 独占，只能用来传送一个厂站的信息，造成了通道资源的极大浪费。由于在制定该规约时，考虑到远动所需上传至调度主站系统的信息量较少，因此传输容量被设定为有限的。标准的 CDT 规约限制了传输能力，仅支持 256 路遥测、512路遥信、64 路遥脉，并且最多支持 256 个点的遥控，同时该规约还无法传输保护信息，导致无法跟上电力自动化技术的迅速发展。这些设计上的限制使得该规约无法被广泛应用。

2. 问答式远动规约

问答式远动规约的主要特点是主站端主导通信，向远方厂站发起请求获取特定信息，远方站则回复相应信息。主站端需正确接收信息后方能进行下一轮询问，否则将持续向远方站请求该信息。

为减少信息传输量，问答式规约采用压缩传输信息的方式，如变位传送遥信和死区变化传送遥测量。

问答式规约的另一个特点是通道结构可简化，一个通信链路可连接多个远方站，从而降低通道投资，提高通道备用性。问答式远动规约适用于双工和半双工通道。

按用途区分，一般分为常规远动规约、保护规约、电能表规约。其中常规远动规约包括 101 规约、104 规约等，保护规约包括 103 规约等，电能表规约包括 102 规约等。

在实时数据库界面（dbi）上打开 FES/规约类/IEC 101 规约表或 IEC 104 规约表，设置 IEC 101 规约和 IEC 104 规约的各种参数。

输入以下域：遥信起始地址、遥信地址数、遥测起始地址、遥测地址数、电能起始地址、电能地址数、遥控起始地址、遥控地址数、遥调起始地址、遥调地址数、SOE 起始地址、SOE 地址数、SOE 转遥信变位、源地址字节数、公共地址字节数、信息体地址字节数、遥测类型、遥控类型、遥控脉冲类型、遥调类型、规约细则、遥信组数目、遥测组数目。

在 IEC 101/IEC 104 规约接收数据时，遥测类型可以从报文类型中获得，所以规约表中的"遥测类型"选项无意义，但在用 IEC 101/IEC 104 规约转发数据时，可通过规约表中的"遥测类型"来选择所发遥测报文的类型。

"遥信组数目"和"遥测组数目"应该根据 RTU 的实际配置填写，如遥信 3 组、遥测 2 组，则前置在正常通信时定时进行组召唤，组号的顺序为：1，2，3，9，10，1，2，3，9，10……具体每一组有多少遥测/遥信、每一组有哪些遥测/遥信，都是由 RTU 配置。如果这两个数目都为 0，则前置在正常通信时定时进行全站的总召唤。

四、远动通道

（一）远动通道概述

1. 远动的概念

远动是利用通信技术，监视和控制远距离位置的设备，实现远程测量、远程信号、远程控制和远程调节等功能。

在电力自动化系统中，远动是电网为了集中管理分布在不同地点的发电厂和变电站采用的一种控制技术，通常包括远程状态测量（遥测、遥信）和远程控制（遥控、遥调）等方面。

2. 远动通道的概念

信道是指用于通信的通道，是传输信号的介质。传输远动信息的信道通常称为远动通道。在远动信息传输中，常见的信道包括：

（1）架空明线或电缆。

（2）电力线载波。

（3）无线电微波信道。

（4）卫星通信。

（5）光纤信道。

3. 远动通道传送的信息

按传输类型分为以下四种。

遥测信息：主要包括电气设备的电流、电压、功率等电气参数，以及变压器分接头位置、油温、水位、压力等非电气参数。

遥信信息：主要包括断路器位置、隔离开关位置、继电保护状态、报警信号、自动控制操作、事故信号、设备参数越限信号，以及远动设备状态和自诊断信号，通过 0 和 1（或断开和闭合）两种状态传输至主站端。

遥控信息：指主站端远程控制发电厂、变电站需要调节的对象，包括电气设备的合闸、跳闸、投入和切除操作。遥控涉及电力设备动作，要求操作准确无误，包括遥控选择、返校和执行等操作过程。

遥调信息：主站端向厂站端发送调节命令，厂站端经过验证后将其转换成适合被控对象的数据形式，以驱动被调对象。遥调命令可选择是否采取返校，厂站端接收遥调命令后立即执行。调节命令包括设定值和升降命令两种。设定值由主站端发送被控对象的数值至厂站端，厂站端接收后直接输出数字形式或经过数模转换输出模拟量形式。升降命令则是主站端发送的升降调节命令，转换为升降步进信号，用于调节发电机输出、变压器位置或水电厂闸门。

（二）远动信息传输方式

根据通信信道的不同，远动信息传输方式通常可归为以下两种。

1. 模拟通信方式

模拟通信方式是指通过通信介质传输正弦波形的模拟信号。经过调制解调器处理后的远动信息通常被称为模拟远动通信。

2. 数字通信方式

数字通信方式是指通过通信介质传输方波形的数字信号。数字通信通常分为串口通信和网络通信。与模拟通信方式相比，数字通信具有抗干扰能力强、信号处理便捷等优势，因此在远动信息传输中被广泛采用。图 2-25 是数字通信的模型图。

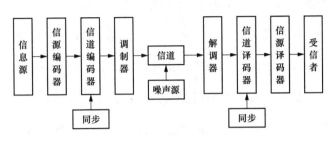

图 2-25 数字通信模型图

五、分布式数据采集

（一）分布式数据采集概述

调度自动化系统传统的数据采集方式是系统内的两台或两台以上的前置服务器集中于一地，各台前置服务器之间处于互为备用的运行状态，每台前置服务器都有可以处理所有通信任务的能力。但是随着电网规模的不断发展，信息量越来越大，每台前置服务器的性能要求就越来越高，而且随着跨区域系统一体化以及异地容灾备用的要求越来越高，如果仍然采用传统的集中式数据采集方式则需要建立多套调度自动化系统，然后再用其他的方法实现数据的交换和共享，那么就会大大增加用户的系统维护难度，而且系统的各项功能也已经不能够完全满足要求。

为解决现有调度自动化系统集中式数据采集方式的不足，分布式数据采集功能通过部署在任意位置的前置服务器及采集设备协调工作，共同完成整个系统的数据采集任务，并且任意位置采集的数据可共享至全网，有效地解决大量的数据采集任务带来的巨大的负载压力，满足用户对系统的异地容灾备用等广域分布的要求，并提供给用户一个统一而完整的系统平台，使得使用系统的人员在调度自动化系统中的任意节点上都能全面地了解系统中的所有的实时数据，并且易于维护，操作方便。

（二）分布式数据采集结构与运行方式

在正常运行时，系统中的前置服务器不再是置于一地，也不再是局限于 2～4 台，而是按需要分布在若干个地方，总数达到 8～10 台甚至更多。此时前置的处理不是将机器总数做简单的扩充，每台前置服务器也不是处理相同的任务，而是采用子系统的处理模式，将整个一体化系统的前置数据采集部分划分成若干个数据采集区域子系统，每个数据采集区域子系统都有自己独立运行的前置服务器和采集设备，只处理自己管辖的厂站和通道，在数据采集区域子系统内数据采集仍然采用按口值班、负载均衡的技术，保证数据处理的可靠和高效。每个数据采集区域子系统都是独立运行，任何一个数据采集区域子系统的故障也不会影响其他数据采集区域子系统的正常运行，大量外数据采集区域子系统的数据也不会影响本数据采集区域子系统的数据处理，不会增加本数据采集区域子系统的负载。整个一体化系统中数据采集区域子系统的个数是没有限制的，可以任意扩充和删减，因为每个数据采集区域子系统都是独立设置、独立运行的，所以在扩充和删减的时候不会影响其他数据采集区域子系统的正常运行。

数据采集区域子系统的运行方式如图 2-26 所示。

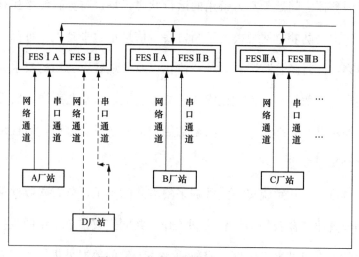

图 2-26 分布式数据采集示意图

在正常运行时，每个数据采集区域子系统只处理本子系统所属的厂站和通道，但是有些信息还是需要同步到其他子系统的，如地调侧平时也要实时监视各县调所属各前置服务器、各厂站和通道运行状态，因此各个数据采集区域子系统之间会将本系统内的各前置以及所处理的各个通道和厂站的运行状态同步到其他数据采集区域子系统。因为这些状态信息的数据量较少，所以不会对网络造成很大的压力。如果需要查询具体某个通道的前置报文或前置实时数据等信息，则与过去一样，可以在本系统的前置画面上通过右键菜单调用对应的数据采集区域子系统的相应的界面进行查询。

在整个一体化系统中，每个厂站的数据采集都归属于唯一一个数据采集区域子系统，因此每个数据采集区域子系统的数据采集范围间是不存在交集的现象的，各个数据采集区域子系统完成数据采集后的熟数据送往 SCADA 应用，形成全系统数据的合集，实现数据的全系统共享。但是，一旦出现系统的解裂，如县地调之间的主网络出现故障，那么此时此县调采集的数据就无法共享给全系统使用，影响地调侧的正常运行。此时，分布式数据采集系统提供了下列两种互备方式来解决这个问题。

分布式数据采集互备方式 1：对于那些有条件的厂站，可以增加一路网络通道至其他数据采集区域子系统，并在数据库中标识为"区域冷备"或者"区域热备"通道，当此厂站所属的数据采集区域子系统正常运行时，冷备通道并不建立通信连接，热备通道正常，但此通道一直处于"备用"状态，如图 2-27 所示；当此厂站所属的数据采集区域子系统与本数据采集区域子系统解列后，冷备通道才建立通信连接，此时通道变为"值班"状态，并将处理后的数据送往 SCADA 应用，如图 2-28 所示。

分布式数据采集互备方式 2：对于那些没有条件增加备用通道的厂站，可以在数据采集区域子系统间利用数据采集的调度数据网进行系统间的数据转发，同样在数据库中这些转发通道标识为"区域冷备"或者"区域热备"通道，当此厂站所属的数据采集区域子系统

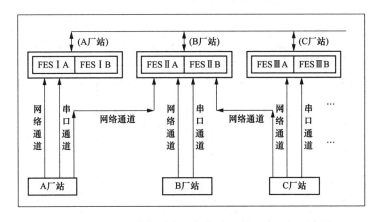

图 2-27　分布式数据采集互备方式 1 的正常运行示意图

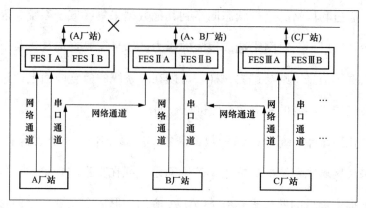

图 2-28　分布式数据采集互备方式 1 的解列运行示意图

正常运行时，冷备通道并不建立通信连接，热备通道正常通信，但此通道一直处于"备用"状态，如图 2-29 所示；当此厂站所属的数据采集区域子系统与本数据采集区域子系统解列后，冷备通道才建立通信连接，此时通道变为"值班"状态，并将处理后的数据送往 SCA-DA 应用，如图 2-30 所示。

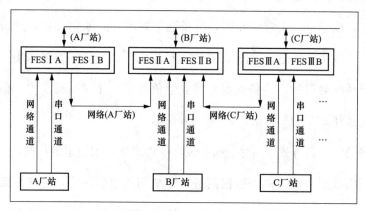

图 2-29　分布式数据采集互备方式 2 的正常运行示意图

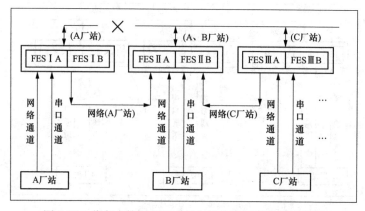

图 2-30　分布式数据采集互备方式 2 的解列运行示意图

六、数据交互

(一) 主、备调数据交互

根据主、备调地域的不同，两者之间的数据交互，通过调度数据网主、备核心路由器及骨干路由器，借助调度数据网通道实现的主、厂数据交互。

(1) 主调向备调发送的电网模型、通道参数等数据流：

(商务数据库) 主调 data_svr 应用→纵向加密认证装置→调度数据网→纵向加密认证装置→备调 data_svr 应用。

(实时数据库) 主调 sync_msg_send 应用→纵向加密认证装置→调度数据网→纵向加密认证装置→备调 sync_msg_send 应用。

(2) 备调向主调发送的前置通道工况信息数据：

备调前置服务器 (fes_sysx_recv 进程) →纵向加密认证装置→调度数据网→纵向加密认证装置→主调前置服务器 (fes_sysx_recv 进程)。

(二) 省、地调数据交互

省、地数据交互方式一般分为两种方式：一种通过调度数据网进行数据交互、另一种通过安全Ⅲ区信息网进行数据交互。常见的省、地调数据交互一般包括实时数据遥测、遥信转发区调、安全Ⅰ区母线负荷预测、电网模型、事故跳闸告警信息、新能源 AGC 发电指令、AVC 遥调指令等。

具体数据交互路径如下：

(1) 安全Ⅰ区实时数据遥测、遥信转发区调、安全Ⅰ区母线负荷预测、电网模型、事故跳闸告警信息数据流：

安全Ⅰ区 FES 服务器→安全Ⅰ区采集交换机→实时交换机→实时纵向加密装置→实时数据网交换机→骨干路由器→区调。

(2) 新能源 AGC 发电指令、AVC 遥调指令数据流：

区调→骨干路由器→实时数据网交换机→实时纵向加密装置→实时交换机→安全Ⅰ区

采集交换机→FES 服务器。

（3）数据网网管数据流：

数据网网管服务器→实时交换机→实时纵向加密装置→实时数据网交换机→骨干路由器→区调。

（三）主、厂站数据交互

主、厂站数据交互方式一般是由数据网通道进行数据传输，交互数据包括遥测、遥信、遥控、保信、光功率预测、开关遥控指令、AGC 发电指令、AVC 遥调指令信息等。

具体数据交互路径如下：

（1）遥测、遥信、遥控返校信号数据流：

厂站数据通信网关机→厂站实时数据网交换机→厂站实时纵向加密装置→厂站接入网路由器→主站接入网核心路由器→骨干路由器→实时数据网交换机→实时纵向加密装置→实时交换机→安全Ⅰ区采集交换机→FES 服务器。

（2）保护信息子站、光功率预测数据流：

厂站保信服务器、新能源光功率预测服务器→厂站非实时数据网交换机→厂站非实时纵向加密装置→厂站接入网路由器→接入网核心路由器→骨干路由器→非实时数据网交换机→非实时纵向加密装置→非实时交换机→非实时采集交换机→保信服务器、新能源光功率预测服务器。

（3）开关遥控指令、AGC 发电指令、AVC 遥调指令数据流：

安全Ⅰ区 FES 服务器→采集交换机→实时交换机→实时纵向加密装置→实时数据网交换机→骨干路由器→接入网核心路由器→厂站接入网路由器→厂站接入网路由器→厂站实时纵向加密装置→厂站实时数据网交换机→厂站远动机。

第四节　实时监控与智能告警

一、电网运行稳态监控

（一）数据处理

电网运行稳态监控的数据处理模块提供模拟量处理、状态量处理、非实测数据处理、计划值处理、点多源处理、数据质量码、自动旁路代替、自动对端代替、自动平衡率计算、数据计算及统计等功能。

数据接口与处理作为辅助决策功能的基础和桥梁，担负着与在线安全稳定分析与预警功能、静态安全分析功能、实时监控与智能告警功能等外部系统进行电网模型、实时数据和计算结果等信息交互的任务，汇集来自外部系统的稳态、暂态和动态数据，供辅助决策功能各项应用进行分析、计算，同时发布辅助决策的控制措施。

1. 模拟量处理

模拟量描述电力系统运行的实时量化值，主要为一次设备（线路、主变压器、母线、发电机等）的有功、无功、电流、电压值以及主变压器挡位、频率等。

对模拟量的处理应实现以下功能：

（1）数据合理性检查和数据过滤。

（2）零漂处理：对模拟量测量值与零值相差小于指定误差（零漂）时，转换后的模拟量应被置为零，每个模拟量的零漂参数均可以设置。

（3）限值检查：每个测量值可具有多组限值对，用户可以自行定义限值对的等级，对于某些测量值，不同的限值对可以根据不同的时段进行定义。用户可以定义死区，以避免在定义的限值边界抖动时产生不必要的告警。

（4）跳变检查：当模拟量在指定时间段内的变化超过指定阈值时，给出告警。

（5）支持人工输入数据：丢失的或不正确的数据可以用人工输入值来替代。

（6）所有人工设置的模拟量应能自动列表显示，并能根据该模拟量所属厂站调出相应接线图。

（7）设置数据质量标识。

（8）历史采样，所有写入实时数据库的遥测应记录在历史数据记录中。

2. 状态量处理

状态量包括开关量和多状态的数字量，具体为断路器位置、隔离开关位置、接地开关位置、保护硬接点状态以及 AGC 远方投退信号、一次调频状态信号等其他各种信号量。

状态量的处理应完成以下功能：

（1）状态量用 1 位二进制数表示，1 表示合闸（动作/投入），0 表示分闸（复归/

退出）。

（2）支持双位遥信：主、辅助遥信变位的时延在一定范围（可定义）之内，不判定错误状态，超过时延范围如果只有一个变位，则判定状态量可疑并告警。当另一个遥信上送之后，可判定状态量由错误状态恢复正常。

（3）支持误遥信处理，滤除抖动遥信。

（4）在人工检修时，打上检修标记但不报警。

（5）状态量可以人工设定，人工设置的状态与采集状态一致时，可以给出提示信息。

（6）所有人工设置的状态量应能自动列表显示，并能根据该状态量所属厂站调出相应接线图。

（7）告警过滤功能：当保护动作后在指定时间内收到保护复归信号，可不上告警窗，仅把信息保存至历史库。

3. 非实测数据处理

非直接采集的数据称为非实测数据，可能由人工输入，也可能是通过计算得到，两者分别有各自的质量码。除此以外，非实测数据与实测数据应具备相同的数据处理功能。

4. 计划值处理

支持从外部系统或调度计划类应用获取调度计划实现实时监视、统计计算等处理，应具备如下功能：

（1）支持实时、日内、日前计划的导入，导入前应能对调度计划进行合理性校验，校验异常时进行告警提示。

（2）调度计划的导入过程可以执行多次，每日指定时刻前未收到日前调度计划进行告警，确保日前调度计划的及时获取。

（3）可自动计算计划当前值和实时值的差值。

（4）支持计划插值计算及计划积分统计，用于追踪计划的执行情况。

5. 点多源数据处理

实现以测点为对象的点多源数据处理技术，同一测点的多源数据在满足合理性校验经判断选优后将最优结果放入实时数据库，提供给其他应用功能使用。对于其他应用功能而言，无须关心测点的来源情况，只需取用最终处理结果，满足如下要求：

（1）可定义指定测点的相关来源及优先级。

（2）可根据测点的数据质量码自动选优，同时也支持人工指定最优源。

（3）状态估计数据可以作为一个后备数据源，在其他数据源无效时可以选用状态估计数据。

（4）选优结果具有数据来源标志。

6. 数据质量码

对所有模拟量和状态量配置数据质量码，以反映数据的质量状况。图形界面可根据数据质量码以相应的颜色显示数据。

数据质量码至少应包括以下类别：

（1）未初始化数据。

（2）不合理数据。

（3）计算数据。

（4）实测数据。

（5）采集中断数据。

（6）人工数据。

（7）坏数据。

（8）可疑数据。

（9）采集闭锁数据。

（10）控制闭锁数据。

（11）替代数据。

（12）不刷新数据。

（13）越限数据。

计算量的数据质量码由相关计算元素的质量码获得。

7. 旁路代替

具备旁路代替功能，可根据网络拓扑关系（主要根据旁路开关和被代替回路的旁路开关）判断，以旁路支路的测量值代替被代支路的测量值，作为该点的显示值（最终值），并在数据质量码标示旁路代替标志。提供自动和手动两种方式。

提供旁路代替结果一览表，可按区域、厂站、量测类型等条件分类显示。

8. 对端代替

具备对端代替功能，当线路一端测量值无效时，可以线路另一端的测量值（该测量值的质量码为有效数据）代替，作为该点的显示值（最终值），并在数据质量码标示对端代替标志。提供自动和手动两种方式。

提供对端代替结果一览表，可按区域、厂站、量测类型等条件分类显示。

9. 自动平衡率计算

实现基于动态拓扑分析的自动平衡率计算功能，应包括：

（1）母线不平衡：母线流入/流出的有功不平衡、无功不平衡，并列母线的电压不平衡。

（2）变压器不平衡：有功不平衡、无功不平衡。

（3）线路不平衡：有功不平衡、无功不平衡。

不平衡率超出预设的阈值时进行报警，并在设备上进行标记，同时统计不平衡开始时间、不平衡持续时间、不平衡总时间等结果。

提供自动平衡率计算结果一览表，可按区域、厂站、设备类型、不平衡程度等条件分类显示。

10. 计算

应具备自定义的公式计算及常用的标准计算功能。

（1）公式计算。

1）可以自定义计算公式，提供方便、友好的界面供用户离线和在线定义计算公式，可以从画面上以拖拉方式定义计算操作数。

2）可进行加、减、乘、除、三角、对数等运算，也可进行逻辑和条件判断运算。支持的数据类型、运算符、标准函数和语句如下。

a. 支持的数据类型包括 int、long、float、char、short、string。

b. 支持的运算符：

算术运算符：包括＋、－（减号）、－（负号）、＊、/、％（整除）。

逻辑运算符：＆＆、＆、||、|、！。

关系运算符：>、>=、==、!=、<=、<。

其他运算符：()。

选择运算符：?。

c. 支持的标准函数：

指数、对数函数：exp、log、log10、pow、sqrt。

三角运算和反三角运算：sin、cos、tg（tan）、ctg、arcsin、arccos、arctg、arcctg。

绝对值函数：abs、fabs。

字符串函数：strcmp、strcpy、strcat、strlen。

d. 支持的语句：

循环语句：do…while、for、while 等。

条件判断语句：if、switch…case、else 等。

控制执行顺序的语句：break、continue。

复合语句：用花括号 {} 把一个或多个语句括起来构成的一条语句。

e. 派生计算量：对采集的所有量能进行综合计算，产生新的模拟量、状态量、计算量，新量能像采集量一样进行数据库定义、处理、存档和计算等。

f. 公式计算可周期启动或触发启动，周期启动的周期可调，缺省为5s。

g. 公式支持的操作数最大个数不少于50。

h. 公式计算优先级可自动调整，引用其他公式计算结果的公式应排在后面计算。

i. 公式计算可作为一种公共服务，供其他应用调用。

（2）标准计算。

应提供常用的计算库，具备以下的标准计算功能：

1）负载率计算。

2）变压器挡位计算。

3）功率因数计算。

4）负荷超欠值计算。

5）电流有效值计算。

6）用户可自定义标准计算功能。

（二）系统监视

电网运行稳态监控的系统监视模块提供潮流监视、一次设备监视、稳定断面监视、系统备用监视、低频低压减载和紧急拉路实际投入容量监视、电容电抗实际投入容量监视、故障跳闸监视、功率因数监视、动态拓扑分析和着色、特殊方式和重要用户风险监视等功能。

1. 潮流监视

实现对电网运行工况的监视，监视范围应包括有功、无功、电流、电压、频率，以及越限监视、断路器状态监视、隔离开关状态监视和变位监视等。

（1）可通过地理潮流图、分层分区电网潮流图、厂站一次接线图、曲线、列表等人机界面显示当前潮流运行情况，提升显示效果。

（2）实现对全网发电、受电、用电、联络线、总加等重要量测及相应的极值和越限情况进行记录和告警提示。

2. 一次设备监视

可根据实时运行数据，结合电网模型、拓扑连接关系，对一次设备运行状态进行监视，为调度员提供直观的设备运行状态信息，监视范围应包括：

（1）机组停复役、机组越限。

（2）机组 AGC 状态、无功裕度。

（3）线路停运、线路充电、线路过载。

（4）变压器投退、变压器充电、变压器过载。

（5）母线投退、母线越限。

（6）无功补偿装置投退。

人机界面可根据配置为每种运行状态显示相应的颜色，并展示母线电压灵敏度分析计算结果。

提供一次设备监视信息列表，可按区域、厂站、设备类型等条件分类显示监视结果，并统计状态开始时间、状态持续时间等结果。

发生运行状态变化事件时，可根据重要程度为调度员提供提示、告警等通知手段，所有监视事件应完整记录保存。

3. 二次设备监视

可根据实时运行数据，结合电网模型、拓扑连接关系，对二次设备运行状态进行监视，为调度员提供直观的设备运行状态信息，监视范围应包括：

（1）线路主保护投、退情况。

（2）主变压器主保护投、退情况。

（3）母线主保护投、退情况。

（4）安全自动装置投、退情况。

可通过电网接线图将二次设备情况直观展示给调度员。

提供二次设备监视信息列表，可按区域、厂站、设备类型等条件分类显示监视结果，并统计状态开始时间、状态持续时间等结果。

发生运行状态变化事件时，可根据重要程度为调度员提供提示、告警等通知手段，所有监视事件应完整记录保存。

4. 稳定断面监视

稳定断面监视主要用于调度员和运行人员的断面定义和断面潮流在线监视，包括断面定义、断面在线监视、断面越限提示、断面导入等功能，同时稳定断面监视也可作为一种公共服务供其他应用调用。

（1）断面定义。断面定义需要相应的权限，授权用户如调度员、运行人员可自定义所关心的断面。断面定义的范围应包括：

1）断面基本信息，包括名称、类型等。

2）断面的生效规则，支持输入简单的公式，支持对模拟量、状态量进行组合作为断面生效条件，支持将稳控装置运行状态作为断面生效条件。

3）断面的组成，可采用拖拽的方式从画面选择相关的量测，当断面构成包含不同电压等级、不同调度管辖范围的元件时，也支持用拖拽的方式从画面选择相关的量测。

4）断面的限额，既可以直接输入静态数值，也支持输入简单的公式描述动态限额规则。

（2）断面潮流在线监视。可实时监视断面潮流，根据断面定义及实际的运行方式自动匹配相应的断面及限额，自动计算各潮流断面的实时功率值，并统计断面的负载情况。提供分类列表显示断面潮流统计结果，并可展示断面灵敏度分析计算结果。断面监视内容经分析计算后，支持作为 AGC 调整的安全约束条件。

（3）断面越限提示。可针对不同级别的越限情况设置不同的告警方式。当断面越限时，可按预定义的显示方式明确提示，告警窗显示相应的越限信息。

（4）断面导入。支持从调度管理类应用中导入稳定断面定义信息。

5. 系统备用监视

系统备用监视应通过比较系统备用容量与各种类型的备用需求来实现，满足如下要求：

（1）应分别监视有功备用和无功备用，其中有功备用应依据电网实时负荷、发展趋势来进行考虑；无功备用则应根据电网实时电压情况、变化趋势来进行考虑。

（2）系统备用监视按照预定义的周期进行，能够依据机组当前出力和机组控制上下限，计算和监视整个电网所需的发电备用容量，包括有功备用和无功备用的监视，通过比较实际备用和备用需求，发现备用不足时发出报警。

（3）具备多种系统备用等级，如旋转备用、非旋转备用、运行备用，以及典型的响应时间，如 5、10、30min 等。

（4）提供备用显示界面，分类显示系统备用、电厂备用及机组备用等信息。

（5）备用监视功能应为不同的备用机制提供计算模型。

（6）具备分时段备用统计功能，并自动记录至历史库。

（7）备用监视结果可应用于实时调度计划编制。可根据用户定义确定不同时段的备用系数。

（8）备用容量计算所涉及的参数可在线或离线设置、修改。

6. 低频低压减载实际投入容量监视

（1）实时统计全网及分区低频低压减载的实际投入容量，并以图形方式显示相关统计结果。

（2）当实际投入容量不足时给出告警。

7. 故障跳闸监视

（1）提供故障跳闸判据定义工具，便于在不同条件下实现故障跳闸监视。

（2）应能正确区分正常操作跳闸和故障跳闸。当发生开关跳闸和相关的事故总动作或保护动作时，可结合相关遥测量，根据遥测和遥信组合校验结果，滤除坏数据，判断开关故障跳闸。在开关故障跳闸监视基础上，应根据电网实时拓扑连接关系，判断设备故障跳闸。

（3）可判断机组出力突变，实现机组故障跳闸监视。

（4）可判断直流功率突变，实现直流故障闭锁监视。

（5）故障跳闸监视应提供告警，形成故障跳闸监视结果列表，并可自动推画面及自动触发事故追忆。

8. 动态拓扑分析和着色

网络拓扑着色可根据断路器、隔离开关的实时状态，确定系统中各种电气设备的带电、停电、接地等状态，并将结果在人机界面上用不同的颜色表示出来。

（1）不带电的元件统一用一种颜色表示。

（2）接地元件统一用一种颜色表示。

（3）正常带电的元件根据其不同的电压等级分别用不同的颜色表示。

动态拓扑着色可由事件启动，即当电网的运行状态发生改变，导致一部分电气元件和电气设备不带电或恢复带电时，能根据实时数据计算电力系统各设备的带电状态。

可基于遥测遥信是否一致、线路两端是否平衡、$P/Q/I$ 是否匹配等规则校验实时数据的正确性，辨识可疑量测。

9. 特殊方式和重要用户风险监视

（1）应通过对物理接线方式的自动分析判断，检查电网的特殊运行方式，如单电源变电站、单变单线、串供、母线分裂运行等，并自动形成列表用于实时监视。

（2）对于多级馈供的情况形成列表。

（3）可实时监视重要用户、大用户的负荷变化情况，进行风险监视。

（三）数据记录

电网运行稳态监控的数据记录模块提供事件顺序记录、事故追忆、反演和分析功能。

1. 事件顺序记录（SOE）

（1）应以毫秒级精度记录所有电网开关设备、继电保护信号的状态、动作顺序及动作时间，形成动作顺序表。

（2）SOE 应包括记录时间、动作时间、厂站名、事件内容和设备名。

（3）应能根据类型、厂站、设备类型、动作时间等条件对 SOE 分类检索、显示和打印输出。

（4）可选择对某个设备的 SOE 进行屏蔽和解除屏蔽。

2. 事故追忆

系统检测到预定义的事故时，可以自动记录事故时刻前后一段时间的所有实时稳态信息，以便事后进行查看、分析和重演。

（1）事故追忆的启动和处理。

1）以保存数据断面及报文的形式存储一定时间范围内（缺省 8 天，可设置）所有的实时稳态数据，可以重演事故前后系统的实际状态。

2）事故追忆既可以由预定义的触发事件自动启动，包括设备状态变化、测量值越限、计算值越限、测量值突变、逻辑计算值为真以及操作命令等，也支持指定时间范围内的人工启动。

3）具备同时记录多重事故记录的功能，记录多重事故时，事故追忆的记录存储时间相应顺延。

4）可指定事故前和事故后追忆的时间段。

（2）事故重演。

1）提供检索事故的界面，并提供在研究态下的事故重演功能。

2）可通过任意一台工作站进行事故重演，并可以允许多台工作站同时观察事故重演。重演的运行环境相对独立，与实时环境互不干扰。

3）重演时，断面数据与重演时刻的电网模型及画面应匹配。

4）可通过专门的重演控制画面，选择已经记录的任意时段的电力系统的状态作为重演的对象（局部重演）。

5）可以设定重演的速度（快放或慢放），可以暂停正在进行的事故重演。

6）可以通过专门的分析控制画面，选择已经记录的各个时段中的任意时段的电力系统的状态进行分析，并可将分析结果导出。

7) 具备将网络分析应用软件和事故追忆相结合的能力。例如，当重演到某个时刻时，可以直接启动该断面下的状态估计、潮流计算等，而无须应用软件的启动、断面装载等一系列复杂的操作。

（四）操作与控制

电网运行稳态监控功能的操作和控制模块实现人工置数、标志牌操作、闭锁和解锁操作、远方控制与调节功能。

1. 人工置数

（1）人工输入的数据包括状态量、模拟值、计算量。

（2）人工输入数据应进行有效性检查。

（3）应提供界面以方便修改与电网运行有关的各类限值。

2. 标志牌操作

（1）提供自定义标志牌功能，常用的标志牌应包括：

1）锁住——禁止对具有该标志牌的设备进行操作。

2）保持分闸/保持合闸——禁止对具有该标志牌的设备进行合闸/分闸操作。

3）警告——某些警告信息应提供给调度员，提醒调度员在对具有该标志牌的设备执行控制操作时能够注意某些特殊的问题。

4）接地——对于不具备接地开关的点挂接地线时，可在该点设置"接地"标志牌。系统在进行操作时将检查该标志牌。

5）检修——处于"检修"标志下的设备，可进行试验操作，但不向调度员工作站报警。

（2）可以通过人机界面对一个对象设置标志牌或清除标志牌，在执行远方控制操作前应先检查对象的标志牌。

（3）单个设备允许设置多个标志牌。

（4）标志牌操作应保存到标志牌一览表中，包括时间、厂站、设备名、标志牌类型、操作员身份和注释等内容。

（5）所有的标志牌操作应进行存档记录。

3. 闭锁和解锁操作

（1）提供闭锁功能用于禁止对所选对象进行特定的处理，应包括闭锁数据采集、告警处理和远方操作等。

（2）闭锁功能和解锁功能应成对提供。

（3）所有的闭锁和解锁操作应进行存档记录。

4. 远方控制与调节

（1）控制与调节类型：

1）断路器和隔离开关的分合。

2）变压器的分接头调节。

3）投/切和调节无功补偿装置。

4）投/切远方控制装置（就地或远方模式）。

5）遥调控制，包括设点控制、给定值条件、脉宽输出。

6）直流功率调整。

7）成组控制：可预定义控制序列，实际控制时可按预定义顺序执行或由调度员逐步执行，控制过程中每一步的校验、控制流程、操作记录等支持与单点控制采用同样的处理方式。

（2）控制流程：对开关设备实施控制操作一般应按三步进行，选点－预置－执行，预置结果显示在画面上，只有当预置正确时，才能进行"执行"操作。

（3）选点自动撤销条件。在进行选点操作时，当遇到如下情况之一时，选点应自动撤销：

1）控制对象设置禁止操作标志牌。

2）校验结果不正确。

3）遥调设点值超过上下限。

4）当另一个控制台正在对这个设备进行控制操作时。

5）选点后30～90s（可调）内未有相应操作。

（4）安全措施：

1）操作必须从具有控制权限的工作站上才能进行。

2）操作员必须有相应的操作权限。

3）双席操作校验时，监护员需确认。

4）操作时每一步应有提示，每一步的结果应有相应的响应。

5）操作时应对通道的运行状况进行监视。

6）提供详细的存档信息，所有操作都记录在历史库，包括操作人员姓名、操作对象、操作内容、操作时间、操作结果等，可供调阅和打印。

二、自动发电控制

（一）AGC 概述

1. AGC 的控制目标

自动发电控制（AGC）在实现高质量电能的前提下以满足电力供需实时平衡为目的，其根本任务是实现下列目标：

（1）维持电网频率在允许误差范围之内，频率累积误差在限制值之内。

（2）控制互联电网净交换功率按计划值运行，交换电能量在计划限值之内。

（3）在满足电网安全约束条件、电网频率和对外净交换功率计划的情况下协调参与遥调的发电厂（机组）的出力按最优经济分配原则运行，使电网获得最大的效益。

2. AGC 主要功能模块

自动发电控制（AGC）主要功能模块包括：

（1）负荷频率控制（load frequency control，LFC）。

（2）在线经济调度（on-line economic dispatch，ED）。

（3）LFC 性能监视（LFC performance monitor）。

（4）备用监视（reserve monitor，RVMON）。

（5）机组响应测试（unit test and sampling，UTEST）。

图 2-31 描述了自动发电控制（AGC）软件包的功能模块及与其他应用之间的关系。

3. AGC 控制过程

AGC 是建立在以计算机为核心的 SCADA、发电

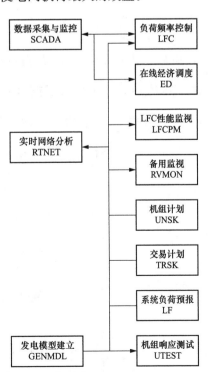

图 2-31　AGC 主要功能模块

机组协调控制系统以及高可靠信息传输系统基础之上的高层控制技术手段，通过遥测输入环节、计算机处理环节和遥控输出环节构成电力生产过程的远程闭环控制系统，涉及调度中心计算机系统、通道、RTU、厂站计算机、调功装置和电力系统等。

（1）AGC 从 SCADA 获取电网实时量测数据，并进行必要的处理。

（2）根据实时量测数据和当时的各种计划值，在考虑机组各项约束的同时计算出对机组的控制命令。

（3）通过 SCADA 将控制命令送到各电厂的电厂控制器（plant controller，PLC），由 PLC 调节机组的有功出力。对于调度端来说，PLC 是 AGC 的一个控制对象；对于电厂端来说，PLC 是一个物理的控制装置。

值得强调的是，AGC 的控制对象是 PLC 而非机组，也就是说 AGC 计算和下发控制命令给 PLC。PLC 的下层记录是机组，因此在建立 AGC 数据库时，可根据实际需要在一个 PLC 下插入一个或多个机组记录，从而方便地实现对单机控制、全厂集中控制，甚至通过梯调中心监控系统实现对梯级水电厂的集中控制。与机组有关的静态参数和实时数据仍然存放在机组记录中，AGC 在每个运行周期将各机组参数聚集得到 PLC 参数，从这个意义上说 PLC 相当于这些机组的等值机。例如，PLC 的发电出力是各机组之和；只要有一台机组 AGC 远方可控，则 PLC 就可投入 AGC；所有机组都停运，则 PLC 就停运；PLC 的 LFC 上（下）限等于可控机组的 LFC 上（下）限与不可控机组的实际出力之和等。也有一些参数是专门为 PLC 设置的，如控制模式等，但习惯上仍称之为"机组控制模式"（严格地说应该是"PLC 控制模式"）。

AGC 的总体结构如图 2-32 所示，主要有三个控制环：计划跟踪控制环、区域调节控制

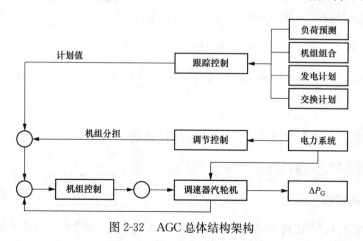

图 2-32　AGC 总体结构架构

环和机组控制环。计划跟踪控制的目的是按计划提供发电基点功率，它与负荷预测、机组经济组合、发电计划和交换功率计划有关，担负主要调峰任务。如果没有上述计划软件，全部应由人工填写。区域调节控制的目的是使区域控制偏差 ACE 调到零，这是 AGC 的核心功能，AGC 计算出各机组为消除 ACE 所需增减的调节功率，将这一调节分量加到机组跟踪计划的基点功率之上，得到控制目标值送到电厂控制器 PLC。机组控制是由基本控制回路去调节机组控制偏差到零。

4. AGC 数据库

自动发电控制从 SCADA 获取电网实时量测数据，从实时网络分析中获得网损相对于机组出力的灵敏度，进而得到经济调度中所需的机组网损修正系数，也称罚因子（penalty factor），并且获得其他灵敏度信息，用于安全校正控制等。自动发电控制同时将机组计划信息送给实时网络分析。

自动发电控制（AGC）的数据库由建模软件形成，建模软件用于对具体电力系统建立、维护和扩展数据库。建模软件的功能如下：

（1）定义物理设备（元件）及相互关系。

（2）填写设备参数。

（3）验证数据结构和参数的正确性，建立相互之间的关联，建立不同数据库之间相关物理量之间的映射关系。

（4）保存并提供给 AGC 实时应用。

AGC 数据库主要由两类记录组成，分别描述发电模型和交换模型。

通常情况，系统配置多台 AGC 服务器，以互为热备用方式运行。每台服务器下装并生成相同的 AGC 实时库，运行相同的应用软件，均能通过基础平台的消息总线接收到相同的数据源（电网运行稳态监控、人工操作）。在此基础上，每台服务器的应用软件采用相同的逻辑处理各种数据源，并进行计算、统计等后续处理，处理结果刷新本机的实时库，从而保证了各台服务器实时数据的一致性。控制环节，只有主服务器下发实时的控制指令，备用服务器虽然执行相同的控制逻辑处理，但指令不下发只处于热备用状态。

（二）LFC 主要功能模块

数据处理模块在每个 AGC 执行周期内被调用，接收和处理从 SCADA 来的数据，包括模拟和状态遥测数据。其中包括：

（1）区域量测：系统频率、时差、上级调度（如网调）下发的 ACE 值等。

（2）联络线量测：联络线交换功率等。

（3）机组量测：输出功率、机组调节上/下限值、机组运行/停运、机组 AGC 远方控制投入/退出、机组是否已运行在上限和下限、机组是否在滑压运行等。

基本功率跟踪模块决定参加 AGC 的各 PLC 基准功率。

调节功率分配模块根据当时的区域功率不平衡量决定各 PLC 的调节功率。

电厂控制器模块决定各 PLC 的期望出力和控制偏差，并考虑实际 PLC 的动态响应，通过各种测试决定是否抑制控制信号或减小控制信号幅度，最终通过 SCADA 发出控制命令。

（三）AGC 运行状态

AGC 可能处于下面几种工作状态，其中一部分状态由调度人员根据需要来选择，另一部分是由于某些原因不能正常执行，由程序自动设置的。

（1）在线状态（RUN）。AGC 在这种工作状态下，所有功能都投入正常运行，进行闭环控制。在线状态 RUN 可以由调度人员手动转换成离线状态 STOP。

（2）离线状态（STOP）。AGC 在这种工作状态下，为开环运行，对机组的控制信号均不发送，但量测量监视、ACE 计算、AGC 性能监视等功能投入正常运行，可以在画面上监视所有工作情况和运行数据，接受调度人员更改数据。离线状态 STOP 可以由调度人员手动转换成在线状态 RUN。

如果 AGC 控制方式为 FFC 或 TBC，且连续两个 AGC 周期内频率都超过给定的 AGC 挂起频率，则自动转至离线状态 STOP。

（3）暂停状态（PAUS）。暂停状态 PAUS 并非调度人员选择的状态，而是由于下列原因使得 AGC 不能可靠地执行其功能而设置的暂时停止状态：

1）AGC 控制方式为 FFC 或 TBC，但无有效的频率量测，且遥测 ACE 无效。

2）AGC 控制方式为 TBC，但无有效的频率量测，且遥测 ACE 无效 TBC 控制方式下。如果采用 CPS 控制策略，在频率量测无效的情况下，即遥测 ACE 有效，AGC 仍会进入暂停状态，原因是 CPS 控制策略不仅仅需要 ACE 信息，同时需要频率信息。

3）AGC 控制方式为 FTC 或 TBC，但无有效的交换功率量测，且遥测 ACE 无效。

在给定的时间内，一旦得到可靠的测量数据，立即恢复原工作状态。但如果在规定的时间内不能得到可靠的测量数据，则自动转至离线状态 STOP。

暂停状态 PAUS 与离线状态 STOP 执行同样的功能。

(四) AGC 周期

与 AGC 有关的周期包括 AGC 的数据采集周期、AGC 的控制命令周期和机组控制命令周期。在满足调节性能的前提下，AGC 周期的设置应考虑两条原则：避免频繁下发 AGC 控制命令；避免产生过调。

1. AGC 数据采集周期

AGC 数据采集周期一般为 $1 \sim 8s$，由调度员设定。在每一个数据采集周期内，AGC 更新实时数据、计算 ACE、执行性能监视等。一般说来，对系统频率的监视以 1s 为周期，因此，AGC 数据采集周期最小可设置为 1s。

是否下发控制命令由 AGC 控制命令周期和机组控制命令周期共同决定。

2. AGC 控制命令周期

AGC 控制命令周期也由调度员设定，应为数据采集周期的整数倍，一般为 $4 \sim 16s$。在每个 AGC 控制命令周期，除完成数据采集周期的各任务外，还要计算 AGC 控制下的各机组的基点功率，并根据系统当前 ACE 大小给机组分配调节量，即机组应承担的调节功率，从而得到机组的目标出力，但是否下发控制命令还取决于机组控制命令周期。

3. 机组控制命令周期

机组的控制命令周期是可变的，它由 AGC 控制周期和机组的实发控制命令共同决定。在每个 AGC 控制命令周期都计算机组的目标出力，如果机组已响应上次的控制命令，则将本次的控制命令立即下发，但对应的调节增量受给定的每次最大调节量的限制；如果机组未响应上次的控制命令，本次控制命令暂不下发。机组每次下发的最大调节量为人工设定值，一般说来，对于功率设定值控制方式的机组，可取较大的值，以避免频繁给机组下发控制命令。因为在设定值控制方式下，当 ACE 已过零而机组仍未响应上次下发的控制命令时，为避免产生过调，AGC 可以下发一个更正命令，该命令即为机组的当前实际出力。对于脉冲宽度或脉冲个数控制方式，由于下发的是增量调节命令，一旦下发后无法更改，应取较小的值。

机组是否已响应上次的控制命令有两个判据：

（1）根据上次的控制命令所对应的调节增量和给定的机组响应速率计算需要多少时间去响应该控制命令，该时间已过。

（2）虽然该时间未到，但机组实际出力已达到控制目标。

（五）PLC 控制模式

PLC 的控制模式分为手动控制模式和自动控制模式两种。不管 PLC 是否只处于 AGC 控制都可以设置手动控制模式，但只有处于 AGC 控制下的 PLC 才可投入自动控制模式。自动控制模式的 PLC 如果由于量测原因不能进行正常控制时，进入暂停状态并报警。

1. PLC 手动控制模式

（1）OFFL PLC 控制下的所有机组均离线，该模式由程序自动设置。只要 PLC 控制下的机组有一台投入运行，PLC 就自动转化为 MANU 模式。

（2）MANU PLC 由电厂执行当地控制，而非调度端的 AGC 控制。如果 PLC 控制下的所有机组都离线，则自动转化为 OFFL 状态。AGC 可控机组也可以设置为 MANU 模式，不参加 AGC 调节。

（3）RAMP 在 AGC 的控制下，PLC 按额定响应速率向给定的目标出力靠近，不承担机组的调节功率。可以手动置 PLC 于 RAMP 模式，也可自动进入 RAMP 模式。处于 AGC 自动控制模式下的 PLC，当进入禁止运行区域时，自动进入 RAMP 模式，穿过禁止运行区域后再返回原自动控制模式。RAMP 模式之所以归结为手动控制模式，是为了区别于自动控制模式下的 BASEO 模式，因为 RAMP 模式下爬坡是无条件执行。

（4）TEST 当 PLC 模式置为 TEST 时，执行机组响应测试功能。具体的测试过程在机组响应测试功能中定义。

（5）PUMP 该模式仅适用于抽水蓄能机组。当机组出力小于预先指定的门槛值（较小的负数）时，自动设置为 PUMP 模式；而当机组出力大于另一预先指定的门槛值（较小的正数）时，自动设置为 MANU 模式。

（6）WAIT 当 PLC 不在遥调状态下，可以设置该控制模式。AGC 不断地向处于 WAIT 状态下的 PLC 发设点控制命令，不过控制命令始终是 PLC 的当前出力，每当实际出力有一定的变化（例如变化 5%）时重新下发一次命令，其目的是进行设点跟踪。由于在上一次 PLC 投入 AGC 时，最后下发的一个 AGC 控制命令仍保留在 RTU 中，如果不更新这一信号，在下次投 AGC 时将对机组造成冲击。而当 PLC 转为遥调状态时，自动由 WAIT 控制模式转换成预先指定的缺省的自动控制模式。从这两层意义上讲，WAIT 控制模式实际上是投入 AGC 之前的一种准备模式，一旦投入这种模式，调度员所要做的就是"等待"了。一般来说，处于自动控制模式下的 PLC，当远方遥信信号表示退出 AGC 控制时，PLC 模式自动转换为 MANU，而在 MANU 模式下的 PLC 如需再投入 AGC，需要人工设置。由于遥信信号的不稳定，机组常频繁退出 AGC。为了解决这一问题，可设置当遥信信号表示 PLC 退出 AGC 时自动转 WAIT 模式，这样当信号恢复正常时就可自动地重新投入 AGC，避免了调度员的频繁操作，而当 PLC 真正退出 AGC 时可将 WAIT 模式置为 MANU 模式。

2. PLC 自动控制模式

当 PLC 处在远方遥调状态下，可以设置各种自动控制模式。PLC 的自动控制模式由基本功率模式和调节功率模式组合而成，它们分别是：

• AUTOO 机组的基本功率取当前的实际出力，不承担调节量。无实际意义，可用 MANU 模式代之。

• AUTOR 机组的基本功率取当前的实际出力，无条件承担调节量，这是一种最常用的模式。

• AUTOA 机组的基本功率取当前的实际出力，在次紧急和紧急区域承担调节量。

• AUTOE 机组的基本功率取当前的实际出力，在紧急区域承担调节量。

• SCHEO 机组的基本功率由计划曲线确定，不承担调节量，这意味着机组只按照计划曲线运行。

• SCHER 机组的基本功率由计划曲线确定，无条件承担调节量。

• SCHEA 机组的基本功率由计划曲线确定，在次紧急和紧急区域承担调节量。

• SCHEE 机组的基本功率由计划曲线确定，在紧急区域承担调节量。

- YCBSO 机组的基本功率取指定的 SCADA 测点值，不承担调节量。

- YCBSR 机组的基本功率取指定的 SCADA 测点值，无条件承担调节量。

- YCBSA 机组的基本功率取指定的 SCADA 测点值，在次紧急和紧急区域承担调节量。

- YCBSE 机组的基本功率取指定的 SCADA 测点值，在紧急区域承担调节量。

- BASEO 机组的基本功率取调度员当时的给定值，不承担调节量，用于将机组出力设置到调度员指定的值。

- BASER 机组的基本功率取调度员当时的给定值，无条件承担调节量。

- BASEA 机组的基本功率取调度员当时的给定值，在次紧急和紧急区域承担调节量。

- BASEE 机组的基本功率取调度员当时的给定值，在紧急区域承担调节量。

- CECOO 机组的基本功率由在线经济调度计算，不承担调节量。

- CECOR 机组的基本功率由在线经济调度计算，无条件承担调节量。

- CECOA 机组的基本功率由在线经济调度计算，在次紧急和紧急区域承担调节量。

- CECOE 机组的基本功率由在线经济调度计算，在紧急区域承担调节量。

- PROPO 机组的基本功率按相同可调容量比例分配，不承担调节量。

- PROPR 机组的基本功率按相同可调容量比例分配，无条件承担调节量。

- PROPA 机组的基本功率按相同可调容量比例分配，在次紧急区域承担调节量。

- PROPE 机组的基本功率按相同可调容量比例分配，在紧急和紧急区域承担调节量。

- LDFCO 机组的基本功率由超短期负荷预报确定，不承担调节量。

- LDFCR 机组的基本功率由超短期负荷预报确定，无条件承担调节量。

- LDFCA 机组的基本功率由超短期负荷预报确定，在次紧急和紧急区域承担调节量。

- LDFCE 机组的基本功率由超短期负荷预报确定，在紧急区域承担调节量。

- TIECO 机组的基本功率由指定联络线传输功率确定，不承担调节量。

- TIECR 机组的基本功率由指定联络线传输功率确定，无条件承担调节量。

- TIECA 机组的基本功率由指定联络线传输功率确定，在次紧急和紧急区域承担调节量。

- TIECE 机组的基本功率由指定联络线传输功率确定，在紧急区域承担调节量。

类似于 AGC 运行状态，PLC 也有暂停 PAUS 状态。处于 AGC 控制下的 PLC，因量测量不可靠或 PLC 不响应控制等情况发生时，AGC 程序将设置暂停 PAUS 状态。在给定的时间内，一旦引起暂停的原因消失，立即恢复原控制状态；否则转至停止 MANU 状态，需要再次投入 AGC 时，必须由调度人员手动完成：先排除错误，再设置为所要求的控制模式。

（六）AGC 性能监视

AGC 性能监视可以计算和统计运行区域性能指标、机组性能指标，还可以计算频率、交换功率、ACE 等在不同的门槛值（例如频差 0.1Hz 和 0.2Hz）及不同条件（如 AGC 是否投入等）下的合格率。

1. 区域性能监视

AGC 控制性能评价标准 A1、A2 和 CPS1、CPS2 是 NERC 推行的两套标准。一般来说，CPS1、CPS2 标准对于保证电网的频率质量更为有利，并有利于在事故状态下区域之间功率的相互支援。

北美电力系统可靠性协会（NERC）早在 1973 年就正式采用 A1、A2 标准来评价电网正常情况下的控制性能，其内容是：

A1：控制区域的 ACE 在 10min 内必须至少过零一次。

A2：控制区域的 ACE 在 10min 内的平均值必须控制在规定的范围 Ld 内。

NERC 要求各控制区域达到 A1、A2 标准的控制合格率在 90% 以上。这样通过执行 A1、A2 标准，使各控制区域的 ACE 始终接近于零，从而保证用电负荷与发电、计划交换和实际交换之间的平衡。

国内各大电网的 AGC 指标考核一直按照 A1、A2 的规定进行。但是，A1、A2 标准也有缺陷：

（1）控制 ACE 的主要目的是保证电网频率的质量，但在 A1、A2 标准中，未体现出对频率质量的要求。

（2）A1 标准要求 ACE 应经常过零，从而在一些情况下增加了发电机组无谓的调节。

（3）由于要求各控制区域严格按 Ld 来控制 ACE 的 10min 平均值，因而在某控制区域发生事故时，与之互联的控制区域在未修改联络线交换功率时，难以做出较大的支援。

基于上述原因，北美于 1983 年就开始研究改进控制性能评价标准。经过多年的探索，终于在 1996 年推出了 CPS1、CPS2 标准。

2. 机组性能指标

AGC 功能体现了发电机组对电力系统的贡献。但由于机组 AGC 性能各异，AGC 软件应能定量评估机组对电网 AGC 的实际调节效能。根据电网对 AGC 机组的要求，AGC 机组的调节效能可分解成三个要素：调节容量、调节速率和调节精度。

所谓调节容量，就是指正常情况下 AGC 机组受控期间所能达到的最大负荷和最小负荷的差值。调节容量是决定 AGC 机组系统效能的重要方面，显然调节容量大的机组对系统贡献大，反之则小。

显然 AGC 机组仅具备一定的调节容量还不够，还必须具备一定的升降速度配合才能满足电网运行要求。调节速度是指机组响应负荷指令的速率，它包括上升速度和下降速度。在实际运行中，由于各种因素的影响，机组调节速率往往和设定值有差异，有时差别还是很大，故需要对机组实际调节速率进行实时测定和考核。

3. 其他性能指标

AGC 性能监视主要统计和监视的信息还包括：

(1) 在一天的每个小时内，违反 NERC 标准 A1、A2 和 B1、B2 的次数。

(2) 每个小时、每天、每月、每年中 ACE 的平均值、方均根、峰值、过零次数等。

(3) 当前小时及前一、二个小时，每个 10min 周期 ACE 的平均值。

(4) 频率合格率、ACE 合格率、联络线交换功率合格率等。

合格率定义功能可以方便地定义如下各量在不同偏差下的合格率：系统频率；区域控制误差 ACE；交换功率（包括总交换功率和各相邻区域交换功率）。

合格率条件定义功能可以方便地定义在满足一定条件下的上述合格率。例如，可以统计某一相邻区域在频率偏高时超送功率、在频率偏低时欠送功率的时间，即该区域的责任频率合格率。

三、自动电压控制

（一）概述

1. AVC 应用总体功能

自动电压控制（AVC）的基本原则基于无功的"分层分区，就地平衡"。通过控制系统采集的电网实时运行数据，在确保电网安全稳定运行的前提下，对发电机无功、有载调压变压器分接头（OLTC）、可投切无功补偿装置、静止无功补偿器（SVC）等无功电压设备进行在线优化闭环控制，实现无功分层分区平衡，提高电网电压质量，降低网损。

2. AVC 总体控制目标

（1）安全性与经济性协调控制。AVC 考虑电力系统安全、优质、经济多控制目标分解协调，电网无功电压的安全稳定为首要控制目标，其次保证电压合格，在前两者的基础上使无功分布尽量满足分层分区平衡，以降低网损。

（2）分层分区协调控制。基于无功电压局域性和中国分级调度体系，AVC 借鉴成熟的分级控制思想，将大规模电网进行分层分区的时空解耦并分级协调控制。省调 AVC 系统将电网在线动态划分为若干个电气控制区域，通过控制区域内中枢母线电压和联络线潮流，使区域内所有厂站电压满足运行要求，区域内机组无功出力满足稳定要求，机组之间无功协调合理，区域内无功储备满足安全要求，区域与区域之间无功交换尽量最小，无功分布尽量满足分层分区平衡，达到减少网损的目的。

（3）网省地上下级协调控制。将网省地等各级电网在关口进行解耦，利用上下级 AVC 协调控制技术，控制关口无功交换满足要求，实现电力系统发输配全局无功资源的上下协调、充分利用，充分挖掘全局电网中无功资源的控制潜力。

（4）连续型与离散型设备协调控制。AVC 控制对象为广域分布电网，具体设备复杂多样，既有连续型设备（发电机组等）又有离散型设备（变压器分接头、容抗器等），发电机是主要无功源，能快速响应无功电压扰动；容抗器补偿当地无功负荷，减少无功传输；变压器分接头则改善无功潮流分布。根据各种设备调节性能，采取"削峰填谷"策略进行协调控制，高峰时，切除电抗器，逐步投入电容器，保证发电机无功上调备用；低谷时，切除电容器，逐步投入电抗器，保证发电机无功下调备用。考虑离散型设备操作次数约束，结合负荷曲线动态变化特性，使控制具有一定预见性，尽量减少动作次数；考虑发电机机端电压和无功出力上下限，保证机组运行安全。

3. 体系结构

AVC 系统进程应采用网络化配置，主备服务器双机热备用，即主机进程故障时，备机进程能自动启动，保证 AVC 系统不间断运行，且主备切换时间短，应保证不丢失任何控制数据。

AVC 采用与智能电网调度控制系统一体化设计方案，因此 AVC 主机和备机可利用智能电网调度控制系统任意两台节点进行配置。主机负责闭环控制、命令下发、历史存储等实时任务，备机负责网络建模、AVC 控制模型生成等维护工作。

日常运行维护通过监控客户端进行，可通过运行画面对控制设备 AVC 投退进行操作，并通过客户端浏览分析统计信息。

（二）主要功能

1. 建模与数据源

考虑网络安全防护和方便维护，AVC 作为电能管理系统（EMS）的一个重要应用子系统，与平台一体化设计，数据流无缝衔接。量测直接采用 SCADA 数据并进行生数据处理，能读取电网所有遥测、遥信。

（1）网络模型。AVC 获取静态电气网络模型，并自动生成控制模型和进行严格验证，该控制模型定义厂站、母线电压监测点、功率因数监控点、控制设备（有载调压变压器及电容器等）等记录并形成静态的联结关系。

（2）量测数据。AVC 从 SCADA 获取电网所有实时遥测、遥信等动态量测数据，并能进行生数据处理。生数据处理采取的策略如下。

1）数据质量检验，当下列情况之一出现时，应视为无效量测：

a. SCADA 量测量带有不良质量标志。

b. 量测量超出指定的正常范围。

c. 调度员指定不能使用（如挂牌）等。

2）数字滤波：对量测多次采样和联合判断、滤除噪声和随机量，避免量测瞬间波动引起误动或频繁调节。

3）电压量测误差校正：现场电压监测仪（考核值）与电压量测存在稳定误差时，能进行修正。

4）遥测和遥信联判进行误遥信检测，当下列情况之一发生时，应视为主变压器挡位或电容器开关误遥信：

a. 主变压器挡位有变位信号而相连母线电压无相应变化。

b. 电容器开关有变位信号而电容器无功及相连母线电压无相应变化。

2. 控制功能

（1）实时拓扑分区。

1）根据无功平衡的局域性和分散性，AVC 对地区电网分层分区控制。在网络模型基础上，AVC 运行时根据 SCADA 遥信信息，进行网络拓扑，自动识别电网任意运行方式：

a. 根据网络拓扑识别变压器是否并列运行，如两台三绕组变压器中低压侧只要任意一侧并联即可判断变压器并列运行。

b. 根据网络拓扑实时跟踪电网运行方式变化进行动态分区，不仅能识别变电站的上下级供电关系，而且支持自适应区域嵌套划分，即可以识别任意厂站之间连接关系。

2）分区具备容错功能，即动态分区通过遥信预处理自我校验，防止因隔离开关位置错误或其他因素造成分区和连接关系错误。

3）多个分区并行处理，计算时间对电网规模不敏感，保证大规模电网分析计算实时性。

（2）全网电压优化调节。AVC 根据电网电压无功分布空间分布状态自动选择控制模式并使各种控制模式自适应协调配合，实现全网优化电压调节。

1）区域电压控制：区域群体电压水平受区域枢纽厂站无功设备控制影响，是区域整体无功平衡的结果。结合实时灵敏度分析和自适应区域嵌套划分确定区域枢纽厂站。当区域内无功分布合理，但区域内电压普遍偏高（低）时，调节枢纽厂站无功设备，以尽可能少的控制设备调节次数，使最大范围内电压合格或提高群体电压水平，同时避免区域内多主变压器同时调节引起振荡，实现区域电压控制的优化。

2）就地电压控制：由实时灵敏度分析可知，就地无功设备控制能够最快、最有效校正当地电压，消除电压越限。当某厂站电压越限时，启动该厂站内无功设备调节。该厂站内变压器和电容器按九区图基本规则分时段协调配合，实现电压无功综合优化。

3）电压控制协调：根据电网电压无功空间分布状态自动选择控制模式，控制模式优先顺序为"区域电压控制"→"电压校正控制"。区域电压偏低（高）时采用"区域电压控制"，仅个别厂站母线越限时采用"电压校正控制"，自适应给出合理的全网电压优化调节措施。

（3）全网无功优化控制。

1）区域无功控制：AVC控制仅使电网无功在关口满足功率因数要求、达到平衡是远远不够的。为实现全网无功优化控制，必须在尽可能小的区域范围内使无功就地平衡。当电网电压合格并处于较高运行水平后，按无功分层分区甚至就地平衡的优化原则检查线路无功传输是否合理，通过实时潮流灵敏度优化分析计算决定投切无功补偿装置、尽量减少线路上无功流动、降低线损并调节有关电压目标值，使各电压等级网络之间无功分层平衡、提高受电功率因数，在各电压等级网络内部无功在尽量小的区域范围内就地平衡，减少线路无功传输、降低网损。

2）区域无功不足（欠补）时，根据实时灵敏度分析从补偿降损效益最佳厂站开始寻找可投入无功设备，不但可以决定同电压等级厂站电容器谁优先投入，而且可以决定同一厂站电容器组谁优先投入。

3）区域无功过补（富余），使区域无功倒流时，如果该区域不允许无功倒流，根据实时潮流灵敏度分析，从该区域校正无功越限最灵敏厂站开始寻找可切除无功设备，消除无功越限。

4）同一厂站无功设备循环投切，均匀分配动作次数。

5）电容器等无功补偿装置的无功出力是非连续变化的，由于无功负荷变化及电容器容量配置等原因，实际运行中无功不可能完全满足就地或分层分区平衡，在保证区域关口无功不倒流的前提下，区域内电网各厂站之间无功可以倒送，使无功在尽可能小区域内平衡，优化网损。

6）投入或切除无功设备可能使电压越限时，考虑控制组合动作，如投入电容器时预先调整主变压器分接头，使控制后电压仍然在合格范围内，但减少了线路无功传输。

（4）全网关口功率因数控制。AVC保证地区电网关口功率因数合格，按分时段功率因数考核标准进行控制，功率因数考核标准可根据要求自行设置。

（5）全网自动协调控制。

1）空间协调。AVC根据电网电压无功空间分布状态自动选择控制模式，优先顺序是"区域电压控制"→"电压校正控制"→"区域无功控制"。区域电压偏低（高）时采用

"区域电压控制"，快速校正或优化群体电压水平；越限状态下采用"电压校正控制"，保证节点电压合格；全网电压合格时考虑经济运行，采用"区域无功控制"。

2）时间协调。AVC 设计混杂控制结构，使闭环控制随时间跟踪电压无功状态自动协调有序进行。例如，若 AVC 检测到电压越限，则形成离散事件并驱动控制，从而形成控制指令交给遥控接口执行，遥控命令作用于连续运行的电网，电网执行命令形成新的稳态潮流分布后可消除越限。此时全网电压合格，启动区域无功控制，无功设备调节采用序列投切，即每周期内只允许一次投切动作，保证离散控制指令作用于电网后，电网有时间来形成新的稳态分布潮流。在下一周期，AVC 根据新的潮流状态自动判断选择控制模式，从而逐步逼近优化运行状态并且能够避免控制过调。

（6）优化动作次数。每天调压设备（主变压器分级开关和电容器开关）动作次数是有限制的，根据历史负荷曲线优化分配各时段动作次数，并且考虑负荷动态特性，在负荷上、下坡段采取动态控制策略，使 AVC 控制具有一定预见性，尽量减少设备动作次数。

（7）省地调 AVC 协调控制。地区电网 AVC 具备本地/远方两种控制模式。在本地模式下，AVC 按当地功率因数考核指标运行。在远方模式下，AVC 接收省调关口（一般为 220kV 主变压器高压侧）实时无功指令和电压上下限值，驱动地区电网控制设备满足省网要求。

3. 安全策略

AVC 安全策略滤除输入输出环节误差或"噪声"的诸多干扰，保证控制安全可靠性并减轻运行人员处理异常事件的工作量。

（1）支撑主网电压。在 220kV 主网电压过低的情况下，AVC 不但闭锁调节 220kV 主变压器分接头，而且对于 110kV 及 35kV 变电站尽量投入电容器、禁止上调分接头，不从主网吸收无功，防止造成主网电压崩溃。

（2）设备控制属性。考虑被控设备当前状态电气控制属性：

1）检修。自动读取 SCADA 应用下厂站图中设备检修牌，对检修设备自动闭锁，等待人工复位。

2）备用。根据设备相关联的断路器、隔离开关状态进行网络拓扑，或者读取 SCADA

应用下热/冷备用标志牌，自动判断设备热/冷备用状态，热备用设备可在线控制，冷备用设备自动闭锁。

3）控制周期。根据控制命令周期和设备控制周期综合决定命令是否下发，防止控制过调或过于频繁。控制命令周期根据控制命令执行状态自适应可变，最大不超过 5min。设备控制周期按规定可自行设定：

a. 主变压器挡位设备控制周期至少为 2min。

b. 电容器切除后投入设备控制周期为 5min。

4）动作次数。当电容器和变压器控制次数达到日动作次数限值时，自动闭锁该设备并报警，防止控制次数频繁对设备造成损坏。日动作次数可人工设置并按时段分配。

5）变压器挡位调节。

a. 为防止环流，对于并列变压器进行交替调节，使并列变压器处于同一变比，操作先后顺序可根据变压器容量和操作内容设定。

b. 挡位类型不一致主变压器并列运行（如一台主变压器为 7 挡，另一台主变压器为 17 挡并列运行）时，人工设定并列挡位对应状态和操作先后顺序，自动调整使两台主变压器并列挡位一致（即并列变比一致），如 AVC 控制 7 挡变压器上升一挡而 17 挡变压器上升两挡。

c. 主变压器并列运行，一台主变压器非有载调压或者闭锁，不进行并列调整，避免造成并列挡位不一致。

d. 10kV 母线不分段运行时，对热备用变压器挡位进行联调，使得运行方式变化主变压器需要并列运行时，其并列挡位保持一致。

e. 考虑极限挡位限制，当挡位升到最高挡仍需要升挡或降到最低挡仍需要降挡时，自动闭锁挡位而改为投切电容器。

6）电容器调节。

a. 未装设限流电抗器的并列电容器组不允许同时投切，而一般情况下允许同时投切，可根据需要人工设置。

b. 并列电容器循环投切。

（3）异常及保护事件。建立异常事件和保护事件库，采用事件触发-闭锁机制，方便事件库扩充。至少考虑下列事件：

1）主变压器挡位。

a. 定义变压器保护事件库（变压器内部故障、过负荷、轻重瓦斯动作、主变压器油温过高、压力释放、差动保护动作）并可自行修改和扩充，当保护动作时触发事件，从而闭锁相应主变压器分接开关。

b. 在调节变压器分接开关时，当电压调节一次变化超过 2step（step 指变压器高端挡位调节一次引起的低端电压变化量），或调节一次挡位变化超过 2 挡（具有分接头死区的变压器挡位特殊处理），任一条件满足则认为主变压器滑挡，自动闭锁并发变压器急停命令。

c. 挡位命令下发但在控制命令周期内挡位无变化或相应母线电压无变化，任一条件满足则判断主变压器挡位拒动。连续两次拒动即连续两次遥控不成功，自动闭锁主变压器挡位。

d. 并列主变压器联调时一台主变压器分接开关调压操作失败，使并列挡位不一致时，可以按顺序选择如下三种处理措施：①对操作不成功的主变压器分接开关发出挡位不一致、调整挡位控制命令，自动对挡位进行同步操作；②如果①失败，将操作成功的分接开关调回先前状态，自动闭锁两台主变压器，并发信息和语音告警；③如果①、②都失败，提示运行人员人工处理。

2）电容器。

a. 电容器保护动作，将实行"双重闭锁"，即自动闭锁该电容器并对电容器开关置故障标志，当电容器检修完毕、清除故障标志后才可以解锁，"双重闭锁"可以最大限度保证电容器运行安全。

b. 电容器遥控不成功，连续两次拒动则闭锁电容器。

c. 处于自控状态时，手工操作电容器将自动闭锁，即手动优先。

3）母线。

a. 低压侧母线单相接地时，发命令切除电容器并自动闭锁母线。

b. 并列母线电压量测相差过大时，自动闭锁母线。

c. 母线电压量测不变化或超出指定范围（坏数据）时，自动闭锁母线。

4）厂站。

a. 整个厂站电网数据不刷新或电网数据异常波动，将自动闭锁。

b. 遥信预处理对可疑断路器、隔离开关遥信状态提出告警，若断路器、隔离开关属于厂站内设备（非线路断路器、隔离开关），则自动闭锁厂站。

5）系统。AVC 设置"挂起"状态，此时正常采集数据和处理异常事件告警，但不发出命令。挂起条件是：如某断路器、隔离开关属于联络线设备，其状态错误可能导致全网网络拓扑及分区错误，则 AVC 转入挂起状态并发出告警（信息和声音告警），保证整个AVC 系统安全性。

（4）平台故障。厂站工况退出、遥控遥调通道出现故障或平台出现其他故障时自动闭锁。

（5）使用安全。配置用户 AVC 应用权限，控制用户是否能进行 AVC 操作及置数，自动记录参数修改操作信息，保证软件使用安全性。

（6）控制方式组态。被控对象控制方式分为开环、闭环和监视，并可对系统、厂站、监控母线、调压设备分级设置，其优先级是系统→厂站→监控母线→调压设备（主变压器分接头或电容器）。

开环：AVC 对被控对象进行分析计算，提示值班员对其进行操作。

闭环：AVC 对被控对象进行分析计算，并对其进行直接发命令控制，不需要值班员确认。

监视：AVC 只对被控对象进行分析计算，但不会对其进行直接发命令控制。

AVC 控制方式可灵活组态，在厂站接入方式上具有很强的灵活性和适应性，对每一设备可以采取开环或闭环控制方式并服从分级设置规则。

1）对于新接入厂站，首先应置于开环方式运行，由值班员人工干预来优化或确认控制方案，待该厂站运行稳定、正确、可靠后再接入闭环运行。

2）对于闭环运行的厂站，其所属调压设备可以由值班员根据实际状态决定开环/闭环控制方式。

（7）遥控接口。AVC 和 SCADA/EMS 平台一体化设计，数据无缝衔接，减少遥控命令传输环节和系统网络不安全因素，遥控接口程序既保证自动控制可靠性，又兼顾自动控制流畅性。

1）遥控接口为保证遥控安全可靠，采用严格筛选、验证机制，只有电容器开关或变压器分接头才能进行远方自动调节，其他点全部闭锁。

2）变压器分接开关和电容器连续两次（可调为三次）遥控不成功，则认为该设备遥控下行通道故障，操作失败自动闭锁该设备，并发信息和语音告警。

3）采用多进程并发机制，兼顾自动控制流畅性，从而保证了大规模电网闭环控制实时性。

4. 软件配置

AVC 软件配置灵活，方便扩展：

（1）AVC 软件作为 EMS 的一个应用，可配置在任何一台非服务器节点上，配置主备节点互为热备用，其他节点作为客户端具备浏览功能，只用作监视管理和观摩演示。

（2）AVC 可实现多操作中心统一控制，即 EMS 只须运行一套本软件，而不受限制于物理上的多个操作中心。一个操作中心可视为一个物理分区，但该操作中心所负责的厂站群往往和 AVC 系统按电压等级分类的厂站群不一致，即物理分区和电气分区不一致。AVC 系统配置于调度中心主站端，先对电网进行"软"的电气分区并分析计算，再将调节措施发送给各物理分区的操作中心。各操作中心作为 AVC 客户端，只能对属于该中心的设备进行 AVC 投退操作。

（三）控制方案

1. 优化原理

从电力系统潮流物理意义进行分析，系统频率是衡量电力系统有功平衡的唯一指标，是全网统一的。相对而言，电力系统无功平衡影响系统电压质量，但是母线电压监测点数量多且分散、电压无功控制设备数量大，分布在不同层次的电网中，具有分散自治的特点。优化状态的电力系统无功潮流分布应满足高电压水平下分层分区平衡原则，即

（1）具备充足的无功电源，使电力系统运行在允许的高电压水平。

（2）尽量做到各电压等级电网无功平衡，避免高压网输送无功功率过大，有利于提高输电功率因数。

（3）无功不宜长距离输送，各电压等级网络内部无功尽量分区甚至就地平衡，减少网络损耗，值得强调的是，该原则还表明，电压无功控制仅仅使无功在总量上达到平衡是远远不够的，必须使平衡最好就地或在尽可能小的范围内得到满足。

（4）无功平衡的局域性和分散性决定了 AVC 控制必须采取分层分区的空间解耦控制方案，并在时间上也进行解耦，使 AVC 控制能够协调配合有序执行，避免控制产生电压无功波动或振荡。

2. 数学模型

AVC 控制目标不直接追求网损最小，而是减少每条支路无功传输，其数学模型可表达如下：

（1）约束条件：电压满足限值约束，关口无功或功率因数合格。

（2）控制变量：地区电网可控设备为电容器和变压器分接头。电容器和变压器分接头为离散型变量，每天调节次数有限。前者向系统注入无功，后者可改变无功分布。

3. 分层分区

根据无功平衡的局域性和分散性，AVC 对地区电网电压无功分层分区控制，使自动控制在空间上解耦。AVC 数据库模型定义了厂站、电压监测点（母线）、控制设备（电容器及变压器、发电机）等记录。运行时 AVC 根据 SCADA 遥信信息，实时跟踪电网运行方式的变化，进行动态分区并校验，防止因隔离开关位置错误或其他因素造成的分区错误。

AVC 分层分区算法是，根据网络拓扑实时跟踪方式变化，以枢纽变电站为中心，将整个电网分成无功电压电气耦合度很弱的区域电网。对每个区域电网，无功采取"区域嵌套平衡"方式，即优先考虑变电站就地平衡，必要时考虑无功倒流及区域平衡。

四、网络分析

（一）状态估计

1. 概述

状态估计根据 SCADA 的遥测遥信信息，估计出系统完整的运行状态。它可以检验开关状态，去除不良数据，计算出比 SCADA 遥测数据更准确的运行方式，以及未装量测的设备潮流，而且能计算出难以测量的电气量。状态估计提供了更准确的运行方式供调度运行人员监视系统运行，并为其他应用软件提供完整的、实时的系统运行方式。

状态估计具有如下功能：快速接线分析、开关错误状态辨识、逻辑法观察分析、状态估计、网络监视、母线负荷模型、变压器分接头估计、量测误差估计、可疑数据识别统计等。

2. 主要功能

状态估计计算出一个完整的系统运行状态，计算所有发电机出力、所有节点负荷大小、母线电压幅值及相角、所有线路潮流、变压器潮流。状态估计在实际运行时，其计算值应与 SCADA 量测基本一致。从全网角度看状态估计得到了比 SCADA 遥信、遥测更准确更全面的系统运行状态。

状态估计采用 PQ 解耦快速算法，用户可选择基本加权最小二乘法或正交变换法。两种算法都具有较好的收敛性，都能满足需要。其中，基本加权最小二乘法计算速度较快，正交变换法某些情况下对网络和量测数据适应性稍强一些。

状态估计计算结果可图形显示也可列表显示，其中包括线路潮流、变压器潮流、发电机出力、负荷大小及母线电压幅值角度等。从厂站图上可见每一线路有功/无功/电流、变压器各侧有功/无功/电流、每一负荷大小、母线电压幅值角度、发电机有功/无功出力等，并不受设备量测限制。

用人工置数改变 SCADA 线路有功/无功、变压器有功/无功、发电机负荷有功/无功及母线电压值，人为制造一个量测坏数据时，会发现状态估计仍然计算出正确的设备潮流和母线电压等。

3. 基本原理

状态估计为了计算出一个真实的系统状态，必须取得 SCADA 的遥信状态与遥测值，并在此基础上进行状态估计。状态估计从 SCADA 中取如下数据：断路器状态，隔离开关状态，线路有功、无功、电流，变压器有功、无功、电流、挡位，负荷有功、无功、电流，发电机有功、无功、电流，母线电压。所有这些数据在 SCADA 中需有定义，没有定义的数据不从 SCADA 获取。有功、无功、电流、挡位量测并非所有设备都有，无实测量可以在 SCADA 中没有定义，需注意的是断路器状态和隔离开关状态，如果在 SCADA 中已经定义，无实测的须设置正确状态；如果在 SCADA 中没有定义，须在状态估计中用"伪遥信"

设置正确的断路器、隔离开关状态。

（1）可疑数据检测。状态估计为提高计算结果准确性，必须排除偏差明显过大量测的影响，需要检查出可疑数据并估计出正确值。状态估计中采用逐次型估计辨识法，将可疑数据检测辨识在状态估计迭代过程中一并完成，不仅计算速度快，辨识正确，而且收敛性好。能正确对各设备的错误量测进行辨识，包括：

1）线路潮流可疑量测辨识。

2）变压器潮流可疑测点辨识。

3）发电机有功/无功错误量测值辨识。

4）负荷有功/无功错误量测辨识。

5）母线错误电压量测辨识。

以上合成多个相关可疑数据辨识。

状态估计每次计算后，将检查出的可疑量测在可疑数据表列出，表中列出了可疑数据的位置（设备）类型（有功或无功）、量测值、状态估计计算值，以及量测值与估计值的偏差。使用者可以根据这些信息对系统遥测数据进行检查维护。

（2）量测屏蔽。为了提高状态估计计算结果的精度，可以人为将单个或多个明显错误量测屏蔽，屏蔽掉的测点将不参加状态估计。可屏蔽量测包括：

1）厂站量测屏蔽：当某厂站 RTU 故障或其他原因使厂站内所有量测均不可靠时，可用厂站量测屏蔽，该厂站所有量测将不参加状态估计计算。通过操作菜单"变位设置"将"屏蔽"置成"T"即可。

2）断路器、隔离开关状态屏蔽：状态估计实时运行时从 SCADA 获取断路器、隔离开关状态并根据遥测数据对断路器、隔离开关状态进行校验。但在状态估计可以通过厂站图中人工设置断路器、隔离开关状态，而不从 SCADA 取其状态信息也不进行状态合理性检验，而认为人工设置状态是正确的，称为断路器、隔离开关状态屏蔽。所有屏蔽的断路器、隔离开关都列在遥信屏蔽表中。

3）线路量测屏蔽：可屏蔽变压器有功/无功量测，对于由电流折算有功或无功的线路，也不用电流折算成有功或无功量测参加状态估计。

4）变压器量测屏蔽：可屏蔽变压器有功/无功量测，也不用电流折算成有功或无功量测参加状态估计。可单独对变压器挡位量测进行屏蔽。当"挡位屏蔽"置成"T"时，状态估计不从 SCADA 取实时挡位，而由人工设置挡位或由程序计算挡位。

5）伪量测屏蔽：设置伪量测表中的伪量测是否参加状态估计。使用者可在不同类型量测控制表中实现对遥测屏蔽，厂站控制表实现对厂站量测屏蔽；发电机量测表可对单个发电机量测屏蔽；线路量测表可对单个线路量测进行屏蔽；变压器量测表可对单个变压器量测屏蔽；母线电压量测表可对单个母线电压量测屏蔽；负荷量测表可对单个负荷量测屏蔽；伪量测表可控制是否使用某个伪量测。

以上所有量测控制表列出的设备都是有实测的，其中有功/无功量测是成对屏蔽的，变压器挡位量测和母线电压量测是单个屏蔽的。

（3）量测权值控制。状态估计采用加权最小二乘法进行计算，测点权值起到重要作用。某测点权值高，计算中会认为该测点相对准确；某测点权值低，计算中会认为该测点不太可靠。因此，测点权值设置正确，可以提高状态估计计算结果精度。状态估计可对单个测点或一类测点权值进行控制。

缺省权值控制：当使用者没有对单个测点权值设置时，状态估计对发电机量测、线路量测、变压器量测、负荷注入量测、母线电压量测、零注入以及伪量测的缺省权值进行控制，权值越大即认为其越准确可靠。

单个测点数值控制：状态估计同时可对单个设备如发电机量测、变压器量测、线路量测、电压量测以及单个伪量测的权值控制。单个设备权值设置后，计算中使用设置的权值，而不使用缺省权值。

状态估计的量测缺省权值在权值控制表中设置，不同类型的量测可设置成不同的权值。一般零注入量测权重应最高，它是绝对准确的；注入量测一般权重稍低一些，因为它可能由多个负荷量测值相加而得，误差较大。

状态估计可对各个设备量测权值进行分别设置。发电机量测表可对单个发电机量测权值设置；线路量测表可对单个线路量测权值设置；变压器量测表可对单个变压器量测权值设置；母线电压量测表可对单个母线电压量测权值设置；负荷量测表可对单个负荷量测权值设置；伪量测表可对单个伪量测权值设置。

状态估计架构如图 2-33 所示。

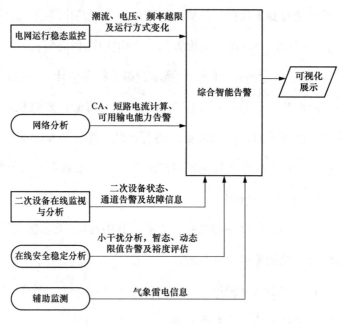

图 2-33　状态估计架构

（4）变压器分接头估计。变压器分接头估计在状态估计中必不可少，这是由于系统中有载调压变压器增多，其分接头随时会变化，一是并非所有变压器挡位都有遥测，二是挡位遥测也会出现错误，另外即使是无载调压变压器其挡位也会由于人为原因出现错误。每次计算时所有变压器分接头都由状态估计求得几乎是不可能的，同时每次都对有载调压变压器进行分接头估计也没有必要。状态估计解决了分接头估计问题，只对很少有必要估计的分接头进行估计，并保证全系统变压器挡位的准确性。

（二）调度员潮流

调度员潮流的主要功能是按使用人员的要求在电网模型上设置电网设备的投切状态和运行数据，然后进行潮流计算，供使用人员研究电网潮流的分布变化。

1. 电网模型选择

可以基于各种电网模型进行预想故障分析。

（1）实时电网模型：当前电网模型。

（2）未来电网模型：未来几个月内将要投运的电网模型。

（3）历史电网模型：历史某一时刻的电网模型。

2. 初始运行方式选择

可以选择实时运行断面数据、未来方式断面数据、历史运行断面数据作为调度员潮流的基态运行断面，调度员潮流画面如图 2-34 所示。

图 2-34　调度员潮流

功能如下：

（1）实时运行断面数据：从状态估计获取电网实时运行断面。

（2）未来方式断面数据：从系统/母线负荷预测、发电计划、设备检修计划获取研究相关计划数据，在实时数据断面的基础上生成未来方式断面数据。

（3）历史运行断面数据：从保存的历史数据 CASE 中获取电网历史运行断面数据。

以上任何一种方式，都支持在基态潮流断面基础上进行方式调整。在实时运行断面数据基础上改变运行方式、未来方式断面数据、历史运行断面数据都称为研究方式数据。研究方式下的电网设备的投切状态和运行数据可以由调度员任意修改。

3. 计算参数设置

进行潮流计算参数设置，功能包括：

（1）设置各电气岛的参考节点。

（2）设置不平衡功率的分配方式和分配系数。

（3）设置 PQ、PV 节点（默认设置负荷节点为 PQ 节点，发电机节点为 PV 节点）。

（4）设置潮流收敛精度、最大收敛次数。

4. 潮流计算

根据电网模型参数、拓扑连接关系、给定的 PQ 注入功率及 PV 母线电压，求解各母线的电压幅值和相角，并计算出全网各支路上的有功功率和无功功率，功能如下。

（1）支持实时模式和研究模式，包括：

1）在实时电网模型和实时运行断面数据的基础上进行各种改变运行方式操作后，进行潮流计算。

2）在未来电网模型、历史电网模型的基础上，配合实时、未来、历史等各种运行方式的生成及其修改，进行潮流计算。

（2）采用成熟、高效、实用的潮流算法，保证计算的收敛性和实时性。

（3）支持交直流混合系统的潮流计算，支持多电气岛的潮流计算。

（4）支持按分布系数将不平衡功率调整到相关机组，使电网潮流更符合实际情况。

（5）支持按母线负荷分配系数自动分配系统用电负荷。

（6）潮流计算不收敛时，提供计算迭代信息供用户诊断不收敛原因。

（7）潮流计算不收敛时，通过潮流自动调整给出一个合理的收敛解，并给出调整信息。

（8）根据输电断面限额、设备热稳限值、母线电压限值提示越限告警信息。

（9）提供多数据断面的潮流计算结果比较功能。

（三）灵敏度计算

灵敏度计算为电网安全经济运行的辅助决策提供灵敏度信息，主要计算包括：网损灵敏度、支路功率灵敏度、母线电压灵敏度、输电断面灵敏度和组合灵敏度。

1. 计算控制

（1）支持实时模式和研究模式，包括：

1）在实时电网模型和实时运行断面数据的基础上进行灵敏度计算。

2）在未来电网模型、历史电网模型的基础上，配合实时、未来、历史等各种运行方式进行灵敏度计算。

（2）提供多种灵敏度算法。

（3）灵敏度计算中考虑有功不平衡功率在全网节点上合理分配，使灵敏度计算结果与平衡节点的设置无关。

2. 网损灵敏度

（1）计算有功网损对机组有功出力的灵敏度。

（2）计算有功网损对机组无功出力的灵敏度。

（3）计算有功网损对负荷无功功率的灵敏度。

（4）计算有功网损对无功补偿装置的灵敏度。

3. 支路功率灵敏度

（1）计算支路有功对机组有功出力的灵敏度。

（2）计算支路无功对机组无功出力的灵敏度。

（3）计算支路有功对负荷有功功率的灵敏度。

（4）计算支路无功对负荷无功功率的灵敏度。

（5）计算支路无功对无功补偿装置的灵敏度。

4. 母线电压灵敏度

（1）计算母线电压对机组无功出力的灵敏度。

（2）计算母线电压对机端电压的灵敏度。

（3）计算母线电压对负荷无功功率的灵敏度。

（4）计算母线电压对无功补偿装置的灵敏度。

（5）计算母线电压对变压器分接头的灵敏度。

5. 输电断面灵敏度

（1）输电断面有功对机组有功出力的灵敏度。

（2）输电断面有功对负荷有功功率的灵敏度。

6. 组合灵敏度

（1）计算支路有功功率对多机组多负荷有功联合调整的灵敏度。

（2）计算断面有功对多机组多负荷有功联合调整的灵敏度。

（3）参与联合调整的机组或负荷及其参与因子可由用户设置。

（四）静态安全分析

静态安全分析的主要功能是按使用人员的需要方便地设定选择故障类型，或者根据调度员要求自定义各种故障组合，快速判断各种故障对电力系统产生的危害，准确给出故障后的系统运行方式，并直观准确显示各种故障结果，将危害程度大的故障及时提示给调度人员。静态安全分析主要包括故障快速扫描和指定故障集详细分析，主要用于判断系统对故障所承受的风险度，提供预想故障下的过负荷支路、电压异常母线和越限的发电机等，并给出其越限程度，为保障电力系统稳态运行安全可靠提供分析计算依据。

静态安全分析既可以作为一个独立的功能模块使用，又可以作为应用服务为静态安全辅助决策、安全校核等提供计算服务。

1. 计算控制

（1）支持实时模式和研究模式，包括：

1）在实时电网模型和实时运行断面数据的基础上进行各种改变运行方式操作后，进行静态安全分析。

2）在未来电网模型、历史电网模型的基础上，配合实时、未来、历史等各种运行方式的生成及其修改，进行静态安全分析。

（2）研究模式下，支持多用户功能，各用户可以同时计算而不互相影响。

（3）实时模式和研究模式互不影响。

（4）实时模式下，静态安全分析的启动计算方式分为在线周期计算、事件触发启动和人工调用三种。

（5）实时模式下，静态安全分析应着重给出快速的概貌分析结果，研究模式下进行详细的模拟分析，包括频率计算、安全自动装置动作影响等。

2. 故障及故障集定义

（1）可以定义单、多重故障（多个元件同时断/合）和条件故障（带有条件监视元件和条件开断元件的故障），故障元件包括线路元件、变压器元件、发电机、开关（合/断）、母线等。

（2）故障定义通过画面交互式进行，方便地管理故障，如故障激活（单个或成批故障参加或不参加故障扫描，或者详细分析）。

（3）可以按设备类型快速定义故障组，如线路、变压器、发电机组、母线等。

（4）可以按电压等级快速定义故障组，如500kV的厂站和设备。

3. 预想故障分析计算

根据电网模型参数、电网运行方式数据进行快速故障扫描，确定有害故障子集，对扫描阶段发现的有潜在危害的故障做进一步研究，用交流潮流计算出全部母线电压幅值/角度、支路有功/无功以及机组有功/无功，确定各种故障下的全部越限元件及越限程度，引起某一种类型元件越限的全部故障。主要功能包括：

（1）采用快速、高效、实用的$N-1$静态安全分析算法，保证计算的收敛性和实时性。满足降低预想故障分析的计算量，提高预想故障分析的速度和准确程度，改善预想故障分析的灵活性和方便性等要求。

（2）采用预想故障集快速扫描算法，按故障的危害程度进行故障过滤，确定需要详细计算的有害故障子集。

（3）能准确处理解列性故障，能计算解列后各子系统的频率。

（4）对于引起功率缺额的故障应能计算故障后的系统频率，潮流计算中考虑多机联合调整，由岛内其余机组按分担因子进行不平衡功率的再分配。

（5）考虑故障元件开断后，安全自动装置的动作行为对电网潮流分布的影响，使得静态安全分析的结果更加接近电网真实情况。

（6）支持输电断面越限判断，根据元件开断后的电网运行方式自动匹配稳定断面定义，确定事故后断面限值。

（7）对潮流不收敛的严重故障进行告警并记录。

（8）支持对交直流混合系统的直流线路故障的分析计算。

（五）短路电流计算

短路电流计算功能用于计算电力网络发生各种短路故障后的故障电流和电压分布。

1. 故障设置

（1）可以在厂站单线图或故障定义画面上设置故障。提供对已设置故障的统一查看、修改、删除功能，可以修改的故障参数包括故障类型、短路故障时的接地阻抗等。

（2）可以设置的故障元件包括母线、发电机端、线路任意点、变压器端口。

（3）可以设置的故障类型包括单相接地短路、两相接地短路、两相相间短路、三相短路等，可设置多重复故障。

2. 序网计算模型形成

根据电力系统各种元件的正、负、零序参数，并结合实际电网拓扑连接关系、变压器绕组接线方式、中性点接地方式、中性点阻抗、故障信息，形成用于分析计算的正、负、零序网络模型。

可以查看各个元件的计算参数，包括发电机、负荷、线路、变压器、电容电抗器等各种元件的正、负、零序参数，便于用户了解短路电流计算的网络模型。

3. 故障计算

根据电网的正、负、零三序复合网络，计算电力网络发生各种短路故障后的故障电流和电压分布，包括：

（1）故障点电流。

（2）电网各个节点的三序、三相电压。

（3）各个支路的三序、三相电流。

（4）短路电流的零序、正序分支系数和分相分支系数。

（5）发电机负序与正序电流之比。

可以对计算结果进行分类排序。

4. 遮断容量扫描

在实时电网模型和实时运行断面数据的基础上，周期扫描网络中每个物理母线发生三相短路、单相接地故障时的短路容量，校核断路器的遮断容量，给出越限和重载信息并写入历史记录，包括故障节点、故障类型、越限/重载断路器、短路电流、遮断容量、越限百分比等信息。扫描周期可以人工设置。

5. 短路电流控制措施

通过全网扫描，对遮断容量不足的断路器，自动给出一个或若干个短路电流控制措施，如线路出串运行、拉停线路、调整开机方式、断开母联断路器等。用户可以采取选择相应的控制措施，达到控制短路电流的目的。

（六）在线外网等值

外网等值功能主要包括上级调度生成外网等值模型并下发，下级调度接收外网等值模型并拼接，以及信息交换和传输机制等。

1. 外网等值模型生成与下发

上级调度应具备为下级调度进行在线外网等值的功能，生成并下发外网等值模型。外网等值模型包括缓冲网（模型、参数、图形、实时数据）和等值网（模型、参数）模型两部分。同一上级调度可以为不同下级调度同时完成多个外网等值。

外网等值模型的生成支持周期启动、网络拓扑发生变化时的启动以及人工启动。

2. 网络边界定义

（1）支持上级调度分别定义不同下级调度子网的网络边界，明确上级调度与下级调度的边界设备及关联关系。

（2）支持下级调度定义本区域电网的网络边界，并与相应上级调度的网络边界定义一致。

（3）系统具备上下级调度网络边界定义一致性校验功能。

3. 等值网模型计算

对除缓冲网外的外部网络进行等值计算，形成等值网。等值网由等值支路、等值对地支路和等值母线注入功率组成，主要功能包括：

（1）形成等值支路，得到缓冲网外边界节点间的等值支路参数。

（2）形成等值对地支路，得到缓冲网外边界节点的对地支路参数。

（3）计算等值注入，得到缓冲网外边界节点的等值注入功率。

4. 外网等值模型生成和下发

上级调度为下级调度准实时下发在线外网等值模型，功能包括：

（1）生成基于 E 语言、CIM/XML 等标准数据格式的，完整的外网等值模型（缓冲网加等值网）。

（2）生成基于 G 语言、SVG 等图形标准的缓冲网厂站图形。缓冲网图形原则上采用上级调度变化传送的方式。

（3）提供与缓冲网相应的实时数据。

（4）具备响应下级调度召唤外网等值模型及数据的功能。

5. 外网等值模型拼接

接收上级调度发送的外网等值模型、等值参数、缓冲网图形和实时数据，与本地网络模型进行拼接，应用于本地网络分析应用。具备如下功能：

（1）支持对边界定义、等值参数、缓冲网模型与图形对应关系的正确性和一致性校验。

（2）外网等值模型拼接，利用模型拆分/合并技术，把本地模型内网部分与外网等值模型合并，导入系统，完成外网等值模型的建立。

（3）支持缓冲网图形解析与转换。

（4）具备向上级调度召唤外网等值模型及数据的功能。

6. 信息交换和传输机制

（1）外网等值模型以 E 语言格式、CIM/XML 文件格式交换。

（2）缓冲网对应的图形以 G 语言格式、SVG 图形文件格式交换。

（3）缓冲网对应的实时数据以 E 语言格式文件或计算机通信交换。实时数据接入包括周期发送和召唤两种方式。

五、综合智能告警

（一）概述

综合智能分析与告警实现告警信息在线综合处理、显示与推理分析，支持汇集和处理分析各类告警信息，对大量告警信息进行分类管理和按重要性分级，对多种告警信息进行综合、筛选、压缩和提炼，根据不同需求形成不同的告警显示方案，利用形象直观的方式提供全面综合的告警提示。

（二）总体目标

综合智能分析与告警功能能够综合分析电网一次设备和二次设备的正常运行告警和事

故状态告警，实现在线智能推理和报警，智能判断电网故障并准确推出事故画面，同时基于统一的可视化展示平台，展示电网稳态、动态、暂态安全的监视、分析、预警和智能辅助决策信息。

(三) 需求分析

1. 业务流程

综合智能分析与告警应用业务流程主要包括电网运行稳态监控模块、网络分析模块、电网运行动态监控模块、二次设备在线监视与分析模块、在线扰动识别模块、低频振荡在线监视模块、在线安全稳定分析模块、辅助监测应用的气象/雷电监测模块等，获取实时告警信息，将不同应用之间的信息进行综合分析，并进行不同应用之间的触发关联操作，提取出综合性的告警信息，以可视化的形式展现给调度员。

2. 综合智能告警实现

综合智能分析与告警功能根据电网运行情况可分为两大类：电网正常运行状态下的告警、电网事故状态下的告警。

电网正常运行状态下的告警包括基态设备及断面潮流、电压越限告警以及分区备用联络通道的解合环告警；静态安全分析设备 $N-1$ 潮流、电压越限告警，根据越限不同程度分级告警；设备的同步相量测量装置（PMU）数据（潮流、电压、电网频率）异常波动告警，并可图形展示告警设备及波动曲线；电网小干扰稳定告警；电网暂态、动态稳定限值计算评估及告警，实时计算断面限值并与当前电网潮流比对，评估安全裕度并告警；电网短路电流计算评估及告警，实时计算各站短路电流水平，比对限值告警；二次设备告警信息，包括保护及安全自动装置异常及通道异常告警信息、通信光缆状态信息等；气象信息告警，综合实时气象云图、风速、气温、降雨、降雪、雾、雷电定位及变电站、线路实时气象监视等信息，进行告警。

电网事故状态下的告警主要包括设备掉闸告警，根据开关动作信息、网络拓扑变化，提示掉闸设备；故障设备近区电网拓扑、潮流变化提示；继电保护和安全自动装置动作信息、故障录波信息告警，综合保护及安全自动装置、故障录波等信息，判断故障类别、选相、测距等；PMU 设备潮流、电压、电网频率变化告警，并可图形展示告警设备及波动曲线；故障设备在线监测信息提示；故障设备近区电网气象信息；故障后在线安全稳定分析计算的电网相关断面潮流实时极限及告警信息；通信光缆及所载业务中断的告警信息。

3. 告警信息

综合智能告警应为电网实时监控与预警类应用提供统一综合的告警展示平台，采用统一的信息描述格式接收和汇总电网实时监控与预警类应用的各类告警信息，并根据各自的特征对大量的告警信息进行合理分类。

4. 告警数据源

综合智能告警可以获取的数据源应包括：

（1）来自水电及新能源监测分析的水情、新能源等告警信息。

（2）来自辅助监测应用的雷电、气象等告警信息。

（3）来自网络分析、在线安全稳定分析应用的越限等告警信息。

（4）来自电网运行稳态监控功能模块的电网实时稳态告警信息。

（5）来自电网运行动态监视功能模块的电网实时动态告警信息。

（6）来自二次设备在线监视与分析功能模块的继电保护和安全自动装置动作信息。

（7）来自在线扰动识别和低频振荡在线监视功能模块的告警信息。

5. 告警分类

综合智能告警支持对汇总的各类告警信息进行综合分析实现合理分类，应包括电力系统运行异常告警、二次设备异常告警、网络分析预警、在线安全稳定分析预警、气象水情预警五大类。

（1）电力系统运行异常告警：

1）系统故障解列及其解列点信息。

2）系统振荡，包括振荡的频率、幅度、阻尼比、振荡范围或中心等信息。

3）一次设备（如线路、主变压器、母线、机组、直流）故障跳闸（闭锁），包括故障类型、故障测距等信息。如线路故障，给出线路故障测距，并结合雷电定位信息，给出遭受雷击的线路杆塔号。

4）系统频率越限信息。

5）厂站电压越限信息。

6）一次设备（线路、主变压器）过热稳定越限信息。

7）断面潮流越限信息。

8）设备在线监测信息（若有）。

9）PMU 数据（潮流、电压、频率）异常波动信息。

（2）二次设备异常告警：

1）保护及安全稳定控制装置动作信息。

2）保护及安全稳定控制装置异常信息。

3）保护及安全稳定控制装置通道异常信息。

4）远方自动控制异常信息。

（3）网络分析预警：

1）静态安全分析预警，包括设备或断面名称、异常类型（系统解列、设备过载、断面越限、电压越限）、越限程度等信息。

2）短路电流计算预警，包括厂站名称、短路类型、短路电流幅值、遮断容量、越限程度等信息。

（4）在线安全稳定分析预警：

1）静态稳定分析预警，包括设备或断面名称、静态稳定极限、静态稳定裕度等信息。

2）暂态稳定分析预警，包括设备名称、故障或扰动类型、稳控动作情况、暂态失稳类别（功角、电压）等信息。

3）动态稳定分析预警，包括主导低频振荡频率、幅值、阻尼比、模式（关联机群）等信息。

4）电压稳定分析预警，包括厂站名称、临界电压值、电压稳定裕度等信息。

6. 告警信息描述格式

告警信息应具有统一的描述格式，以便综合智能告警处理来自不同应用的告警。

7. 告警智能分析推理

综合智能告警应提供告警信息统计和分析功能，可对告警信息进行关联分析和智能推理。综合分析电网一次设备和二次设备的告警信息，包括开关动作、继电保护和安全自动装置动作信息等，对多种告警信息进行综合、筛选、压缩和提炼，减少不必要的告警信息，以形象直观的方式展示智能告警分析结果，给调度员以准确、及时、简练的告警提示。

（1）告警信息规则库。应提供告警信息规则库，用于存放告警信息处理分析的规则。告警信息分析求解过程可基于规则库中的规则实现智能推理。应提供界面方便用户改变、完善规则库中的规则内容，以提高告警智能化水平。

（2）单一事件推理。告警事件发生后，可根据每条告警信息进行推理，给出故障或异常发生的可能原因。

（3）关联事件推理。关联事件推理为基于离散告警事件的推理，可对同一段时间内不同告警事件综合归纳，根据各个告警事件的关联信息，如事故总信号和相关保护信号，进行综合分析判断，验证故障是否发生。

（4）告警信息综合和压缩。对同一事件引起的多个告警，通过对告警信息分析时序关系，并利用网络拓扑技术，对告警信息实行综合、筛选、压缩和提炼，在实时告警界面上只给出核心告警或者引起告警的原因，而不必显示所有告警信息，减少调度员需处理的告警数目（如线路故障导致的断路器跳闸、保护动作和越限等告警信息，实时告警界面只需显示线路故障）。但所有的告警信息需进入历史数据库，同时在实时告警界面可以通过综合告警信息查看与之关联的详细告警信息。

8. 综合告警结果

基于以上五类告警信息，电网事故状态下，应综合展示以下告警信息：

（1）设备掉闸告警，根据开关动作信息、网络拓扑变化，提示掉闸设备。

（2）故障设备近区电网拓扑、潮流变化提示。

（3）继电保护和安全自动装置动作信息、故障录波信息告警，综合保护及安全自动、故障录波等信息，判断故障类别、选相、测距等。

（4）故障设备近区电网气象信息。

（5）故障后在线安全稳定分析计算的电网相关断面潮流实时极限及告警信息。

9. 告警智能显示

综合智能告警应提供丰富的告警方式，支持告警分级定义，提供多页面的告警显示界面，支持告警定制，可对不同需求根据多种策略形成不同的告警显示方案。应可在短时间内处理大量告警信息，并及时将分析出的重要信息以简便、直观的方式提供给调度员。

（1）告警方式。综合智能告警提供多种告警方式，应包括：

1）最新告警信息行。

2）图形变色或闪烁。

3）告警总表。

4）自动推出相关发生故障厂站图。

5）音响、语音提示。

6）通过电话、短信提示。

7）告警确认。

8）告警信息可送到其他系统。

（2）告警信息分级及其处理方式。告警信息可按重要程度分为多个等级，至少应包括如下等级：

1）故障信息。

2）异常信息。

3）提示信息。

各告警等级的处理原则有所不同如故障信息需立即处理，提供语音、推画面等方式提示运行人员，而提示信息则可只存储不报警。

应提供告警等级自定义手段，可以按告警类型、告警对象等多种条件配置。

（3）智能告警方式。应提供多页面的综合告警智能显示界面：每个页面既可以对应某个等级的告警信息，也可以对应某一种类型或某几种类型的告警信息，可以根据实际需要定制；保留一个页面用于按时序显示指定范围内的所有告警信息；告警信息经处理分析后可以根据告警类型或严重程度自动归入相应页面；告警显示页面的设置应可根据实际需要灵活调整，每个页面能由用户根据需要激活或关闭；显示界面支持采用不同的策略显示不同类型、不同等级的告警，如设备故障跳闸告警用醒目的颜色并闪烁，提示运行人员关注；显示界面支持提示告警发生的可能原因。

应采用多种策略实现自动滤除多余和不必要的告警，给运行人员显示最有用的告警信息。

告警信息支持过滤，过滤条件应包括按时间段、按区域、按厂站、按元件、按类别、按电压等级、按告警对象等，以及多种条件的组合过滤。

提供多种告警智能显示方案，可按不同用户的职责需求以及不同的故障条件定制告警显示方案，如大故障时显示少量关键信息，普通事故显示详细信息。

10. 输入数据

（1）从水电及新能源监测分析应用获取水情、新能源等告警信息。

（2）从辅助监测应用获取监测的气象、火电机组等告警信息。

（3）从网络分析、在线安全稳定分析应用获取越限等告警信息。

（4）从电网运行稳态监控系统获取电网实时稳态告警信息。

（5）从电网运行动态监视系统获取电网实时动态告警信息。

（6）从二次设备在线监视与分析系统获取继电保护和安全自动装置动作信息。

（7）从在线扰动识别和低频振荡在线监视功能获取告警信息。

11. 输出数据

（1）通过基础平台的历史服务，向关系数据库存储告警信息。

（2）通过基础平台，向人机界面发送推画面报文。

（3）向外部系统发送告警行为信息。

六、远程浏览与告警直传

按照"告警直传、远程浏览、数据优化、认证安全"的技术原则，完成调度技术支持系统的变电设备集中监控功能。

（一）远程浏览

1. 远程浏览概述

远程浏览是值班运行人员可以在任何时间浏览当地下级站端系统中的实时画面，对下级站端系统运行状况、潮流走向、设备位置、光字信号等直观了解。上级调度系统并不需要提前做好画面，做到了随看随开的状态，并且减轻上级调度系统的压力，有利于大运行模式的监视。

2. 远程浏览全景功能

"大运行"技术支持系统的建设应满足统一实时监控的需求,无人值班站端系统监控信息,特别是站端系统设备分相告警信息,经分类优化后直接接入调度技术支持系统,统一整合后提供给调度监控值班人员,以便其实时掌握设备运行工况,当出现设备告警后,调度监控人员可通过远方图形终端(图形网关等方式)直接浏览站端系统内完整的图形和实时数据以及告警信息。

图形网关方式在站端系统侧部署远程图形网关机,安装系统远程服务、图形远程浏览和实时数据刷新服务等功能模块,实现和站内监控系统图形和数据的实时交换。调控主站端可直接访问站端系统侧的图形网关,实现对站端系统内图形与实时数据的浏览。

系统结构图如图 2-35 所示。

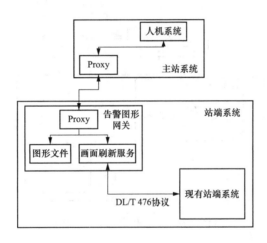

图 2-35　远程浏览网络架构图

(二)告警直传

1. 告警直传概述

告警直传用于在主站—变电站、上—下级系统间实现告警信息的传输、解析、展示、存储等功能。实现对变电站设备或者下级调度的远程监控。为满足"大运行"体系的要求,调控中心可通过接收优化后的设备告警信息,实现对变电站设备的远程监控。上级调控中心通过接收下级调度系统发送的告警信息,实现对下级系统重要厂站、重要信号的远程监控。

2. 告警直传全景功能

下级调度系统可以对本系统的告警信息进行配置，决定是否上送；上级调度系统可以对收到的告警信息进行配置，决定是否显示。

为了实现告警信息直传，在系统间通过增加网关机的方式实现。

对于主站—变电站系统，在站端系统侧部署远程告警网关机，安装系统远程告警服务、通信服务模块。调控主站端侧安装告警接收处理服务模块、通信服务模块。

对于上—下级系统，在下级调度系统中增加告警收集转换模块、通信服务模块。上级调度系统增加通信服务模块、告警接收处理服务模块。

系统结构图如图 2-36 所示。

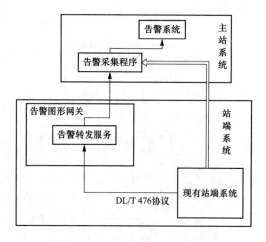

图 2-36 图形告警网关结构图

3. 告警直传功能

（1）下级调度系统上送告警配置过滤。下级调度系统作为子站向上级调度调度系统传送告警信息时，提供按厂站、告警类型、细化到遥信定义表、二次遥信定义表中测点等多种条件的配置方式，实现对上送的告警信息的过滤。

（2）下级调度系统对告警信息的名称规范转换。下级调度系统收集本系统内的告警信息，按照 syslog 格式，转换成符合规范的告警文本。同时按照配置，在告警文本前面拼接上告警等级。

（3）主站告警信息处理。主站收到子站上送的告警信息后，解析文本，根据其中的厂站名、设备名在系统中进行告警抑制判断，提取其中的告警等级、厂站 ID、设备 ID 等，发送给告警服务处理，显示在相应的告警窗 TAB 页中，进行告警信息存储，供后续查询、分析、统计等。

七、新能源监测

（一）模块概况

1. 总体介绍

新能源监测分析的主要目标为以风能实时监测、太阳辐照度监测和新能源发电出力等数据为基础，结合发电计划等综合运行管理数据，对新能源发电运行情况进行监视，并根据实时资源分布计算发电能力，同时，对风电场、光伏电站出力剧烈波动等极端情况提供报警。

新能源监测功能模块主要包括实时监测和综合统计分析两大块。

实时监测功能实时监测风能实时数据和太阳辐照度数据，包括监测测风塔的风速、风向及太阳辐照度等气象信息的变化；新能源发电场（站）功率和并网点电压；新能源发电场（站）的出力曲线；风电场内风电机组的运行状态和光伏发电站内逆变器的工作状态等数据。

综合统计分析功能基于实时监测数据，对风力发电和光伏发电运行情况进行统计分析和趋势分析。统计分析的功能包括：对同一时段不同场站的测风数据进行统计分析，对同一时段不同区域的太阳辐照度数据进行统计分析；对历史任意时段的区域风能资源进行统计分析；对出力特性（最大电力、最小电力、电量分布、电力分布、同时率等）进行统计分析。

2. 总体框架

新能源监测分析主要由新能源运行监测、新能源运行趋势分析两个基本功能模块构成。主要实现技术途径为建立基础信息模型，与电网基本元素进行关联，在此基础上采用可视化方法对风电场、光伏电站的运行进行监视和趋势分析，并支持新能源调度计划制作等应用。业务总体框架如图 2-37 所示。

新能源监测功能是架构在 D5000 基础平台上的实时监控功能模块之一，接收基础平台的数据采集功能送来的数据以及调度计划类应用提供的预测数据，实现完整的、高性能的新能源监测，满足智能电网的辅助监测要求。主要包括：

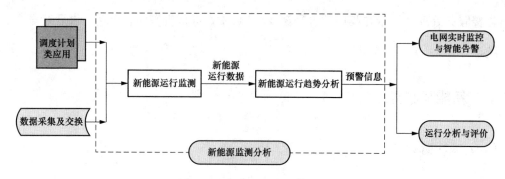

图 2-37　新能源监测总体框架

（1）新能源监测信息的建模利用基础平台的模型管理实现，基于 SCADA 应用设备表，增加新能源相关的风能和光伏监测的参数描述及数据存储域，以及数据的统计信息域，以存储相关的统计信息。

（2）新能源监测的数据采集利用基础平台的数据采集功能实现，由数据采集通过消息总线发送相关数据至数据处理程序。

（3）新能源监测根据风电和光伏发电的运行情况向电网实时监控与智能告警应用发送相关的实时告警信息。

（4）新能源监测向运行分析与评价提供新能源运行场站运行分析与决策数据。

（5）新能源监测向调度计划类应用提供新能源电站运行监测数据。

（二）数据采集与监视

1. 主要功能

光伏数据采集与监视功能实现技术支持系统与升压站、光伏电站、其他调度中心和其他外部系统实现各类数据的采集和交换，提供通信链路管理、规约处理、数据多源处理和数据转发、下发计划曲线、FTP 文件传输等功能，采用多机冗余和负载均衡技术，满足高吞吐量和高可靠性的要求。数据采集与监视的总体架构如图 2-38 所示。

风电数据采集与监视功能满足如下要求：

（1）采用专门的安全通信网关，实现数据端对端的安全传输。

（2）支持多种通信协议、多种应用、多类型的数据采集和交换，满足各种传输场合的实时性要求。

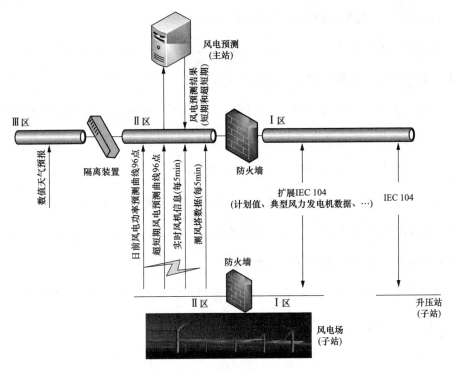

图 2-38　数据采集与监视的总体架构

（3）具有数据的多源处理和采集数据的快速转发功能。

2. 工作原理

数据采集功能除了常规的采集解析程序、数据处理程序、通道管理程序外，还具有下发计划曲线、解析风电场 FTP 文件功能：

1）采集解析程序主要完成与远方通信和规约转换功能，完成 IO 操作及报文的初步解析。

2）数据处理程序完成数据后期的处理和后台应用的数据交换功能。

3）通道管理程序主要完成通道状态的监视管理功能。

4）前置通信实时库存储通道运行参数及状态信息，以及所有通道收发的数据信息。

5）数据采集得到的数据通过消息总线发送给后台应用。

6）接收并解析 5min 风机文件、15min 超短期风功率预测文件、日前风功率预测文件等。

（1）采集解析程序。采集解析程序采用一个规约一个进程。每个进程由基本线程、监听线程、通道线程组成。其中基本功能线程为管理线程、消息线程、日志线程、数据解析线程（上行收数据）、数据转换线程（下行发数据）。

（2）数据处理程序。数据处理程序采用一个进程，根据实现功能不同，由消息线程、数据线程、广播线程、参数线程、下发数据线程组成。

（3）多源处理。在前置通信中会存在同一厂站从不同通道采集数据的多源情况。在实际应用中，由通道管理程序负责管理通道的值班情况。收到数据后，由数据线程判断通道值班状态，将唯一的值班通道的数据发送给电网运行稳态监控，以此解决多源数据问题。

（4）通道管理程序。通道管理程序采用一个进程，根据通道运行情况和节点运行情况，设置通道的运行节点和值班情况。将需要变换运行状态的通道的参数写入运行参数缓冲区，由采集解析程序中的管理线程进行后续操作。

（5）数据参数维护。数据采集有很多通道运行参数和测点信息存储在前置通信实时库中，在维护时与电网运行稳态监控实现一体化维护。

3. 技术特点

多渠道获取风电场信息，风电系统数据来源更加可靠，解决了风电运行系统的可观、可测问题，除了对升压变电站信息进行监视，还可以直接监视风电场的风力发电机状态、文件传输状态。

（1）数据采集与交换程序提高了数据处理的效率，降低了系统资源的消耗。数据采集与交换模块对程序进行了优化和完善，明显地降低了系统资源的消耗，极大地提高了数据处理的效率；简化了数据处理流程，提升了海量并发数据的处理能力；每个模块功能完整独立，各模块之间接口清晰简单。

（2）数据采集与交换程序性能更稳定、更可靠。数据采集与交换模块增强了对规约的适应性、可扩充性，提高了对网络的容错性，系统性能更稳定、更可靠。

（3）数据采集功能更加丰富和完善。数据采集与交换模块功能更加丰富和完善，可以支持主备运行和多机并列运行等方式，每条通信链路可以支持和监视更多的远方 IP 地址，可以实现多种形式的数据转发，可以支持更多的通信规约，允许用户进行更灵活的配置，可以处理双遥信等数据。

（4）多源数据处理功能更加丰富完备。数据采集与交换模块提供了丰富完备的多源数据处理功能，可以实现数据点的多源，可以自动或人工维护数据的优先级顺序，可以对数据的多个数据源进行准确有效地监视和分析处理,增强了数据的可靠性和准确性。

(5)控制操作流程的优化,提升了控制操作的准确性、顺序性、有效性和实时性。数据采集与交换模块对控制操作流程进行了优化,提升了控制操作的准确性、顺序性、有效性和实时性,同时还适应了 AGC 等应用下发计划曲线的特殊需求。

(6)监控工具丰富、有效、准确、实时。数据采集与交换模块可以提供丰富、有效、准确、实时的监控工具。可以监视通信状况、数据信息、源码数据、多源信息、规约信息、运行日志,可以进行链路控制、多源切换等操作,为维护人员提供多种实用工具。

(7)封装了基本通信函数,提供了标准化的接口。数据采集与交换模块提炼出基本的通信函数,并封装成标准化接口,所有通信进程可以共享。

(8)在线修改功能实用方便、实时高效。数据采集与交换模块可以提供实用方便、实时高效的在线修改功能。可以在线修改规约类型等通信参数,可以在线修改 RTU 等厂站信息,可以在线修改系数等数据点参数。

(9)每种规约一个独立进程,方便用户维护,具有良好的开放性。每种规约通信由一个独立进程负责,增强了用户维护的方便性,可以方便增加新的规约。

4. 数据采集类型

新能源监测使用的数据应包括并网点监测数据、测风塔观测数据、场站信息、风电场和新能源机组运行状态、预测功率等,具体如下。

(1)单机信息:单机有功/无功、测风塔风速、状态量(遥信、和上报作对比)。

(2)风电场上报:前日检修、故障情况、限电电量、最大限电出力、次日检修计划。

(3)风电场运行信息:有功/无功、风电场测风塔 5min 数据(EMS 远动上传)。

(4)风电场基础信息:风电机组的经纬度、类型、轮毂高度、功率曲线。

(5)风功率预测数据:中心站预测数据和风电场上报预测数据。

(三)新能源监视及统计分析

1. 主要功能

(1)基于 D5000 画面平台,采用动态数据、柱状图、饼图、专用图元等手段对运行状态进行监视。

（2）基于 D5000 中画面平台和后台计算程序，采用动态列表、柱状图、饼图、曲线等展示风力发电机和光伏逆变器等运行状态及统计指标。

2. 工作原理

（1）新能源监视及统计分析主要由后台实时统计计算程序、画面展示和历史查询部分组成，具有灵活配置、统计全面的特点。

（2）后台统计计算程序主要通过读风电装机规模表、风电发电量明细表、风电出力明细表等实时库表的内容，对配置了统计信息的风电场、区域取实时数据按照统计条目进行实时计算。

（3）画面展示部分主要将统计的项目分类分区配置在图形上，实现直观浏览、查询的功能。

（4）历史查询以界面工具的形式提供按天查询风电场统计量的查询功能。

3. 技术特点

（1）风电运行数据统计分析包含了实时计算、实时展示、历史查询的基本模块。

（2）统计类表配置灵活，修改简单，实时生效，提高了系统的实用性和灵活性。

（3）统计项目分类明确，统计量丰富完备，具有可扩展性，统计结果具有高可靠性。

（4）展示画面分类合理，浏览直观简便，统计查询使用简单，易于维护。

八、调度员仿真

（一）DTS 概述

调度员培训仿真系统（DTS）能够模拟电力系统的静态和动态响应以及事故恢复过程，使学员（trainee，指受训调度员）能在与实际控制中心完全相同的调度环境中进行正常操作、事故处理及系统恢复的培训，掌握 EMS 的各项功能，熟悉各种操作，在观察系统状态和实施控制措施的同时，高度逼真地体验系统的变化情况，提供对调度员进行正常操作、事故处理及系统恢复的训练，尤其是事故时快速反应能力的训练。提供电网调度运行控制模拟培训、EMS 系统应用操作模拟培训的功能。

1）常规 DTS 功能：模拟电网的实时、准实时过程，对调度人员进行基本技能和事故处理、故障恢复等技能的培训，提高调度人员的运行水平。具备全省各地区调度和电厂联合反事故演习功能。DTS不仅可用于调度员的日常培训、考核和进行反事故演习，以提高调度人员的运行水平，还可作为电网运行、支持、决策人员的分析研究工具：运行方式科通过DTS制定合理的运行方式，研究电网的特殊运行方式；继电保护科通过DTS进行继电保护整定值和安全自动装置配置的校核和研究；调度科利用DTS事故预演、事故反演、事故分析，进行反事故措施的研究；第二天的运行方式、新投产的设备及变电站均可以在DTS上进行校验以及事故模拟；还可以和变电站仿真培训系统相联作为电网生产全过程的培训仿真。

2）应用培训：为电网运行、计划、管理和决策人员提供决策支持。

1. 总体结构

在整个调度自动化系统中DTS的结构如图2-39所示。

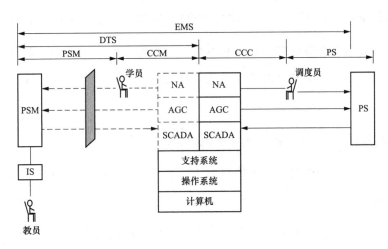

图2-39　调度员培训模拟系统示意图

学员（trainee）：接受培训的调度员。

教员（instructor）：对培训过程进行监视、控制和评价的教练员，一般由有经验的调度员担任。

CCM：控制中心模型（control center model），也称控制中心模拟子系统，模拟实际控制中心的软件模块。

PSM：电力系统模型（power system model），也称电力系统模拟子系统，模拟电网物理过程的软件模块。

IS：教员监控子系统（instructor system），供教员对培训过程进行监视、控制和评价功能的软件模块。

SCADA：数据采集和监控系统（supervision control and data acquisition）。

NA：网络分析（network analysis）。

AGC：自动发电控制（automatic generation control）。

2. 系统功能

DTS 位于具有统一支撑平台的能量管理系统的基础上，可以提供全面的 SCADA/AGC/EMS/DTS 功能，因此可以提供综合仿真培训系统的全面的解决方案，实现集成电网监控、仿真、培训和分析研究功能于一体的 SCADA/EMS/DTS 一体化的综合仿真培训系统，实现支撑平台的一体化，实现应用功能、数据结构和应用程序的一体化，将可以完全做到将 DTS 作为实时 EMS 的后备调度自动化系统。DTS 可同时提供研究功能和培训功能。

（1）电网仿真功能。DTS 根据实用性的原则，提供两套电力系统运行特性的仿真模型，即电力系统稳态仿真和电力系统动态仿真模型，电力系统动态仿真包括暂态、中期、长期全过程动态仿真，既可以提供电网静态仿真，又可以提供全过程动态仿真。静、动态仿真可以有机地结合为一个整体。

DTS 支持多电气岛（多区域）动态和静态过程的仿真。

在系统由于事故或操作发生系统解列的情况下，对每个电气岛都进行拓扑分析，自动判别电气岛是否是活岛。死岛将不参与计算。对系统解列过程进行频率和潮流的动态和静态仿真，能真实模拟子系统的崩溃过程。某个子系统的崩溃并不影响其余健全子系统的仿真运行。

（2）培训功能。DTS 根据需要在电网的任意点设置故障，为培训设置的事件包括：电力系统、继电保护和安全自动装置及数据采集系统的各种故障和异常事件。故障设备包括线路、发电机组、母线、主变压器、电容电抗器、直流输电系统、开关、负荷、电流互感器（TA）、电压互感器（TV）、保护装置、自动装置、量测模型等。既可在电网一次设备上设置故障，也可在二次设备和三次量测虚拟设备上设置故障；既可设置外部故障，又可设置内部故障；既可设置短路接地故障，又可设置横向断线故障；既可设置单一故障，又可设置多重故障和组合型故障。同时，对故障点的描述非常细致，可以在线路的任意点处设置故障，还可以设置开关和 TA 死区之间的故障。

DTS 提供了以下几种设置方式：潮流单线图上设置、厂站接线图上设置、列表表格（事件表）画面、其他功能画面、随即自动生成事件、错误操作形成的事件等方式。

DTS 采用多种形式建立初始条件（scenario，也叫教案或案例），以满足不同需要。教案事件表可以手工编辑，也可由某次成功的培训中的事件表保存而得，可以增加或删除事件，还可以调整事件序列。教案事件表具有取出、保存、删除、分类管理等功能。事件表可以和教案捆绑保存、取出、删除等，也可以根据需求单独保存，以和教案的初始条件组合形成不同的教案。所有的教案编辑操作均通过全图形界面完成。各种操作可快捷地通过选择图上元件直接进行，也可通过各类设置表格或通过设备列表选择对应设备来设置。

（3）调度员研究功能。调度员研究台功能与教员台类似，但无须与学员台通信，即教员机的单机研究模式。调度员可以在研究台上进行潮流计算、事故预想和操作票校验。调度员研究台系统由三部分组成：研究前准备、研究中操作控制和研究后处理。

（二）电网仿真子系统

1. 概述

DTS 子系统根据实用性的原则，提供了两套电力系统运行特性的仿真模型，即电力系统稳态仿真和电力系统动态仿真模型，既可以提供电网静态仿真，又可以提供全过程动态仿真。静、动态仿真可以有机地结合为一个整体。电力系统动态仿真包括暂态、中期、长期全过程动态仿真。

DTS 子系统在故障发生时继电保护及自动装置仿真进程将自动显示其动作况，并伴有音响和闪光信号，同时通过跳开相应的元件开关去影响电力系统模型（PSM）。故障跳开的开关，可自由选用逻辑判断法或定值比较法。

DTS 子系统的保护和自动装置仿真采用模件化的方法，提供用户自定义保护和安全自动装置的界面和手段。

2. 电力系统模型

DTS 电力系统模型已经基本考虑了电网现有和未来规划中的所有电气设备及元件的模型要求，在模型、参数和相应算法方面分别考虑交流和交直流混合系统的不同要求。如果未来有新的元件和设备需要在 DTS 中仿真，在掌握了其数学模型的基础上可以加入仿真中。

提供的稳态设备模型主要有发电机、调速器、励磁系统、线路、变压器、电抗器、电容器、母线、断路器、隔离开关、负荷、消弧线圈、直流输电系统、继电保护、安全自动装置等。模型包括了一次模型和二次模型：电网（线路、母线、断路器、隔离开关、电抗器、电容器、变压器等）、电能源、频率、外部 AGC、负荷、发电机、汽轮机、锅炉、调相机、继电保护和安全稳定自动装置等。在稳态设备模型基础上，增加的设备动态模型主要有发电机、调速器、励磁机、电力系统静态稳定器（PSS）、原动机、动态负荷模型等。还可提供直流输电系统和抽水蓄能机组的动态模型。

3. 远动系统模型

DTS 的远动系统模型实现的功能如下：

（1）遥信采集信息。采集信息包括：各断路器/隔离开关状态、保护动作信息、开关变位信息、各种事故告警信号等。采集信息包括系统网络转发数据和直采数据（包括由 TASE.2 采集的数据）。

（2）遥测采集信息。采集信息包括：线路、主变压器、发电机、负荷的有功功率 P、无功功率 Q 和电流 I、母线线电压幅值、母线相电压幅值、母线电压角度、发电机机端电压、变压器分接头挡位、系统频率、各发电机及频率监视点频率等。采集信息包括系统网络转发数据和直采数据（包括由 TASE.2 采集的数据）。

（3）数据采集故障。能够仿真出由如下故障所引起的数据错误后果：量测仪表的量程变化、零点漂移、测量误差、极性反向、退出运行和故障等，变送器的量程变化、误差、饱和、退出运行和故障等，RTU 的噪声、退出运行和故障（包括测点故障或整个 RTU 故障）、通道的通信噪声、通信延时、死区传送、变位传送、退出运行和故障等。这些故障所引起的数据错误后果由用户指定。

（4）遥控/遥调命令。能仿真各种实际系统中存在的遥控/遥调命令，包括：机端电压设置、发电机有功出力调节、有载调压分接头调节、开关遥控开/合操作、AGC 远方投退、AGC 控制信号远方投退、机组远方投退等，能很方便地对遥控遥调的设备进行定义，也可以方便地对遥控/遥调命令种类扩充。

4. 电网动态潮流、频率仿真

电力系统稳态仿真又称静态仿真，它把发电机看成是无机电动态变化过程但可静态变化的电源，也就是计算电力系统在扰动引起的动态变化过程平息后的运行状态。DTS 的稳态模型不考虑机电暂态过程，但计及中长期动态过程，能仿真出系统操作或调整后发电机和负荷功率的变化、潮流的变化和系统频率的变化过程。在静态仿真过程中，采用了全网同摆的动态潮流模型、考虑发电机出力调节的惯性变化过程。系统频率的变化，既可以采用潮流型算法来模拟，也可以采用微分方程来模拟。计算频率的动态变化而不是静态结果，计算中考虑了发电机的频率调节效应和发电机转动惯量及负荷的频率特性效应。稳态仿真能真实地模拟系统切机或切负荷时的频率变化过程和模拟事故下各联络线支援功率的大小，并能真实地模拟联络线开断操作时的潮流转移现象。故障或对系统操作时，能立即给出系统清除故障或操作后的新的工况，并可迅速在调度员熟悉的系统图或厂站图上显示出来。发电厂出力和各变电站负荷可按日负荷曲线来模拟，使调度员面对一个活动和真实的电力系统。系统解列后，可同时分别计算各孤立系统的潮流和频率。无论是静态仿真还是动态仿真，都详细模拟了系统内的继电保护和自动装置及其对电力系统的影响。根据不同的需要可灵活选用逻辑判断法或定值比较法对继电保护装置进行模拟。对于反应系统不正常运行方式的后备保护和自动装置，按其动作原理进行模拟。此外还可以模拟继电保护和自动装置的拒动和误动。

DTS 的静态仿真采用动态潮流算法，本身具有很好的收敛性，提供了 PQ 分解法和牛顿-拉夫逊法，在常规情况下采用 PQ 分解法，保证潮流计算的快速性；在潮流收敛慢时自动转成牛顿-拉夫逊法，保证潮流的收敛性。潮流算法中考虑了元件大 R/X 比值病态问题、重负荷系统等病态系统的收敛性问题，还考虑了具有串联电容支路的系统的收敛性问题。

一般系统解列后，由于解列前联络线上输送的大功率，必然伴随子网的大量功率缺额或过剩，有可能导致子网的潮流不收敛。如果出现潮流不收敛，可将频率计算先于潮流计算，待与频率相关的自动装置一轮动作完成后，再进行潮流计算，如此循环，直至系统潮流收敛为止。

系统解列后，如果是迭代电压过低造成潮流不收敛，自动转入动态仿真（前提是系统具备动态参数和动态仿真功能），求解出电压后由与电压相关的自动装置一轮动作完成后，再进行潮流计算,如此循环,直至系统潮流收敛为止。

DTS 为保证培训过程的连续性,在主电气岛持续出现潮流不收敛的情况下将自动返回到前一收敛的断面潮流。而如果是一些(一个或几个)小的电气岛(标准由用户确定)出现潮流持续不收敛,则会把这些电气岛甩掉不做仿真,认为这些电气岛潮流已经崩溃,将所有潮流 PQI 量测清成零,但发电机出力和负荷的 PQ 保存起来,以供恢复电网时用。同时给教员相应的提示,在任何情况下都不会造成培训过程的中断。

考虑初始教案中的负荷曲线(负荷曲线为 24 点或 96 点),在负荷调节中根据用户确定的负荷升降的速率来模拟,考虑负荷的随机扰动、频率对负荷的影响以及电压对负荷的影响。用多项式表示负荷的有功功率和无功功率的静态特性和频率特性。

在静态仿真中简单地考虑励磁系统,根据用户提供的模型可以考虑三种自动控制器模式,即自动功率因数调节(APFR)、自动无功功率调节(AQR)和自动电压调节(AVR),三种模式之间可以任意切换。在画面或列表上提供励磁系统模型定义手段,可实现在线修改。

在静态仿真中考虑主变压器的有载/无载调压特性、分接头调整的升降速率和挡位的离散特征。

5. 基本调度指令操作仿真

DTS 支持的基本调度操作包括:

(1)断路器分、合操作。

(2)隔离开关投、切操作。

(3)电容器、电抗器的投切。

(4)变压器投切及分接头调节。

(5)变压器中性点接地方式的调整。

(6)线路投停。

(7)调度综合令的执行。

(8)发电机的并网、退出;发电机有功、无功(或电压)调节;发电机组零起升压。

(9)负荷调节(变电站负荷调整、地区负荷调整、省网总负荷调整、系统总负荷调整)。

（10）机组（或电厂）AGC 投退、区域电网 AGC 协调控制。

（11）保护定值、时限、状态的设置和修改。

（12）自动装置和自动装置定值、时限、状态的设置和修改。

（13）调度综合令的操作，如倒母线、线路的投运、检修、热备用、冷备用、旁路代等。

（14）遥控/遥调操作。

（15）故障设置。

以上各种操作均可在厂站画面或分类列表画面进行。

6. 对误操作的监测和模拟仿真

误操作监测包括不符合安全规程的各种操作，包括：

（1）带负荷拉隔离开关。

（2）带负荷合隔离开关。

（3）带电压合接地开关。

（4）用隔离开关充空载线路或变压器。

（5）带电挂地线。

（6）带电拆地线。

（7）线路强送至永久故障上。

（8）将开关合于永久故障点造成事故扩大等。

7. 继电保护仿真

DTS 能够模拟实际系统中的各种继电保护，保护种类根据系统的实际配置情况而设计。DTS 在保护模拟中考虑保护和开关的误动和拒动，可选择一级或多级。

当系统内的任一元件（发电机、输电线、变压器、母线）发生故障时，DTS 将自动给出继电保护的动作信息。在 DTS 中把这一过程最终模拟成跳开由保护所指定的那些开关，再模拟重合闸和继电保护的再次动作行为。

8. 安全自动装置仿真

DTS 可模拟被仿真电网内所有常用的自动装置。安全自动装置仿真按电网仿真计算出的参数值启动，可设定启动延时的时间定值。考虑安全自动装置仿真和电网潮流仿真、动态仿真和保护仿真之间的配合关系。安全自动装置仿真采用模块化设计，用户可以自定义模型组装。

（三）控制中心仿真子系统

DTS 在学员台上提供足够的监视、报警、显示功能。

1. SCADA 功能仿真

教员台模拟前置机向学员台发送仿真电网的遥信、遥测数据。在学员台中仿真 SCA-DA/EMS 所有的监视和控制功能。控制中心 SCADA/EMS 功能仿真是 DTS 的一个重要组成部分，给调度员创造一个真实的环境，使调度员身临其境，增强培训效果。具体功能包括：

（1）数据采集和更新（包括全遥信、全遥测、变化遥信、变化遥测等）。仿真的 SCA-DA 系统可采集由教员台远动系统模型发送过来的遥测、遥信等数据，完成各项常规的 SCADA 实时应用功能。培训开始时将所有遥测、遥信数据发送一遍，在培训过程中只发送变化的数据，遥测变化设定门槛值（可随时修改）。培训过程中学员可以看到各种操作后潮流的变化，起到加深学员对电力系统各种事件机理的认识的作用。

（2）派生数据计算和数据处理。包括多回线和功率等派生数据的计算和处理、各种公式总加数据的处理、其他类型的数据处理等。

（3）遥控遥调仿真。仿真的 SCADA 系统可将合法的遥调/遥控命令通过远动系统模型作用到电力系统模型上去，电网仿真计算结果再送到学员台（仿真的 SCADA 系统）上去，实现遥调/遥控功能的仿真。

（4）越限和变位监视。学员台能随时对遥测量进行监视，当出现越限时给出告警信息，并能根据用户指定的越限变色闪烁在图形上告警。开关变位时在画面上变色闪烁告警，并在告警信息窗口登录。在用户指定的情况下会有事故推画面并伴随语音告警。

（5）拓扑着色功能。通过拓扑着色功能，所有线路及元件带电与否均可在画面上直观显示。停运线路可通过拓扑着色看出来，单端充电线路可根据首末端电压差在画面显示状态。

（6）报警处理。功能同实时 SCADA 报警处理，但培训时的报警并不写入历史库。

（7）数据统计。功能同实时 SCADA 数据统计。

（8）人机界面。学员台（仿真 SCADA 系统）的人机界面同实时 SCADA 系统。

（9）可模拟通道故障、RTU 故障、坏数据、遥测的延迟、偏差、随机噪声等。

（10）学员台（仿真 SCADA 系统）的遥信遥测数据可以模拟数据采集故障，模拟坏数据。

（11）调度员工作站的人机操作功能。

学员培训内容可包括 SCADA 和 EMS 所有功能的使用。

2. 曲线监视及查询

可在培训过程中随时调显和查询各种趋势曲线（如频率、电压、发电出力及联络线潮流等）。

3. 其他信息的查询

可方便地查询全网、省、地区及厂站、线路、发电机、负荷、开关、保护和安全自动装置、电压、潮流、频率等信息。

（四）教员仿真子系统

教员台控制提供两种模式。

（1）培训模式：启动学员机，教员和学员背对背培训。

（2）研究模式（自学模式）：研究台功能与教员台类似，但无须与学员台通信，即教员机的单机研究模式。调度员可以在研究台上进行潮流计算、事故预想和操作票校验。调度员研究台系统由三部分组成：研究前准备、研究中操作控制和研究后处理。

1. 仿真过程控制

DTS 支持多教员和多学员同时操作，提供强大的事件教案支持和仿真控制功能。

（1）事件教案支持。

1）能很方便设置各种事件组，编制各种教案。

2）培训时，可以方便地设置、修改、删除和插入各种事件。所有的教案编辑操作均通过全图形界面完成。各种操作可快捷地通过选择图上元件直接进行，也可通过各类设置表格或通过设备列表选择对应设备来设置。DTS 为培训设置的事件包括：电力系统、继电保护和安全自动装置及数据采集系统的各种故障和异常事件。DTS提供了以下几种设置方式：潮流单线图上设置、厂站接线图上设置、列表表格（事件表）画面、其他功能画面、随即自动生成事件、错误操作形成的事件等。教员可在培训过程中在线随时增加或删除事件，并且可以通过时标指示器调整未发生事件的序列。

（2）培训控制。DTS对培训过程的控制包括：启动培训、培训终止、退出DTS、培训暂停及恢复、人工快照、存储教案、存储断面、恢复事故前断面、恢复初始断面、返回上一步操作、取消所有故障点状态等。

启动培训：启动本次培训过程。

终止培训：结束本次培训过程。

退出DTS：退出本次培训过程。

暂停培训：在暂停时，调度员可以调阅各种画面，但不能进行更改性操作。

恢复培训：从暂停处继续研究。

人工快照：调度员进行人工单帧存储。

存储教案：将当前的网络断面和设置好的事件方案全部保存起来，供以后调用。

存储断面：将当前的网络断面进行存储，供以后调用。

恢复事故前断面：退回到本次故障前的状态。

恢复初始断面：退回到本次研究开始时的状态。

返回上一步操作：退回到本次操作前的状态。

取消所有故障点状态：取消本次所有设置的故障点状态，可以对故障后所跳开的开关作复原操作。在强送电仿真状态下有效，在研究模式下可以选择自动取消故障点状态。

周期存储快照：快照可以自动定时存储。存储缓冲区为循环式。周期性快照的周期可调。

事件自动快照：故障前后触发自动存储快照。

操作自动快照：一有操作，立即触发自动存储快照。

2. 教案制作功能

DTS采用多种形式建立初始条件（scenario，也叫教案或案例），以满足不同需要。

（1）从全新教案启动（清零启动）。从离线原始资料库中数据生成离线教案启动仿真。

根据人工设定的仿真时间，利用负荷预测形成负荷曲线，利用发电计划建立发电曲线。进行负荷分配和发电分配运算初始潮流。离线教案中的发电曲线可以由发电机启停计划和水/火电计划程序来自动生成。潮流断面可以人工干预调整。

（2）从在线实时数据启动。取用当前在线系统的实时数据作为初始潮流启动仿真。可直接取用 EMS 的实时状态估计结果作为在线教案。在线的 EMS 每 15min 可自动为 DTS 生成一个完整的在线教案，也可通过人机界面由人工请求生成在线教案，在线教案全部保存在教案库里统一管理。

（3）从历史教案启动。取用保存的任何一个教案数据断面作为初始潮流，启动仿真。仿真可以从任何一个保存的案例启动，研究各种不同的案例，启动可以从最近的案例直到所需的系统状态，并可作需要的改变。对保存的网络接线方式、运行方式、二次系统配置等都可以作修改，修改后的教案可以另存或覆盖。

（4）从教案启动。将初始潮流方式及一系列事件以某一教案名存储起来，培训时输入教案名即可启动。根据教案自动形成初始潮流，自动执行培训过程中的各项事件，显示各事件后系统工况。

（5）从分析型数据断面启动。取用在线调度员潮流数据断面、PDR 事故追忆断面、CASE 管理断面等研究模式下的潮流数据作为初始潮流启动仿真。为了分析研究的方便，DTS 可直接取用 EMS 的在线调度员潮流数据断面作为在线教案，也可以取用 PDR 事故追忆断面、CASE 管理断面作为初始潮流方式，并佐以二次系统运行方式形成教案启动仿真培训。

教案支持功能包括：

1）以上任何一种启动方式，都可以将得到的潮流方式保存起来，下次启动时输入相应名称即可得到所需初始潮流。所有初始断面潮流均可根据需要修改。提供对教案的取出、保存、删除、分类管理等功能。每一个教案均有详细提示信息可供查询，提示信息包括：教案制作人、制作时间、修改时间、教案来源、系统总出力、总负荷、简要介绍等。提示信息可以根据用户需求扩充。

2）教案的验证功能。教案的验证分两种：一是初始条件的验证，二是事件表的验证。初始潮流的验证是用初始条件中的起点值计算初始潮流，观察初始潮流是否有解，计算结果是否和预想相似，是否有异常现象，联络线功率是否对等。若对初始潮流结果不满意，则调整初始条件重新验证；若结果满意，则培训就可从此初始潮流上开始。关于事件表中所设事件的有效性、可用性和适宜性，由教员用培训仿真系统进行预演来观察验证。

3）各种教案的合法性和有效性由初始潮流计算来校核，若潮流分布不满足仿真要求，允许对其进行编辑修改，直至满意为止。提供对潮流方式的一些初步分析统计结果，并提供越限监视告警信息。初始频率可设置。

4）提供对初始方式的校验功能。包括一次方式的校验和二次系统的校验。一次系统校验主要包括检查隔离开关的状态，特别是旁路开关、母线开关等的状态，以及元件参数校验、遥测量越限状态等。二次系统主要检查保护的配置及整定值情况。通过这些检查并更正相应错误可以有效保证培训过程的准确性和连贯性。

3. 培训监视功能

DTS的培训过程由教员控制，教员同时作为下一级厂站调度员来接收、检查和执行学员下达的调度操作命令。在培训过程中教员可以根据需要随时插入事件，还可通过电话向学员汇报现场情况。DTS提供各种友好而方便的人机界面，供教员在培训中设置事件以及充当厂站值班员执行学员下达的调度命令。

DTS提供的教员台和学员台有完全相同的全部厂站接线图和网络单线图，可监视学员操作结果。此外，教员台还可显示学员对电网的遥控遥调命令。学员错误操作结果可在教员台和学员台上正确显示。误操作监视包括不符合安全规程的各种操作，如带负荷拉隔离开关、带负荷合隔离开关、带电压合接地开关、带接地开关合断路器、用隔离开关充空载线路或变压器、带电挂地线、带电拆地线、强送至永久故障上、将开关合于永久故障点造成事故扩大等。

在教员台可方便地查询各种信息，以保证教员有足够的信息来指导和监视培训进程。

4. 教员台动态拓扑着色功能

拓扑着色是根据断路器、隔离开关的实时状态，确定系统中各种电气设备的带电、停电、接地等状态，并在系统单线图和厂站图上用不同的颜色表示出来。在DTS教员台提供完善的网络拓扑分析功能，可处理任意接线方式的厂站，根据电力系统中断路器、隔离开关的开/合状态来确定电气连通关系，确定拓扑岛。具体功能如下：

（1）不带电的元件统一用一种颜色表示。

（2）接地元件统一用一种颜色表示。

（3）正常带电的元件根据其不同的电压等级分别用不同的颜色表示。

（4）不带电、接地及不同电压等级的颜色都可以由用户定义，系统提供了非常方便的修改工具。

（5）网络着色自动启动。当电网的运行状态发生改变，导致一部分电气元件和电气设备不带电或恢复带电时，系统能根据连接数据和实时数据计算电力系统各线路段的带电状态，并立即在相应的画面上用不同的颜色来表示网络中电气元件和电气设备。

（6）系统能自动着色的画面包括厂站单线图和电力系统网络图。单线图上的开关状态可以人工进行更新改变。

（7）可以选择不自动进行拓扑着色，改由人工触发，或选择去掉拓扑着色功能。

5. 培训评估功能

DTS 具有以下对培训结果及 EMS 仿真效果进行分析和评估的功能。

（1）可以实现培训评估：报告系统的功率、电压、电流和频率越限的情况、失负荷情况、失电量情况、网损情况、恢复事故所用时间等，以供教员在评估学员水平时参考。通过画面或表格形式给出以上情况。

（2）能给教员提供各种统计信息，包括：全网、地区及各厂站中各种电力设备的安装情况，各电压等级下的电力设备安装情况；全网、地区和各厂站中自动装置安装情况，全网和各开关上继电保护安装情况；系统中遥控设备情况，系统中遥调设备情况；运行中各子系统的频率、出力和负荷情况；各厂站出力和负荷总加，各类元件、各电压等级的有功/无功功率损耗排序，各条线路的有功/无功功率损耗排序，各台变压器的有功/无功功率损耗排序；仿真中各元件潮流、电压越限的历史记录，系统频率越限纪录；仿真过程中学员调度操作的记录表，教员操作的记录表，误操作记录表，母线停电记录表，自动装置动作记录表，继电保护动作记录表。

（3）教员可根据培训教案的难易确定基准分，可人工输入培训评价及分数。综合考虑培训过程中失去的总负荷量、总电量、越限统计、事故扩大统计、错误操作、操作次数、操作次序、印象分等，对学员做出分数评价。印象分由教员给定，主要反映 DTS 无法计及的因素，如反应速度、正副值之间的配合、紧张程度、调度术语、向上级调度汇报等。也可以提供自动评分功能，即计算机根据培训过程中电网运行的供电可靠性、安全性、电能质量、经济性等几个方面的调度失误情况，以教员给定的标准操作为基准自动分门别类打分，并给出评估报表报告。评估报表内容包括：

1）由教员设置的事件。

2）保护及自动装置动作情况。

3）教员在培训中的各种操作。

4）学员自己的控制和调节操作以及要求其他控制中心调度员和厂站值班员进行的操作。

5）AGC遥控遥调命令。

6）培训操作所引起的电压、潮流、频率等越限情况、机组切停数量、负荷丢失和少供电数量、故障恢复过程所用的时间等。

6. 培训快照回顾功能

DTS提供网络断面快照功能，能自动、手动保存培训过程。快照分自动快照（完全由程序自动实现）和人工快照（需要手动触发）两种，自动快照又包括周期自动快照、事故快照、变位快照、操作快照等，可确保培训过程中任何细小变化都可以被一一记录下来。周期自动快照的自动保存周期可以设定。

培训结束后，可实现培训过程重演，对培训过程中的快照可按指定的时间段和周期逐一予以播放。可以全过程重演，也可以从任意断面处开始重演。重演时将快照文件由磁盘调入计算机的内存中，快照可以单帧连续返送至内存，全部有动态数据的画面都可以看快照数据及其变化过程，就像在培训中所看到的一样，重演可以快放和慢放。对动态仿真过程还可以复现培训阶段存储的任一动态曲线。

可以通过调节快照回顾周期来加快或放慢或等比重演培训过程，在重演过程中按照指定速率处理事件和动态数据的生成与处理周期。重演过程的时间缩放比在1∶1至1∶10之间可调。

第五节 调度计划类应用

调度计划类应用涵盖预测、检修计划及发电计划应用多个方面。这些功能模块的协同作用，使得调度计划能够更加精确、高效地满足电力系统的实际需求，提升电网的安全运行水平，创造经济效益，并提高大电网的驾驭能力。

一、预测应用

鉴于电力的非储存性特征，其生产必须紧密跟随消费需求，即需即供。电力负荷持续波动，特别是在我国大多数电网中，日、周、年周期内的负荷峰谷差距逐年扩大。为应对此类变化，电力生产的调节能力必须相应提升。当负荷波动较小时，通过调整发电机组出力即可应对；而当面对更大的负荷波动时，则需启停机组以维持供需平衡。同时，对于负荷的逐年增长，必须及时投入新的机组，以避免电力短缺现象。电力负荷预测是实施控制、运行计划以及发展规划的关键前提。要掌握电力生产的主动权，负荷预测工作的精确性至关重要。

（一）系统负荷预测

1. 概述

系统负荷预测功能模块通过对历史负荷变化规律和各种相关因素的定量分析，提供多种分析预测方法，实现对 5min 至 1h 和次日至未来多日各时段系统负荷的预测。

建立在智能电网调度技术支持系统统一支撑平台上的系统负荷预测功能，是调度技术支持系统最基础的应用之一，在经典算法的基础上不断创新，结合智能电网的发展需求和最新分析预测理念，引入负荷分析和智能预测技术，极大地丰富了负荷分析的手段，提高了预测的准确性。

系统负荷预测模块数据及逻辑关系如图 2-40 所示。

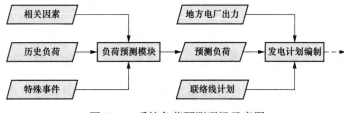

图 2-40　系统负荷预测逻辑示意图

2. 主要功能

（1）实现了负荷数据、气象数据等多种数据的自动获取，自动识别历史数据异常，并提供异常数据提示和自动修正功能，以及异常数据人工修正功能。

（2）短期预测模块利用成熟的技术手段，提供实用有效的预测算法，对各因素对预测误差的影响进行分析和反馈，根据分析结果自动调整预测算法及其权重；超短期预测模块则对各算法的预测误差的影响进行分析，根据分析结果直接选择最优的预测算法。

（3）短期预测模块考虑了各种类型的日期模型（如工作日、周末和假日等）对负荷的影响，根据不同的日期类型设计相应的预测模块和算法。

（4）具备系统负荷预测与母线负荷预测总加进行相互校验功能，并能根据设置的阈值对结果进行自动修正。

（5）分析模块利用频域分解等方法对负荷的成分、波动性、稳定性等方面的特性进行分析，具备对可能预测精度的评估功能。

（6）通过对历史上负荷数据与气象数据的相关性进行挖掘，分析模块可以得到负荷对气象的灵敏度。

（7）短期预测模块考虑各种气象因素对负荷变化的影响，具备基于分时气象信息的负荷预测功能。

（8）在对预测结果进行误差分析计算及评价时，考虑豁免等因素，具备对大误差点产生原因进行分析的功能，并可方便查询历史日、月度预测的准确率和合格率的误差分析结果以及历史运行信息。

（二）母线负荷预测

1. 概述

随着电力系统电网规模的不断扩大和自动化水平的不断提高，电力部门迫切需要提高驾驭大电网的能力，因而对未来方式的精细化管理也提出越来越高的要求。在安排日前发电计划和检修计划时，必须考虑安全因素，对计划进行安全校核计算，检查计划运行方式下，系统有无阻塞，是否出现运行设备和稳定断面的越限，及时调整发电计划。研究未来时段的计划运行方式，首先要解决的是需求分析，分析未来用电负荷情况，不仅需要传统系统负荷预测提供的总量信息，更重要的是需要这些用电负荷的分布情况，即进行母线负荷预测。

母线负荷预测是分析和预测电网各节点电力需求的系统功能，能提供多种分析预测方法，深入分析母线负荷变化与气象及运行方式等影响因素间的关系，预测未来 5min 至 1h 以及次日至未来多日每时段的母线负荷，其预测范围至少涵盖调度管辖范围内所有 220kV 变电站主变压器高压侧、电厂升压变压器中压侧。

2. 主要功能

（1）通过基础平台，自动即时获取需要的母线负荷定义及其所属区域和厂站的层次关系，形成以负荷组为实体的母线负荷模型。

（2）实现了母线负荷数据、气象数据等多种数据的自动获取，自动识别历史数据异常，并提供异常数据提示和自动修正功能，以及异常数据人工修正功能。

（3）短期预测模块利用成熟的技术手段，提供实用有效的预测算法，对各因素对预测误差的影响进行分析和反馈，根据分析结果自动调整预测算法及其权重；超短期预测模块则对各算法的预测误差的影响进行分析，根据分析结果直接选择最优的预测算法。

（4）短期预测模块考虑各种类型的日期模型（如工作日、周末和假日等）对负荷的影响，根据不同的日期类型设计相应的预测模块和算法。

（5）具备系统负荷预测与母线负荷预测总加进行相互校验功能，并能根据设置的阈值对结果进行自动修正。

（6）分析模块利用频域分解等方法对负荷的成分、波动性、稳定性等方面的特性进行分析，具备对可能预测精度的评估功能。

（7）通过对历史上母线负荷数据与气象数据的相关性进行挖掘，分析模块可以得到母线负荷对气象的灵敏度。

（8）短期预测模块考虑各种气象因素对负荷变化的影响，具备基于分时气象信息的负荷预测功能。

（9）在对预测结果进行误差分析计算及评价时，考虑豁免等因素，具备对大误差点产生原因进行分析的功能，并可方便查询历史日、月度预测的准确率和合格率的误差分析结果以及历史运行信息。

（三）技术特点

作为调度技术支持系统的最基本的应用之一，预测应用经过近年的试点和推广，发展较快，已经成为电网调度运行不可或缺的技术手段。预测功能的研发充分借鉴了电网调度自动化领域多年积累的设计、研发和工程运维的经验，吸收和继承了以往多套主流系统的优秀功能，考虑智能电网的发展需求，总体上遵循稳定可靠、智能高效的原则，提供丰富齐全的基本功能，可充分适应国、网、省级系统负荷预测应用需求，具有如下一些技术特点：

（1）预测过程的智能化。预测前，通过定时对历史日母线负荷数据进行模拟预测，得到各种预测模型的平均误差，然后选择平均误差最小的预测模型作为当前母线的预测模型，从而实现预测模型的自适应；预测时，考虑未建模小电源运行方式、负荷转供、设备检修等因素对母线负荷影响，实现负荷转移的自动化；预测完成后，对预测结果进行识别分析，得出可疑预测结果列表，便于调度人员及时完成相关调整。

（2）负荷分析的多视角。负荷预测功能的负荷分析模块实现了负荷特性分析、负荷相关系分析和负荷稳定性分析的有机结合，便于调度人员从多角度对母线负荷特性进行分析，把握母线负荷内在的变化规律，为人工修改预测结果提供理论依据。

（3）人机界面的友好性。负荷预测功能提供了全新设计的人机交互界面，供调度人员浏览各类负荷数据和气象数据，查看各类负荷分析数据；提供了基于 E 文件导出机制，可以方便地交互各类符合规范的负荷数据、误差数据和气象数据。

二、检修计划应用

（一）概述

电网规模化发展后，电网设备已达到相当规模的水平，设备的种类千差万别，各类设备的运行环境和运行情况也差异较大，各类设备的生命周期和检修周期不尽相同。另外，基建和技改也需要不定期安排某些设备停电，会引起到电力系统运行方式的变化，有可能影响电力系统的安全经济运行。因此，合理安排检修，并对检修计划进行安全分析、优化调整有着重要的意义。

检修计划功能模块接收设备检修申请，对周、日、临时各周期检修计划进行静态全维度安全校核分析和充裕度评估，并根据安全校核和充裕度评估分析结果，对检修计划进行优化编制，合理、科学地安排周日、临时检修计划，统筹设备检修管理，降低设备检修对电网安全、经济运行的不利影响，提高电网安全供电水平和资源优化配置能力。

（二）主要功能

检修计划应用基于全局数据库，根据计划编制时间形成对应的计算场景，充分利用系统服务总线，与安全校核、发电计划编制等应用模块实现无缝对接，主要实现对检修计划的基态、静态、暂态、动态多维度一体化安全校核，安全评估分析和检修计划优化。

应用总体结构如图 2-41 所示，主要包括检修申请接入模块、检修计划管理子模块、检修计划评估优化子模块、检修计划申请审批子模块、发电计划编制子模块、安全校核子模块、案例创建子模块等调用系统服务。检修申请接入子模块负责接入从 OMS 发送的检修；案例创建子模块实现从全局数据库进行数据抽取，形成检修计划编制案例；检修计划管理子模块的功能是完成周、日、临时检修计划的查询调整；发电计划编制子模块用于在考虑检修申请的前提下，编制检修计划安全校核的发电计划；安全校核子模块分别对检修计划进行静态、动态和暂态安全校核；检修计划评估优化子模块对检修方式下的系统充裕度进行评估，提出优化辅助决策；检修计划申请审批子模块的功能是实现检修计划网络发布、检修计划的审批流转。

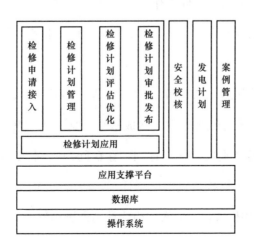

图 2-41　检修计划应用总体结构示意图

检修计划应用与安全校核类应用紧密配合，共同实现检修计划的优化安排和可行性验证。通过安全校核的严格验证，应用对检修计划进行精细化调整，确保计划既符合优化原则，又能满足电网的安全运行要求。

在数据管理方面，检修计划应用支持检修申请及相关附件的信息导入和保存。用户可以通过简单的操作，将检修计划数据快速导入应用中进行统一管理。同时，检修计划应用还提供数据备份和恢复功能，确保数据的安全性和可靠性。这种严谨的数据管理方式，为用户提供了更好的操作体验和数据保障。

此外，检修计划应用还具备检修申请的分组功能。对于需要配合关系的不同设备检修申请，用户可以通过设置关联关系，实现这些申请的协同处理。这有助于提高工作效率，减少重复劳动和资源浪费。同时，检修计划应用还提供了排序功能，以满足有先后顺序要求的设备检修申请的灵活调整需求。这种灵活的操作方式，为用户提供了更多的选择。

在特殊时期的保电工作中，检修计划应用允许用户对禁止检修时间进行手动设置。这一功能有助于用户合理规划检修时间，确保电网在关键时刻的稳定运行。

最后，检修计划应用通过实现上下级调度间以及本级调度内部各系统之间的检修计划数据共享，促进了数据的高效利用和协同工作。这种数据共享模式有助于打破信息孤岛，加强调度系统内部的沟通与协作，进一步提升整个电网的运行效率和可靠性。通过实施流程化管理、与安全校核类应用的协同工作以及灵活的数据管理和共享功能，统筹设备检修管理，降低设备检修对电网安全、经济运行的不利影响，提高电网安全供电水平和资源优化配置能力。

检修计划制定的流程如图 2-42 所示：检修申请在 OMS 中申报和发布，申报的检修申请首先进入全局数据库，经过数据抽取，形成检修计划编制的案例，针对该案例进行安全校核、评估优化，校核通过则批准检修计划，存在问题则调整检修计划或者控制负荷后，再循环计算，直至形成安全校核通过的检修计划，通过 OMS 发布，执行完毕的检修项目（包括临修）反馈回本应用模块，对后续的检修计划做滚动修正，各个阶段可方便地进行人工干预和校正。

计划、审核、批准三个环节均应能执行检修计划的循环制定、优化、安全校核过程，人工干预后进入下一流程，批准流程完成后才能进入发布流程。

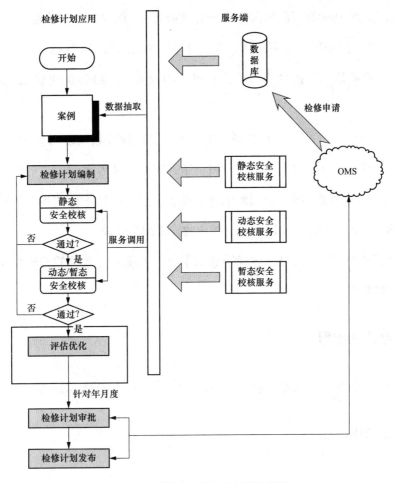

图 2-42　检修计划应用流程示意图

(三) 技术特点

(1) 基于负荷供应充裕度的检修计划评估分析。在安全校核的基础上,计算负荷供应充裕度,评价在设定的检修计划模式下,各负荷需求供应的充足程度和系统发电能力和备用能力评估。

(2) 基于负荷供应充裕度评估指标和安全校核结果的检修计划优化辅助决策。采用基于负荷供应充裕度指标和安全校核结果的检修计划优化辅助决策,给出了检修计划优化调整建议。

(3) 检修计划断面智能生成。检修计划应用以当前的电网实时运行方式为基础,调用相关服务模块,自动生成电网安全校核计算所需断面数据,并根据安全校核需要,调用发电计划编制服务，编制满足当前检修申请和电网安全约束的初始发电计划。

（4）检修计划与 OMS 的协调运作。检修计划应用实现与 OMS 的协调运作，自动接收来自 OMS 的检修申请，并提示用户，检修申请的校核、审批和优化建议自动送往 OMS 系统。

（5）检修计划流程可控、界面友好、操作方便。检修计划编制过程中牵涉过程较多，尽管校核、评估优化计算时间大大缩短，但由于计算流程随着用户需求的变化而变化，检修计划增加了总控台功能，用于协调发电计划编制、安全校核和评估优化的运行，随时监视校核和评估优化计算的过程，以便进行相应的控制调整处理。

在界面上多使用图形、表格、曲线等展示手段，方便进行数据的修改操作，修改过程中自动更新关联数据。

三、发电计划应用

发电计划应用包括日前发电计划、日内发电计划和实时发电计划功能。

（一）日前发电计划

1. 概述

日前发电计划功能根据日检修计划、交换计划、负荷预测、网络拓扑、机组发电能力和电厂申报等信息，综合考虑系统平衡约束、电网安全约束和机组运行约束，采用考虑安全约束的优化算法，编制满足"三公"（公开、公平、公正）调度、节能发电调度和电力市场等多种调度模式需求的日前机组组合计划、出力计划。日前发电计划编制范围为次日至未来多日每日 96 个时段（每时段为 15min）的机组组合计划和出力计划。

日前发电计划涉及电厂和调度中心多个部门，以及上下级电网公司，因此日前发电计划的流程可以从两个层面来分析：首先从日前发电计划编制中多个成员间的数据交换和业务协作的层面分析日前发电计划的业务流程；其次是从发电计划编制评估计算层面分析日前发电计划编制的内部流程。

从多个成员间的数据交换和业务协作方面分析的日发电计划业务流程如图 2-43 所示。

日前发电计划编制前，首先需要了解次日电网的供需情况。在获取次日负荷需求预测

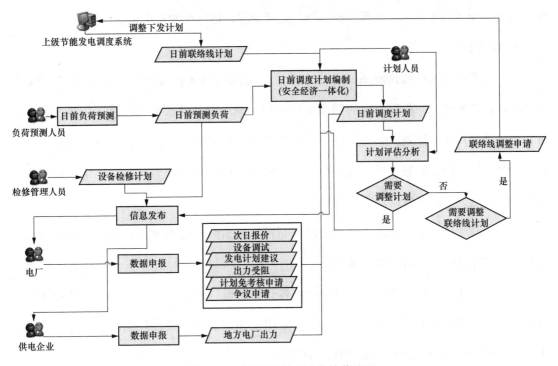

图 2-43　日前发电计划业务协作流程

后，需要了解上级电网企业制定的跨省跨区联络线计划。由于各级电网企业都在同步制定次日发电计划，因此最初获取的联络线计划并非最终结果，也可以根据自身发电计划编制和发供电平衡情况，申请上级电网企业调整联络线计划，因此，各级电网企业的发电计划编制过程密切相关，需要多级调度协调运作。

此外，需要从检修管理部门获取次日相关的设备检修计划，并向电厂和下级电网企业发布。电厂在要求时间范围内，向调度中心提交次日报价数据、设备调试计划、发电计划建议、出力受阻申请。供电企业申报地方电厂的汇总发电计划。

根据预测信息和申报信息，按照设定的优化目标，考虑电网安全、机组运行、燃料库存和污染物排放等约束，编制次日发电计划，并对发电计划进行安全性和经济性评估。在计划优化编制的基础上，根据非闭环安全校核结果，以及其他优化算法未能考虑的信息，对发电计划进行人工调整。如果调整后的计划还不能满足电网安全运行要求，存在较大的发供电缺口，则向上级调度部门提出联络线计划调整申请，并根据调整后的联络线计划重新进行计划编制，并将最终计划向电厂等成员发布。

电厂根据掌握的信息，可以对发电计划提出争议，调度中心对争议信息进行确认和处理。对于日计划的考核，电厂可根据自身的实际情况，提出免考核申请。

2. 编制步骤

（1）首先从日前负荷预测系统获取未来选定时间范围内各时段的系统负荷需求预测、母线负荷需求预测，并获取相应的网间交换计划、辅助服务需求和设备（主要是机组、线路和变压器等）检修计划。此外，获取机组月度电量计划和月度已完成发电量累计、电厂日前竞价申报、辅助服务申报、机组初始启停状态、机组初始出力计划、机组减出力计划和机组固定出力计划等数据。

（2）获取用于日前发电计划编制的网络断面，根据设备检修计划，自动生成各时段网络拓扑，并计算各时段的灵敏度系数。

（3）根据网络模型注册信息，自动生成各计算时段机组安全约束条件、电网安全约束条件、燃料库存约束条件、环保约束条件，采用线性规划或非线性规划算法，计算目标最优的日前机组组合、机组出力和辅助服务安排。

（4）对步骤（3）形成的机组日前发电计划进行预想故障分析，包括基态安全校核分析、$N-1$安全校核分析和预定义故障集安全校核分析，如果发现有新的越限，则计算各发电节点对越限元件的灵敏度，并形成新的约束条件，回到步骤（3）计算。

（5）安全校核通过后，形成符合电网安全约束要求的机组日前发电计划。可以人工调整各发电机组的日前计划，并提供各种可视化辅助调节手段。

（6）被调整机组发电计划固定后，重新进入日前发电计划优化编制，计算剩余机组发电计划，并对调节计划进行安全校核，直至满足所有约束条件。

（7）为进一步提高日前发电计划的安全校核强度和可执行能力，将人工调节并通过校核的日前发电计划发送到暂态安全校核和动态安全校核系统，对发电计划进行暂态和动态安全校核，此时安全校核的结果不再自动进入日前发电计划编制，而由使用人员根据校核结果修正日前发电计划编制的约束条件，决定是否重新进行日前发电计划编制。

（8）对日前发电计划进行评估分析，比对分析多个计划方案的机组总发电量变化、机组各时段电量分配比例变化、机组收益变化、全网购电费用变化、节能减排效果等指标。

日前发电计划编制基于案例进行数据准备、发电计划优化、安全校核、人工干预和评估分析，日前发电计划案例结果经审批发布后作为正式计划进入生产环节。

（二）日内发电计划

1. 概述

日内发电计划编制功能与日前发电计划编制功能相似，根据最新的电网运行方式变化、机组运行状态变化和负荷需求预测，参照日前发电计划，编制未来 30min 至未来多小时多个时段的联络线和机组发电计划，日内发电计划的时段间隔为 15min。日内能够自动计算机组出力计划，但不对机组组合状态进行自动调整，即只包括机组经济调度功能，不包括机组组合功能，但能够根据当前机组组合状态和系统负荷需求预测，自动评估计算时间范围内是否满足系统旋转备用和调节备用要求，当不能满足备用要求时能够告警提示，允许人工调整机组组合计划。在计划编制中考虑输电断面安全约束、指定输电元件安全约束。

日内发电计划支持节能调度、电力市场、"三公"调度三种调度模式。日内发电计划与日前发电计划不同，日内发电计划支持滚动计算的模式，因此，对于每一次计算，各部门之间的协作并不需要严格按照一定的次序，不过每个部门的业务操作结果会自动进入下一个滚动执行环节。

2. 编制步骤

（1）首先从日前负荷预测系统获取未来选定时间范围内各时段的最新系统负荷需求预测、母线负荷需求预测，并获取相应网间交换计划、辅助服务需求和设备（主要是机组、线路和变压器等）检修计划。此外，获取机组月度电量计划和月度已完成发电量累计、电厂日前申报、机组初始启停状态、机组初始出力计划、机组减出力计划和机组固定出力计划等数据。

（2）获取用于日内发电计划编制的网络断面，并根据设备检修计划，自动生成各时段网络拓扑。

（3）根据网络模型注册信息，自动生成各计算时段机组安全约束条件、电网安全约束条件、燃料库存约束条件、环保约束条件，计算目标最优的日内机组组合（如果时间范围很短，则不安排机组启停）、机组出力和辅助服务安排。

（4）对步骤（3）形成的机组日内发电计划进行安全校核，包括基态安全校核分析、$N-1$ 安全校核分析和预定义故障集安全校核分析，如果发现有新的越限，则回到步骤（3）

计算。

（5）安全校核通过后，形成符合电网安全约束要求的机组日内发电计划。可以人工调整各发电机组的日内计划，并提供各种灵活辅助调节手段。

（6）被调整机组发电计划固定后，重新进入日内发电计划优化编制，计算剩余机组发电计划，并对调节计划进行安全校核，直至满足所有约束条件。

（7）为进一步提高日内发电计划的安全校核强度和可执行能力，将人工调节并通过校核的日内发电计划发送到暂态安全校核和动态安全校核系统，对发电计划进行暂态和动态安全校核，此时安全校核的结果不再自动进入日内发电计划编制，而由使用人员根据校核结果修正日内发电计划编制的约束条件，并决定是否重新进行日内发电计划编制。

（8）对日内发电计划进行评估分析，比对分析多个计划方案的机组总发电量变化、机组各时段电量分配比例变化、机组收益变化、全网购电费用变化、节能减排效果等指标。

（三）实时发电计划

1. 概述

实时发电计划根据实时交换计划、超短期系统负荷预测、超短期母线负荷预测、电厂实时申报和电力系统实时运行等信息，参照日前发电计划和日内发电计划结果，综合考虑电力系统功率平衡约束、电网安全约束和机组运行约束，采用优化算法智能计算满足"三公"调度、节能发电调度和电力市场等多种调度模式需求的机组实时发电计划。实时调度计划只在运行机组间分配负荷，不对机组进行启停调整，但能够根据当前机组组合状态和系统负荷需求预测，自动评估计算时间范围内是否满足系统旋转备用和调节备用要求，当不能满足备用要求时能够告警提示。

实时发电计划集中优化编制未来 $5\sim30\text{min}$ 的发电计划，计划的时段间隔为 5min；实时发电计划可通过实时监控与预警类应用的 AGC 功能下发给机组执行。实时发电计划编制中需要考虑更多的控制相关约束，如机组启停约束、机组震动区约束、机组调节死区约束等。

与日前发电计划和日内发电计划相比，实时调度需要考虑的时段更少，实时性要求更强，计算结果将直接用于发电调度。实时调度滚动计算下一个时段，或者间隔时段的发电计划，支持滚动计算的模式。在每一次实时发电计划中，对每一次计算，只有超短期负荷预测需要严格按照时序进行，其他各部门之间的协作并不需要严格按照一定的次序，不过每个部门的业务操作结果会自动进入下一个滚动执行环节。

实时发电计划计算的启动模式分为三种，分别是周期自动计算、事件触发计算和人工启动计算。在周期自动计算模式下，以 5min 为周期自动启动实时发电计划计算，计算周期可以根据实际需求进行调整。

在事件触发模式下，触发原则主要包括：

（1）系统负荷预测与上次使用的负荷预测相差超过一定比例，或者相差超过一定数值时，自动启动实时计算。

（2）当发现机组运行状态发生变化时，如机组停机或者启机时，自动启动实时计算。

（3）当线路运行状态发生变化时，自动启动实时计算。

此外，可以人工随时启动实时发电计划编制计算。

2. 编制步骤

（1）首先从超短期负荷预测系统获取未来选定时间范围内各时段的最新系统负荷需求预测、母线负荷需求预测，并获取的实时网间交换计划、辅助服务需求和设备（主要是机组、线路和变压器等）检修计划。此外，获取机组实时申报、辅助服务申报，以及状态估计后的机组当前运行状态、机组实际出力、机组减出力计划和机组固定出力计划等数据。

（2）获取已生成的各机组当前日内发电计划，或者日前发电计划。

（3）获取当前网络断面，并根据设备检修计划，自动生成各时段网络拓扑。

（4）根据网络模型注册信息，自动生成各计算时段机组安全约束条件、电网安全约束条件，采用线性规划或非线性规划算法，计算目标最优的实时机组出力计划和辅助服务安排。

（5）对步骤（4）形成的机组实时发电计划进行安全校核，包括基态安全校核分析和预定义故障集安全校核分析，如果发现有新的越限，则回到步骤（4）计算。

（6）安全校核通过后，形成符合电网安全约束要求的机组实时发电计划。可以人工调整各发电机组的实时计划，并提供各种灵活辅助调节手段。

（7）实时计划人工调整后发送到自动发电控制系统，通过自动发电控制通道下发电厂，控制各机组发电，对于不具备 AGC 调节能力的机组，采用专用通道下发电厂。

（8）对实时发电计划进行评估分析，分析日前发电计划、日内发电计划和实时计划中机组总发电量变化、机组各时段电量分配比例变化、机组收益变化、全网购电费用变化、节能减排效果等指标。

实时发电计划大部分功能与日前、日内发电计划编制类似，不同之处在于：在自动周期计算模式下，按照设定周期自动调用数据准备和实时发电计划编制服务，计算最新实时发电计划。

在触发计算模式下，定时采集最新系统负荷预测，判断与上次负荷预测的偏差，偏差超过一定比例或者限值时自动调用数据准备和实时发电计划编制服务，计算最新实时发电计划。定时采集机组实时运行状态和机组出力，如果机组原来有计划安排，而当前机组为停机状态，自动调用实时发电计划编制；如果原来机组为停机，而当前机组为运行状态，则自动调用实时发电计划编制。当部分重要监视设备状态切换时，也允许自动启动实时发电计划编制。实时发电计划自动触发逻辑参考日内发电计划触发逻辑讨论结果。触发计算的频率为 1min（最高频率支持 10s 计算）。

第六节　调度管理应用

调度管理系统作为保障电网调度规范化、流程化和一体化管理的重要技术支撑手段，特别是随着"大运行"体系的深入建设，电网调度组织架构与业务模式的变化对调控管理业务提出了集约化、扁平化、专业化管理需求。通过调度管理系统，有效利用信息化手段严格按照要求，在调度综合业务平台的基础上，实现对生产业务的全方位一体化管理，提高信息化水平、管理水平和工作效率，并最终实现调度机构各专业之间、各级调度之间及调度机构与其他生产部门之间管理的标准化、规范化、一体化。

一、OMS

OMS 在坚持统一制度、分组管理的原则下，实现电力调度集约化管理，围绕三大规程来规范专业管理，建立省、地、县调统一的业务模式，整合应用系统，消除信息孤岛，实现信息的互联互通，省、地、县调信息的上传下达畅通无阻，实现各专业之间业务信息共享，加强电网调度业务中各专业的协同工作能力，实现优势资源的整合，充分体现资源的聚合性与管理的协同性，实现集团利益最大化的目标，建立标准化、一体化的调度业务管理流程，对各级调度专业业务进行规范化管理，并强化对各流程科学、高效的优化、完善及纠错机制。从经验型调度向定性、定量的分析型精益化调度转变，通过对电网运行控制类、调度计划类、统计分析类等指标的分析和评价，形成对电网控制精确性和运行方式安排科学合理性的闭环反馈机制，实现对电网运行精益化管理，确保电网安全稳定运行。

（一）调控运行

本模块包括调度类的调度值班日志、零点报表、并网调度协议管理、持证上岗、调控基础信息报送、调度预案等功能。

（二）调度计划

本模块包括停电计划管理、风险预警区调流程、风险预警地调流程、风险预警单、负荷预测等功能。

（三）系统运行

本模块包括低频低压减载装置、新设备投产启动、运行方式管理、系统处业务通知单、电压合格率、厂站命名、线损功能等功能。

（四）继电保护

继电保护管理有定值单管理，通过系统支撑平台的工作流管理实现保护安全自动装置定值单的编制、审核、批准、执行、作废的流程化管理功能，还包括保护业务通知单、地调风险预警、保护反措管理、保护缺陷管理等功能。

（五）调度自动化管理

调度自动化管理有自动化检修管理，通过系统支撑平台的工作流管理实现自动化设备检修的申报、审核、批准、发布、归档等的流程化管理功能，还包括自动化专业标准化风险控制卡、自动化设备缺陷管理、自动化信息接入管理等功能。

(六) 网络安全

本模块实现安全防护人员备案、运行值班管理、等保测评及网络安全零汇报等方面的管理。

(七) 综合管理

本模块实现文档资料管理、通知管理及分布式光伏接入准确率等方面的管理。

(八) 公共

本模块主要包括调控专业项目执行情况、基层业务联系单和"三维三化"等功能。

二、CSM系统

网络安全专业管理（CSM）系统基于调控云平台建设，采用分布式部署模式，强化同质化管理，在省地云进行二级部署，并通过和网厂信息交互平台联通，实现网络安全专业数字化管理"纵向到底"，将网络安全专业管理范围进一步延伸至地县调和发电厂，实现网安数据、业务的国、省、地、厂的多级一体化管理。

(一) 工作台

工作台主要是以支撑工作高效开展为目标，设立了待办、信息公告、工作重点、网络安全快报、重要文件、培训资料、值班信息、交接班等功能模块，并支持按照角色、组织不同设置了主站工作台、厂站工作台、值班员工作台三种形式，从不同工作视角出发提供了差异化服务，以支撑工作的快捷开展。

(二) 技术管理

1. 文资库管理

网络安全文资库管理主要是网络安全专业的政策法规、技术标准、日常工作资料和文档的管理，包含知识搜索、知识目录管理、贡献总览、文档审核、知识检索等管理功能，提高网络安全专业资料和知识的全过程记录、分析、传播能力。

2. 策略/证书管理

策略/证书管理主要对电厂的策略/证书进行线上化管理，形成申请、审批、执行、追溯的全闭环流程，支持纵向加密、防火墙、隔离策略申请，支持Ⅱ型设备证书、人员证书、程序证书的申请与下载。

3. 文档管理

文档管理功能定位为网络安全网盘，为各级单位的日常资料备份留痕、集中管理、工作交接等提供直接服务，支持个性化目录定义、目录管理、文档上传、文档查看、文档下载、下载记录等常见网盘基础能力。

4. 两案管理

两案（应急方案与处置方案）管理主要对各级机构的应急预案、现场处置方案结构化承载，同运行值班、告警处置流程结合，在风险发生时快速匹配相应处置流程、处置方案、处置人员等节点，全面提高风险应急处置的时效性。

（三）设备管理

1. 安防设备管理

安防设备管理主要聚焦摸清网络安全资产家底，对 6 类安防设备、3 大安全应用进行统一管理，对网络安全设备概况进行可视化图表分析展示，对安防设备档案进行设备详情展现并可调取设备卡片进行可视化查看，对超级老旧设备管理进行统计和图表展现并可调取相应卡片进行分析。

2. 备品备件管理

备品备件管理主要包括备品、备件需求计划、存量备案、调用流程、调用信息归档等系列功能，以线上化形式完成需、备、调、用、管全流程的留痕与支撑工作开展。

3. 关基管理

关基管理主要包括关基人员管理、关基设备管理、关基系统管理、关基供应商、关机档案管理、拓扑图等部分，以达到"五个清楚目标"，即人员清楚、设备清楚、系统清楚、供应链清楚、网络清楚。

4. 设备盘点

设备盘点模块以监测能力验证评估工作为基础，常态化对调控云和平台设备进行盘点和信息比对，并逐渐填充验证评估检查项等内容，满足设备一致、信息一致、白名单清晰、敏感信息二次认证等要求。

5. 便携式运维网关管理

便携式运维网关管理模块主要是加强电力监控系统便携式运维网关的集中管理，借助CSM应用实现针对便携式运维网关工单、告警、报告及安全评估的闭环管理能力，并能及时掌握厂站侧便携式运维网关的实际使用情况。

（四）运行管理

1. 值班运行管理

值班运行管理是支撑网络安全值班员值班的主要模块，具有值班工作台、排班管理、值班员管理、交接班管理（值班日志）、工作备忘录、值班信息管理、上下级值班人员展现等一系列功能。

2. 告警处置管理

告警处置管理是为值班所设置，将网络安全监测平台发生的告警按需（可选择、可多条合并）下发到主站或厂站进行处置并线上化进行监督、督促、反馈、归档闭环管理，用以提高告警处置的效率和确保工作留痕。

3. 工作信息填报

工作信息填报是日常信息收集、重点工作跟进、运营月报等工作的支撑工作，线上化联动省、地、厂进行信息填报，并支持自定义信息收集字段、工作下发、工作监督、工作督促、工作反馈、信息自动统计汇总等信息收集闭环能力。

4. 重大活动保障

重大活动保障是在重大活动发生前，线上化承载网络安全专业活动保障工作，包括重大活动保障项目建立、事前的隐患排查、事中每日的安全保障零汇报、每日的汇报归档和简报总结、活动总结方案等功能。

5. 风险预警管理

风险预警管理是按国调规划将安全漏洞、安全缺陷进行合并，支持国调风险预警单（漏洞通知单、缺陷通知单）接收、预警单转发、可自定义收集放入风险问题项、风险督办催办、风险跟踪、风险处置的闭环管理，风险预警管理实现了网络安全专业风险预警类工作线上化流程追踪、线上化工作留痕、线上化工作追溯的目标。

(五) 队伍管理

1. 人员备案管理

人员备案管理是针对网络安全从业人员的线上化人员备案审查、人员注销等的闭环管理，包括人员备案申请与审核、人员考试成绩录入、人员备案信息查询、人员注销等功能。

2. 考试培训

考试培训是集成了人员能力培养与人员能力认证为一体的专题模块，其主旨是针对网安从业人员进行线上化培训、线上化从业资格考试、线上化从业证书颁发的综合性能力培养认证模块，功能包括培训课程库管理、在线培训学习模块、考试库管理、在线考试模块、从业资格证书签发等。

3. 网络安全队伍管理

网络安全队伍管理是国调统一规划模块，按国调规划提供队伍划分维护、队伍展现功能，以及对于网络安全专业需要学习培训的相关知识开展培训班、课程库、师资库等。

(六) 监督管理

1. 技术监督管理

技术监督检查主要针对攻防演练、渗透测试、四不两直、远程检查等主站发起的检查工作进行线上化承载，功能主体上跟等保测评、安全评估、密码评估有较大差异，包括风险检查计划制定与展现、风险检查问题上报与闭环处置、风险检查问题处置督办催办等功能。

2. 专项活动

专项活动是主要针对安防自查、专项检查等主厂站均涉及的检查工作进行线上化承载，专项活动应根据主站所需的问题清单、字段及要求制作灵活的自适应功能承载此类灵活的工作，以达到工作可用、高效开展的目标，主要包括活动建立、问题列表制作、问题列表表单模块、问题录入及问题整改情况填写、督办催办等功能。

3. 检测评估

检测评估是针对等保测评、安全评估、密码评估等网络安全测评和评估工作进行线上化承载，此模块从检测评估涉及的备案、执行、处置、结果上传、归档等全套工作进行闭环管理，极大提高日常工作效率，主要包括系统定级备案、结果记录、问题闭环处置、问题列表、督办催办、超期提醒、归档等功能。

4. 问题汇总

问题汇总为国调规划模块，将监督管理整个专题中发现的风险问题进行汇总，以问题视角进行追踪和管理，对问题进行集中消缺，主要包括问题清单、问题处置、问题督办等功能。

（七）数据校核

数据校核为满足国调数据校核文件要求，复刻国调数据校核方式和算法提前帮助各省地公司进行事前校核获得得分，并进行针对性改进，主要包括安防设备部署维护情况数据校核、设备信息维护情况数据校核等功能。

第三章

电力专用安全防护技术

第一节　电力专用安全防护体系

电力监控系统是指用于监视和控制电力生产及供应过程、基于计算机及网络技术的业务系统及智能设备，以及作为基础支撑的通信及数据网络，其总体安全防护水平取决于系统中最薄弱点的安全水平。为保障电力生产的安全运行，抵御黑客利用操作系统漏洞、业务系统后门的恶意入侵，防止通过计算机病毒或恶意代码进行破坏和攻击，造成电力监控系统的沦陷或挟持电力监控系统对电力系统生产进行破坏，因此需要对电力监控进行体系化的安全防护。我国电力监控系统安全防护工作历经多年不断完善，实现了从静态布防到动态管控的转变。电力监控系统从安全防护技术、应急备用措施、全面安全管理三个维度构建了立体的安全防护体系。

安全防护技术维度主要包括基础设施安全、体系结构安全、本体安全、安全免疫。基础设施安全方面，从机房、电源、通信、屏蔽、密码、认证等方面保障基础安全。体系结构安全方面主要体现在安全分区、网络专用、横向隔离、纵向认证的十六字方针，构建完善的栅格状的安全防护体系。本体安全方面应保证监控系统无恶意软件、操作系统无恶意后门、整机主板无恶意芯片、主要芯片无恶意指令。安全免疫方面主要通过可信计算的技术来实现。

应急备用措施维度主要从冗余备用、应急响应、从外到内、从上到下的多道防线等方面建立健全的联合响应机制。电力调度机构负责统一指挥调度范围内的电力监控系统安全应急处理，当遭受网络攻击，生产控制大区的电力监控系统出现异常或者故障时，应立即向上级电力调度机构及上级监管单位报告，联合采取应急措施，打造从外到内、从上到下的多道防线。

全面安全管理维度主要包括全体人员安全管理、全部设备安全管理、全生命周期安全管理、融入安全生产管理体系。通过这种安全防护技术与安全管理相结合的方式，打造覆盖度更广、管理体系与技术体系及应急体系协同作战的安全防护体系。

一、安全防护原则

电力监控系统的安全防护工作有别于信息系统的安全防护工作，结合电力监控系统的特性和所面临的主要网络安全威胁，形成了适合电力监控系统的网络安全防护原则。

（1）建立体系不断发展。逐步建立电力监控系统网络安全防护体系，主要包括基础设施安全、体系结构安全、系统本体安全、可信安全免疫、安全应急措施、全面安全管理等，形成多维栅格状架构，并随着技术进步而不断动态发展完善。

（2）分区分级保护重点。根据电力监控系统的业务特性和业务模块的重要程度，遵循国家信息安全等级保护的要求，准确划分安全等级，合理划分安全区域，重点保护生产控制系统核心业务的安全。

（3）网络专用多道防线。电力监控系统应采用专用的局域网络。电力监控专用网络应在专用通道上使用专用的网络设备组网，在物理层面上实现与电力企业及其他数据网及外部公用数据网的安全隔离。

（4）全面融入安全生产。应将安全防护技术融入电力监控系统的采集、传输、控制等各个环节各业务模块，融入电力监控系统的设计研发和运行维护；应将网络安全管理融入电力安全生产管理体系，对全体人员、全部设备、全生命周期进行全方位的安全管理。

（5）管控风险保障安全。电力监控系统安全直接影响电网安全，关乎国家安全和社会稳定，应全面加强网络安全风险管控，保障电力监控系统安全，确保电力系统安全稳定经济运行。

二、安全防护体系

（一）基础设施安全

电力监控系统机房和生产场地应选择在具有防震、防风和防雨等能力的建筑内，应采取有效防水、防潮、防火、防静电、防雷击、防盗窃、防破坏措施；机房场地应避免设在建筑物的高层或地下室，以及用水设备的下层或隔壁。

电力监控系统应在机房供电线路上配置稳压器和过电压防护设备，设置冗余或并行的电力电缆线路为计算机系统供电，应建立备用供电系统，提供短期的备用电力供应，至少满足设备在断电情况下的正常运行要求。生产控制大区机房与安全运行区机房应独立设置，应安排专人值守并配置电子门禁系统及具备存储功能的视频、环境监控系统以加强物理访问控制，应对生产控制大区关键区域或关键设备实施电磁屏蔽。

生产控制大区所有的密码基础设施，包括对称密码、非对称密码、摘要算法、调度数字证书和安全标签等，应符合国家有关规定，并通过国家有关机构的检测认证。

（二）体系结构安全

1. 安全分区

电力监控系统应实施分区防护，按照安全等级从高到低划分为生产控制区（可以分为安全Ⅰ区和安全Ⅱ区）、运行管理区（安全Ⅲ区）和安全接入区。其他基于计算机及网络技术的业务系统及设备的部署，不应影响电力监控系统安全防护强度。电力监控系统各业务模块应根据功能和安全等级要求部署：对电力一次系统（设备）进行实时采集监控的业务模块应按照安全Ⅰ区防护要求部署；与安全Ⅰ区的业务模块交互紧密，对电力生产和供应影响较大但不直接实施控制的业务模块应按照不低于安全Ⅱ区的防护要求部署；与电力生产和供应相关，实现运行指挥、分析决策的业务模块应按照不低于安全Ⅲ区的防护要求部署。不同电力监控系统的生产控制区可分别独立设置。部署在生产控制区的业务模块与终端广域联接使用非电力监控专用网络（如公用有线通信网络、无线通信网络、电力企业其他数据网等）通信或终端不具备物理访问控制条件的，网络及终端按照安全接入区防护要求部署。部署在生产控制区的业务模块之间广域互联原则上应由电力监控专用网络承载，如不采用电力监控专用网络，应在两侧分别设立安全接入区。

2. 网络专用

生产控制区中应使用电力监控专用网络。电力监控专用网络应在专用通道上使用专用的网络设备组网，在物理层面上实现与电力企业其他数据网及外部公用数据网的安全隔离。

电力监控专用网络划分为逻辑隔离的实时子网和非实时子网，分别连接安全Ⅰ区和安全Ⅱ区。

3. 横向隔离

生产控制区与安全Ⅲ区、安全接入区等其他网络区域之间存在数据传输需求的，必须在联接处设置电力专用横向单向安全隔离装置。安全Ⅰ区与安全Ⅱ区之间存在数据传输需求的，应在联接处设置具有访问控制功能的设备、防火墙或者相当功能的逻辑隔离设施。

4. 纵向认证

在生产控制区与广域网的联接处应设置电力专用纵向加密认证装置或者加密认证网关，实现网络层加密认证。

5. 数字证书和安全标签

依照电力调度管理体制建立基于公钥技术的分布式电力调度数字证书及安全标签，生产控制大区中的重要业务系统应采用加密认证机制。

6. 防火墙和入侵检测

生产控制大区内不同系统间应采用逻辑隔离措施，实现逻辑隔离、报文过滤、访问控制等功能。

生产控制大区可部署入侵检测措施，合理设置检测规则，及时捕获网络异常行为，分析潜在威胁，进行安全审计，宜保持特征码及时更新，特征码更新前应进行充分的测试，禁止直接通过因特网在线更新。

7. 防病毒和防木马

生产控制大区应部署恶意代码防范措施，宜保持特征码以离线方式及时更新，特征码更新前应进行充分的测试，更新过程应严格遵循相关安全管理规定，禁止直接通过因特网在线更新。

（三）本体安全

在电力监控系统网络安全防护体系架构中，构成体系的各个模块应实现自身的安全，依次分为电力监控系统软件的安全、操作系统和基础软件的安全、计算机和网络设备及电力专用监控设备的安全、核心处理器芯片的安全，均应采用安全、可控、可靠的软硬件产品，并通过国家有关机构的安全检测认证。本体安全的相关要求主要适用于新建或新开发的电力监控系统，在运系统具备升级改造条件时可参照执行，不具备升级改造条件的应强化安全管理和安全应急措施。

1. 电力监控系统软件的安全

电力监控系统中的控制软件，在部署前应通过国家有关机构的安全检测认证和代码安全审计，防范恶意软件或恶意代码的植入。

电力监控系统软件应在设计时融入安全防护理念和措施，业务系统软件应采用模块化总体设计，合理划分各业务模块，并部署于相应的安全区，重点保障实时闭环控制核心模块的安全。

调度控制系统可通过内部专用设施进行维护，采用身份认证和安全审计实施全程监控，保障维护行为可追溯。变电站和发电厂监控系统可通过远程拨号认证设施进行远程维护。禁止直接通过因特网进行生产控制大区的远程维护。

2. 操作系统和基础软件的安全

重要电力监控系统中的操作系统、数据库、中间件等基础软件应通过国家有关机构的安全检测认证，防范基础软件存在恶意后门。

生产控制大区业务系统应采用满足安全可靠要求的操作系统、数据库、中间件等基础软件，使用时应合理配置、启用安全策略。操作系统和基础软件应仅安装运行需要的组件和应用程序，并及时升级安全补丁，补丁更新前应进行充分的测试，禁止直接通过因特网在线更新。

3. 计算机、网络设备和电力专用监控设备的安全

电力监控系统中的计算机和网络设备，以及电力自动化设备、继电保护设备、安全稳定控制设备、智能电子设备（IED）、测控设备等，应通过国家有关机构的安全检测认证，防范设备主板存在恶意芯片。

生产控制大区应采用符合国家相关要求的计算机和网络设备，使用时应合理配置、启用安全策略；应封闭网络设备和计算机设备的空闲网络端口和其他无用端口，拆除或封闭不必要的移动存储设备接口（包括光驱、USB接口等），仅保留调度数字证书所需要的USB接口。

4. 核心处理器芯片的安全

重要电力监控系统中的核心处理器芯片应通过国家有关机构的安全检测认证，防范芯片存在恶意指令或模块。

重要电力监控系统应采用符合国家相关要求的处理器芯片，采用安全可靠的密码算法、真随机数发生器、存储器加密、总线传输加密等措施进行安全防护。

(四) 安全免疫

在构成电力监控系统网络安全防护体系的各个模块内部，应逐步采用基于可信计算的安全免疫防护技术，形成对病毒、木马等恶意代码的自动免疫。重要电力监控系统应在有条件的情况下逐步推广应用以密码硬件为核心的可信计算技术，用于实现计算环境和网络环境安全免疫，免疫未知恶意代码，防范有组织的、高级别的恶意攻击。安全免疫的相关要求主要适用于新建或新开发的重要电力监控系统，在运系统具备升级改造条件时可参照执行，不具备升级改造条件的应强化安全管理和安全应急措施。

1. 基于可信计算的强制版本管理

重要电力监控系统关键控制软件应采用基于可信计算的强制版本管理措施，操作系统和监控软件的全部可执行代码，在开发或升级后应由生产厂商采用数字证书对其签名并送检，通过检测的控制软件程序应由检测机构用数字证书对其签名，生产控制大区应禁止未包含生产厂商和检测机构签名版本的可执行代码启动运行。

2. 基于可信计算的静态安全启动

重要电力监控系统应采用基于可信计算的静态安全启动机制。服务器加电至操作系统启动前对基本输入输出系统（BIOS）、操作系统引导程序及系统内核执行静态度量，业务应用、动态库、系统内核模块在启动时应对其执行静态度量，确保被度量对象未被篡改且不存在未知代码，未经度量的对象应无法启动或执行。

3. 基于可信计算的动态安全防护

重要电力监控系统应采用基于可信计算的动态安全防护机制，对系统进程、数据、代码段进行动态度量，不同进程之间不应存在未经许可的相互调用，禁止向内存代码段与数据段直接注入代码的执行。

重要电力监控系统应对业务网络进行动态度量，业务连接请求与接收端的主机设备应可以向对端证明当前本机身份和状态的可信性，不应在无法证明任意一端身份和状态可信的情况下建立业务连接。

4. 基于可信计算的网络安全防护

在可信主机通信方面，重要电力监控系统关键主机设备之间需要具备基于可信计算的网络安全防护功能。对业务网络进行动态度量，业务连接请求与接收端的主机设备应可以向对端证明当前本机身份和状态的可信性，不应在无法证明任意一端身份和状态可信的情况下建立业务连接。

（五）安全应急

在安全应急方面，地市及以上调度控制中心实现了数据采集、系统功能、业务职能等三方面冗余备用，形成了调度职能、场所和人员的备用调度体系。发电厂和变电站则实现了数据备份及关键设备的冗余备用。

电力监控系统需制定应急处理预案并进行预演或模拟验证以提高安全应急的有效性，当生产控制大区出现安全事件，尤其是遭到黑客、恶意代码攻击和其他人为破坏时，电力监控系统将按应急处理预案，立即采取安全应急措施，通报上级业务主管部门和安全主管部门，必要时可断开生产控制大区与管理信息区之间的横向边界连接，在紧急情况下可协调断开生产控制大区与下级或上级控制系统之间的纵向边界连接，以防止事态扩大，在做好安全事件事态控制的同时保护好现场，以便进行调查取证和分析。

电力监控系统在防止安全事件方面构建面向外部公共因特网、安全运行区、生产控制大区的横向多道防线，打造"纵深防护体系"，如图3-1所示，各防线分别采用相应的安全措施，一旦发生安全事件，能实时检测、快速响应、及时处置，实现各防线协同防御。

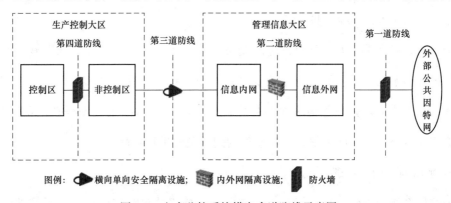

图 3-1 电力监控系统横向多道防线示意图

同时，电力监控系统构建了上下级生产控制大区之间、上下级安全运行区之间的纵向安全防线，各防线分别采用相应的安全措施，实现高安全等级控制区安全防护强度的积累效应。

（六）安全管理

各电力企业应把电力监控系统的网络安全管理融入安全生产管理体系中，按照"谁主管、谁负责""谁运营、谁负责""谁使用、谁负责"的原则，健全电力监控系统安全防护的组织保证体系和安全责任体系，落实国家行业主管部门的安全监管责任、各电力企业的安全主体责任、各级电网调度控制机构的安全技术监督责任。各电力企业应设立电力监控系统安全管理工作的职能部门，由企业负责人作为主要责任人，宜设立首席安全官。开发制造单位应承诺其产品无恶意安全隐患并终身负责，检测评估单位、规划设计单位等均应对其工作终身负责。

1. 全体人员安全管理

各电力企业应加强电力监控系统安全防护人员的配备，设立安全主管、安全管理等岗位，配备安全管理员、系统管理员和安全审计员，明确各岗位职责，并指定专人负责数字证书系统等关键系统及设备的管理。

应加强对电力监控系统安全防护的管理、运行、维护、使用等全体人员的安全管理和培训教育，特别要加强对厂家维护及评估检测等第三方人员的安全管理，提高全体内部人员和相关外部人员的安全意识。

2. 全部设备安全管理

应对电力监控系统中全部业务系统软件模块和硬件设备，特别是安全防护设备，建立设备台账，实行全方位安全管理。

安全防护设备和重要电力监控系统及设备在选型及配置时，应禁止选用被国家相关部门检测通报存在漏洞和风险的特定系统及设备；相关系统、设备接入电力监控系统网络时应制定接入技术方案，采取相应安全防护措施，并经电力监控系统安全管理部门的审核、批准；应定期进行安全风险评估，针对发现的问题及时进行加固。

3. 全生命周期安全管理

电力监控系统及设备在规划设计、研究开发、施工建设、安装调试、系统改造、运行管理、退役报废等全生命周期阶段应采取相应安全管理措施。

应采用安全、可控、可靠的软/硬件产品，供应商应保证所提供的设备及系统符合国家与行业信息系统安全等级保护的要求，并在设备及系统生命期内对此负责；重要电力监控系统及专用安全防护产品的开发、使用及供应商，应按国家有关要求做好保密工作，防止安全防护关键技术和设备的扩散。

电力监控系统及设备的运维单位应依据相关标准和规定进行安全防护专项验收；加强日常运维和安全防护管理，定期开展运行分析和自评估，保障系统及设备的可靠运行；系统和设备退役报废时应按相关要求销毁含敏感信息的介质和重要安全设备。

第二节　网络安全监管系统

一、网络安全监管系统介绍

（一）总体介绍

新一代电力监控系统网络安全监管系统（简称网络安全监管系统），全面监测、分析和审计设备接入、网络访问、用户登录、人员操作等各种事件，及时发现和治理电力监控系统的网络安全风险，快速处置恶意攻击、病毒感染等网络安全事件，实现"外部侵入有效阻断、外力干扰有效隔离、内部介入有效遏制、安全风险有效管控"的电力监控系统安全防护目标，保障电力监控系统和电网安全稳定运行。

网络安全监管系统建设遵循"独立采集、分布处理、多级协同、统一管控"的四项原则。

（1）独立采集：以终端采集为单元，实现调度系统、配电自动化系统、负荷控制系统、变电站、发电厂等进行安全事件独立采集，满足安全事件的采集要求。

（2）分布处理：按照国（分）、省、地调度分级部署，各平台实现独立运行监视，实现分布处理。

（3）多级协同：按照采用统一建模、数据代理、资源定位等技术贯穿全网，实现上下级数据共享，多级协同。

（4）统一管控：能够实现上下级告警实时同步，实现对安全事件的统一管控。

（二）主要功能

（1）安全概览：安全概览页面帮助用户了解告警、设备和流量的情况。它主要由全网指标、24小时告警、告警信息、区域安全运行情况、资产分布、密通率六个部分组成。

（2）安全拓扑：安全拓扑画面是系统提供给用户交互的主要窗口。窗口中显示用户添加的各装置节点的实时运行状态。

（3）设备监视：设备监视功能包括对主机设备、网络设备、数据库和安全设备的监视，可同时监视以上设备的各个性能指标以及CPU、内存的使用率，并可对主机设备的外接设备接入数进行监视，还可同时监视所有设备的告警情况。

（4）行为监视：行为监视功能包括对主机、操作人员以及其他设备的操作行为监视，即主机登录链路的拓扑监视、操作人员登录主机的信息监视、被操作主机的信息监视以及其他设备用户登录状态的信息监视。

（5）告警监视：告警监视模块主要是当天实时监视发生的告警，并对告警进行确认和解决的操作，同时也能够对发生的告警进行查询。其主要目的是用户能够简捷快速地处理发生的告警。

（6）威胁监视：威胁监视功能包括外部访问监视、内网操作行为监视、外接设备监视和重点设备的监视四个部分，分别实时监视通过调度数据网访问到本级调控中心的安全事件、调控中心内部本机登录和远程终端（SSH）访问以及远程桌面（XManager）访问的安全事件、调控中心外部设备接入的安全事件、重点设备的活跃状态以及由安全事件产生的告警事件。

（7）平台监视：平台监视页面提供监视平台自身各个程序以及下级平台和厂站装置的运行状态的实时监视功能，方便用户实时了解本级和下级监视平台的运行情况。

（8）行为审计：行为审计通过对主机历史登录操作信息的关联分析，提取出用户操作的行为特征及操作轨迹，聚合离散的历史登录操作行为记录，建立历史记录间的关联关系，实现对用户整个操作流程的审计。

（9）设备操作：设备操作页面提供了不同设备类型操作信息的查询功能，可以查看设备名称、设备类型、设备所属安全区、设备所属区域、操作时间、操作人员以及操作内容等信息。

（10）硬件接入：硬件接入页面提供了 USB、串并口和光驱接入时产生的告警信息的查询功能，可以查看告警设备名称、告警状态、告警级别、告警次数、告警 IP、告警时间、告警类型以及告警内容等信息。

（11）网络接入：网络接入页面提供了计算机等设备接入交换机时产生的告警信息的查询功能，可以查看设备名称、操作时间、操作人员以及操作内容等信息。

（12）安全告警：安全告警模块分为两个部分，分别是本级告警列表和下级告警列表，主要为了用户快速直接地查看告警情况，其中包括当天实时告警和历史告警。告警列表默认按告警最新发生时间和告警状态排列。

（13）设备离线：设备离线模块分为两个部分，分别是离线事件查询和离线信息查询。离线事件查询主要是针对设备离线所发生的这一事件进行统计，能查看到的信息包括设备名称、设备 IP、离线时间、恢复时间、持续时长，离线事件查询主要目的是用户能够清晰看出设备离线发生的事件情况。离线信息查询主要是可以查询已选择区域的离线设备信息，查询结果以厂站为主要条件进行展示，主要能看到厂站名称、设备名称、离线总时长、运行总时长、在线率，离线信息查询的主要目的是用户能够看到场站下设备离线的信息。

（14）综合审计：综合审计是对外部网络访问行为、内部网络访问行为、外接设备接入行为及告警事件历史记录的查询。综合审计的目的是从整体上展示一次安全事件相关的告警及操作信息，也是对应的威胁监视中的内容的历史查询。

（15）运行分析：运行分析模块的主要功能是便于用户从整体上把控监管平台近期内的总体情况，页面中主要由地图、告警统计图、分类指标统计图、设备部署统计图组成。

（16）安全报表：安全报表页面能提供选定时间范围内监管平台总体运行情况的统计报表。该页面统计并分析了监管平台在选定时间范围内的所有类型的资产情况和不同级别的告警情况，并分析了紧急、重要类告警峰值点发生的时间，并对峰值点时的告警来源进行了分析，还提供了不同区域的紧急、重要告警数、接入率、在线率等安全指标，并统计了紧急类告警，其中包括紧急告警的设备名称、设备类型、告警类型、告警时间、告警内容等，从而能了解和掌握整个平台的总体运行情况。

（17）指标对比：指标对比模块是让用户根据自己所需随意查询各项指标，它主要的目的是让用户能够方便快捷地查看到用户所关注的指标。

（18）设备核查：设备核查模块以单个设备为维度对主机的配置信息、安全漏洞及口令设置进行全面核查，能够清晰直接地显示对应设备的不合规配置数和安全风险数。

（19）任务核查：任务核查模块以核查任务为维度可在一次核查任务中分别对多个设备进行安全配置核查、安全风险评估或弱口令扫描，同时可以针对性地对设备进行单个配置项的配置信息的核查。

（20）平台管理：平台管理模块具有对监管平台自身各种参数的配置功能和对监管平台操作记录的查询功能。

（21）模型管理：模型管理模块包括设备、区域和厂商三种模型。该模块从设备、区域和厂商三种维度展示和管理平台所有的模型。当配置某一设备时必须配置该设备所属的区域和厂商，配置区域时可通过设置区域节点的属性来决定该区域是否能关联设备，而配置生产厂商时需要关联到某一具体的设备类型，因此，三种模型密切相关。三种模型添加的顺序为：第一步添加区域，第二步添加设备，第三步添加厂商。

二、网络安全信息采集

网络安全监管系统主要通过网络安全监测装置（安全网关机）对主站和厂站监控系统信息进行采集，并通过管理 VPN 与主站网络安全管理平台数据采集网关进行数据通信，如图 3-2 所示。网络安全监测装置（安全网关机）部署于主站及厂站监控系统内，通过主动（事件类信息）、被动（状态类信息）方式采集被监视设备安全事件信息；数据采集网关部

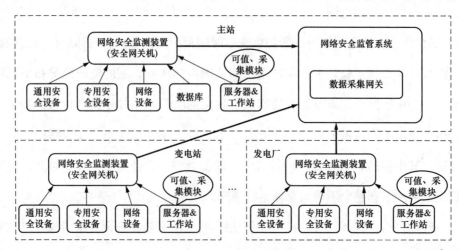

图 3-2　网络安全监管系统

署于调度数据网Ⅰ、Ⅱ区网络边界，接收主站及厂站网络安全监测装置（安全网关机）信息，并对数据进行处理后传输至网络安全监管系统信息处理模块。

所有需要采集的信息均由设备/系统自身感知产生，应用操作系统安全事件感知技术、网络设备安全事件感知技术、安防设备安全事件感知技术、电力监控系统安全事件感知技术、数据库安全事件感知技术等技术。通过自身感知技术，形成相关安全信息，并经主站或厂站侧的网络安全监测装置（安全网关机）汇总处理后提交给网络安全监管系统。

三、典型案例

（一）调度端网络安全监管

如图 3-3 所示，在安全Ⅰ、Ⅱ、Ⅲ区分别部署网络安全监测装置，采集服务器、工作站、网络设备和安全防护设备自身感知的安全事件；在安全Ⅰ、Ⅱ区部署数据网关机，接收并转发来自厂站的网络安全事件；在安全Ⅱ区部署网络安全监管平台，接收Ⅰ、Ⅱ、Ⅲ区的采集信息以及厂站的安全事件，实现对网络安全事件的实时监视、集中分析和统一审计。

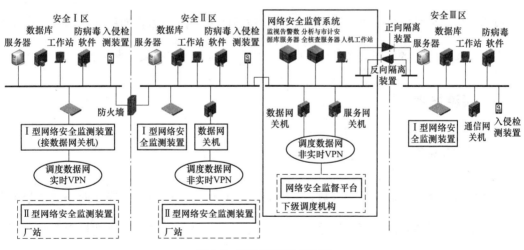

图 3-3　调度端网络拓扑图

（二）厂站端网络安全监管

如图 3-4 所示，在变电站、并网电厂电力监控系统的安全Ⅱ区内部署网络安全监测装置，采集变电站站控层和发电厂涉网区域的服务器、工作站、网络设备和安全防护设备的安全事件，并转发至调度端网络安全监管平台的数据网关机。同时，支持网络安全事件的本地监视和管理。

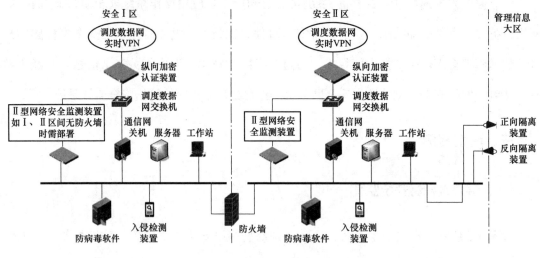

图 3-4　厂站端网络拓扑图

第三节　横向单向安全隔离装置

电力专用横向单向安全隔离装置是电力监控系统安全防护体系的横向防线，作为生产控制大区与安全运行区之间的必备边界防护措施，是横向防护的关键设备。

一、关键技术

（一）隔离技术

网络隔离技术的核心是物理隔离，并通过专用硬件和安全协议来确保两个链路层断开的网络能够实现数据信息在可信网络环境中的交互、共享。隔离技术自面世以来经历了五代发展变化，电力专用横向单向安全隔离装置中采用的是第五代隔离技术——安全通道隔离。

第一代隔离技术——完全隔离。此方法使得网络处于信息孤岛状态，做到了完全的物理隔离，但至少需要两套网络和系统，更重要的是信息交流不便和成本提高，给维护和使用带来了极大的不便。

第二代隔离技术——硬件卡隔离。在客户端增加一块硬件卡，客户端硬盘或其他存储设备首先连接到该卡，然后再转接到主板上，通过该卡能控制客户端硬盘或其他存储设备。而在选择不同的硬盘时，同时选择了该卡上不同的网络接口，连接到不同的网络。但是，这种隔离产品仍然需要以网络布线为双网线结构，产品存在着较大的安全隐患。

第三代隔离技术——数据转播隔离。利用转播系统分时复制文件的途径来实现隔离，手切换的时间较长，甚至需要手工完成，不仅减缓了访问速度，更不支持常见的网络应用，失去了网络存在的意义。

第四代隔离技术——空气断路器隔离。它是通过使用单刀双掷开关，使得内外部网络分时访问临时缓存器来完成数据交换的，但在安全和性能上存在许多问题。

第五代隔离技术——安全通道隔离。此技术通过专用通信硬件和专有安全协议等安全机制，来实现内外部网络的隔离和数据交换，不仅解决了以前隔离技术存在的问题，还有效地把内外网络隔离，高效地实现了内外网数据的安全交换，透明支持多种网络应用，成为当前隔离技术的发展方向。

（二）单向传输技术

物理隔离的技术架构建立在单向安全隔离的基础上。内网是安全等级高的生产控制大区，外网是安全等级低的安全运行区。当内网需要传输数据到达外网时，内网服务器立即发起对隔离设备的数据连接，隔离设备将所有的协议剥离，将原始的纯数据写入高速数据传输通道，如图 3-5 所示。根据不同的应用，对数据进行完整性和安全性检查，如防病毒和恶意代码等。

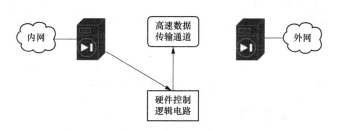

图 3-5　内网数据写入高速数据传输通道

一旦数据完全写入安全隔离设备的单向安全通道，隔离设备内网侧就立即中断与内网的连接，将单向安全通道内的数据推向外网侧，外网侧收到数据后发起对外网的数据连接，连接建立成功后，进行 TCP/IP 的封装和应用协议的封装，并交给外网应用系统，如图 3-6 所示。

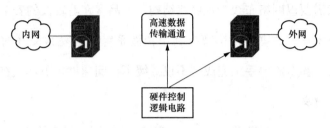

图 3-6　数据单向推送至外网侧

在硬件控制逻辑电路收到完整的数据交换信号之后，安全隔离设备立即切断与外网的直接连接。当外网的应答数据需要传输到内网时，需要通过隔离装置的专用反向安全通道进行数据摆渡，传输原理与上述相同。

（三）割断穿透性 TCP 连接协议技术

横向单向安全隔离装置采用专用协议栈，割断了穿透性的 TCP 连接。自定义的专用协议栈是对 TCP 状态、TCP 序列号、分片重组、滑动窗口、重传、最大报文长度等做了相应的改造，以提高实时性和安全性。如图 3-7 所示，以正向安全隔离装置为例，将内网的纯数据通过单向数据通道发送到外网。

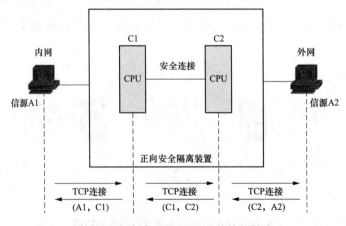

图 3-7　割断穿透性 TCP 连接协议技术

割断穿透性 TCP 连接的技术优点如下：

（1）透明性强，性能好，其在数据分析过程中的复制次数、内存资源的开销方面都优于普通操作系统的 TCP 协议栈。

(2) 安全性强，修改 TCP 的不安全参数，增强安全控制；稳定性强，采用自定义的数据协议栈实现数据的平滑传输。

(四) 基于状态检测的报文过滤技术

横向单向安全隔离装置采用基于状态检测技术的报文过滤技术，可以对出入报文的 MAC 地址、IP 地址、协议和传输端口、通信方向、应用层标记等进行高速过滤。状态检测技术采用的是一种基于连接的状态检测机制，将属于同一连接的所有包作为一个整体的数据流看待，构成连接状态表，通过规则表与状态表的共同配合，对表中的各个连接状态因素加以识别，连接状态表里的记录可以随意排列，提高系统的传输效率。因此，与传统包过滤技术相比，报文过滤技术具有更好的系统性能和安全性能，可以极大地提高数据包检测效率。

如图 3-8 所示，横向单向安全隔离装置构建了状态表和规则表，包 1 在装置状态表中留有记录数据流动作，装置检测到报文后直接判断丢弃或者转发；包 2 在装置状态表中无相关记录，需要进行规则表中的检测后决定数据包丢弃或者转发。

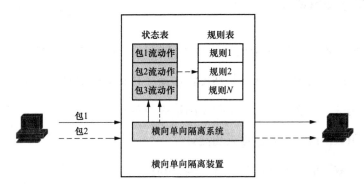

图 3-8　基于状态检测的报文过滤技术

(五) 安全内核裁减技术

为了保证隔离装置自身的安全，隔离装置基于 Liunx 操作系统的嵌入式安全内核进行了裁剪。内核仅包括用户管理、进程管理功能，裁剪掉 TCP/IP 协议栈和其他不需要的系统功能，隔离装置后台操作系统不能使用任何网络命令（包括 ifconfig、ping、telnet、arp

等），大大降低了由通用服务带来的风险。

二、主要功能

（一）正向安全隔离装置

正向安全隔离装置用于从生产控制大区到安全运行区的非网络方式的单向数据传输，以实现两个安全区之间的安全数据交换，并且保证安全隔离装置内外两个处理系统不同时连通，其支持的主要功能如下：

（1）支持透明工作方式：虚拟主机 IP 地址、隐藏 MAC 地址。

（2）基于 MAC、IP、传输协议、传输端口以及通信方向的综合报文过滤与访问控制。

（3）防止穿透性 TCP 连接：禁止两个应用网关之间直接建立 TCP 连接，应将内外两个应用网关之间的 TCP 连接分解成内外两个应用网关分别到隔离装置内外网卡的 TCP 虚拟连接，隔离装置内外网卡在装置内部是非网络连接，且只允许数据单向传输。

（4）具有可定制的应用层解析功能，支持应用层特殊标记识别。

（5）安全、方便的维护管理方式：基于证书的管理人员认证、图形化的管理界面。

（二）反向安全隔离装置

反向安全隔离装置用于从安全运行区到生产控制大区的非网络方式的单向数据传输，是安全运行区到生产控制大区的唯一数据传输途径。其支持的主要功能如下：

（1）具有应用网关功能，实现应用数据的接收与转发。

（2）具有应用数据内容有效性检查功能。

（3）具有基于数字证书的数据签名/解签名功能。

（4）实现两个安全区之间的安全数据传递。

（5）支持透明工作方式，如虚拟主机 IP 地址、隐藏 MAC 地址。

（6）基于 MAC、IP、传输协议、传输端口以及通信方向的综合报文过滤与访问控制。

（三）配套文件传输软件功能

横向单向安全隔离装置提供配套文件传输软件，用于生产控制大区与安全运行区间的单向文件发送。以正向安全隔离装置传输软件的典型应用为例，如图 3-9 所示。

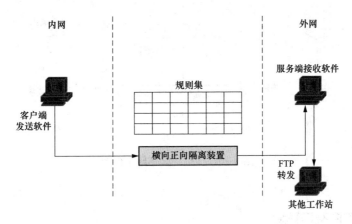

图 3-9　配套文件传输软件

客户端发送软件部署在内网，文件传输功能具备定时发送文件、实时发送文件与手动发送文件的功能。在传输中对文本进行编码转换，能够辨别更新的文件。在传输任务正常启动后，即使在文件传输中出现链路断开，待链路恢复正常后仍会自动重连成功并继续发送文件。

服务端接收软件部署在外网，需要指定接收文件的目录，接收的文件均放置在此指定目录内。服务端接收软件可以接收多个客户端的传输连接，同时提供 FTP 转发功能，能够将接收到的文件通过 FTP 的方式发送至外网侧开启 FTP 服务的主机。

三、典型的应用环境

横向隔离是电力监控系统安全防护体系中重要的一环，横向单向安全隔离装置需要部署在生产控制大区与安全运行区之间，隔离强度应接近或达到物理隔离。本节以正向安全隔离装置为例，在二层交换环境、三层路由交换环境中典型部署位置分别提供说明。

（一）二层交换环境

示例环境中，内网主机 IP 为 192.168.0.1，虚拟 IP 为 10.144.0.2；外网主机 IP 为 10.144.0.1，虚拟 IP 为 192.168.0.2。假设服务端接收程序开放的端口号为 1111，正向安全隔离装置内外网卡都使用 eth1，如图 3-10 所示。

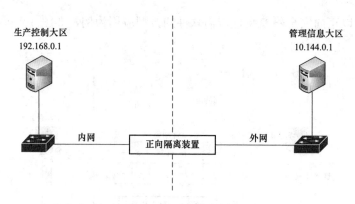

图 3-10　二层交换环境实例图

（二）三层路由交换环境

示例环境中，内网主机 IP 为 192.1.101.1，外网主机 IP 为 172.17.1.104，假设服务端接收程序开放的端口号为 1111，正向安全隔离装置内外网卡都使用 eth1。正向安全隔离装置的内网口与内网 192.1.20.0 网段相连，连接端的 IP 为 192.1.20.254，正向安全隔离装置的外网口与外网 172.17.4.0 网段相连，连接端的 IP 为 172.17.4.16。内网主机的虚拟 IP 设置为外网 IP172.17.4.31，外网主机的虚拟 IP 设置为内网 IP 192.1.20.31，如图 3-11 所示。

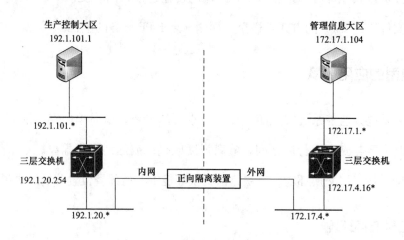

图 3-11　三层路由交换环境实例图

第四节　纵向加密认证装置

随着信息技术的迅猛发展和数字化时代的到来，网络安全问题面临着严峻挑战。为了应对这一挑战，保障数据在传输过程中的机密性、真实性和完整性，众多加密技术和认证手段不断涌现，成为网络安全领域的重要部分。在这些技术手段中，纵向加密认证装置以其独特的安全性能和实用性在各行各业得到了广泛的应用。该装置不仅能够有效防止数据泄露和非法篡改，还能确保通信双方的身份真实可靠，从而大大提高网络通信的安全性。

一、电力专用纵向加密认证装置介绍

(一) 纵向加密认证装置的定义

电力专用纵向加密认证装置是一款专为保护电力调度数据网路由器与电力系统局域网间通信安全而设计的精密设备，不仅在保障上下级控制系统间的广域网通信安全方面表现出色，还为这些通信提供了强有力的认证与加密服务。电力专用加密认证装置一般部署在电力控制系统的内部局域网与电力调度数据网络的路由器之间，通过其高效的加密算法和严密的认证机制，保障了数据传输过程中的机密性和完整性，从而有效地抵御了潜在的安全威胁。电力专用纵向加密认证装置还具备对电力系统专用的应用层通信协议（如 IEC 60870-5-104《遥控设备和系统　第 5-104 部分：传输协议　使用标准传输轮廓的 IEC 60870-5-101 所列标准的网络存取》、DL/T 476《电力系统实时数据通信应用层协议》等）的转换功能。这一特性使得装置能够在不同协议间灵活转换，为电力系统提供了端到端的选择性保护，进一步增强了网络通信的安全性和灵活性，在保护电力系统网络通信安全方面发挥着重要作用，为电力行业的稳定运行提供了有力保障。

(二) 纵向加密认证装置的分类

电力专用纵向加密认证装置根据性能和网络传输速度的不同，主要分为以下几类：

(1) 千兆型纵向加密认证装置：具有高速的数据处理能力，支持千兆网络传输速度，适用于大数据量、高速率的电力数据传输场景。

(2) 百兆型纵向加密认证装置：适用于中等数据量的电力数据传输，支持百兆网络传输速度，性能适中，满足大多数电力系统的需求。

(3) 十兆型纵向加密认证装置：主要针对数据量较小、传输速率要求不高的场景，支持十兆网络传输速度，适合在一些小型或远程电力站点使用。

（三）纵向加密认证装置的功能

电力专用纵向加密认证装置具有以下功能：

（1）保护通信安全：电力专用纵向加密认证装置首要的功能是保护电力调度数据网路由器和电力系统局域网之间的通信安全。它作为一个电力专用网关机，为整个网络提供了安全保障。

（2）提供认证与加密服务：该网关通过为上下级控制系统之间的广域网通信提供认证与加密服务，确保了数据传输的机密性和完整性。这意味着数据在传输过程中得到了有效的保护，防止了数据泄露和非法篡改。

（3）应用层通信协议转换：电力专用纵向加密认证装置还实现了对电力系统专用的应用层通信协议（如 IEC 60870-5-104、DL/T 476 等）的转换功能。这一功能有助于实现端到端的选择性保护，确保只有符合特定协议的数据包能够通过网关。

（4）分级管理与加密隧道建立：按照"分级管理"的要求，纵向加密认证装置部署在各级调度中心及下属的各厂站。根据电力调度通信关系，网关会在上下级之间建立加密隧道，形成了一个部分网状结构的加密通信拓扑。

（5）使用专有加密协议：电力专用纵向加密认证装置间的通信协议是经过国调组织多位专家联合设计，并经过权威机构审查论证的，其通信协议内容高度保密。网关采用基于公钥体制的工作密钥进行自动协商和交换，确保了通信的安全性。

（6）数据包加密传输与边界防护：纵向加密认证装置的作用类似于一个数据包加密后传输的装置，它通常用于生产控制大区的广域网边界防护。通过加密算法对业务数据包进行加密处理，有效地防止了对数据内容的非法访问，保证了数据传输的保密性。

（7）用户身份认证与权限鉴别：网关通过身份认证代理和对全网统一身份认证的支持，保障了网络上的用户单击登录全网通行。同时，它还通过用户权限鉴别，有效地解决了用户权限级别划分的问题。

（8）安全过滤与访问控制：电力专用纵向加密认证装置具备类似防火墙的安全过滤功能，可以筛除可能存在的恶意数据。此外，它还采用断路式访问控制服务，加强了对网络和应用资源的信息安全保障。

（四）纵向加密认证装置的特点

1. 高强度加密

为了确保数据的安全性，电力专用纵向加密认证装置采用了国际标准的加密算法。这些算法经过严格测试和验证，确保数据在传输和存储过程中得到高强度的加密保护。通过这种方式，可以有效地防止数据被非法获取或泄露，为用户提供更加安心的数据安全保障。

2. 专有的加密协议

电力专用纵向加密认证装置间的通信协议不仅融合了最新的加密技术与通信理念，还经过了权威机构的严格审查与论证，确保其安全性与可靠性达到业界顶尖水平。更重要的是，为了维护其高度的安全性，通信协议的具体内容同样受到了严格的保密措施保护。

电力专用纵向加密认证装置在保障通信安全方面采用了基于公钥体制的工作密钥自动协商和交换机制。这种机制确保了每次通信都会生成新的工作密钥，极大地增强了数据传输的机密性和防篡改能力。通过这种公钥加密技术，装置能够在不安全的网络环境中建立起一个安全的通信通道，从而确保电力调度数据在传输过程中的绝对安全。这种技术不仅复杂而且高度安全，是电力专用纵向加密认证装置能够提供顶级安全保障的关键所在。

3. 高强度加密算法

电力专用纵向加密认证装置的密钥生成、数据加密都是由专用高速数据加密卡完成，该加密卡为国调、国密局共同指定的厂家研制开发，对称加密基于专用加密算法芯片，非对称加密遵循国际标准，加密速度快，抗攻击能力强。

（1）对称加密技术：加密密钥能够从解密密钥中推算出来，同时解密密钥也可以从加密密钥中推算出来，而在大多数的算法中，加密密钥和解密密钥是相同的。比较著名的对称算法是美国的数据加密标准（DES）及其各种变形，如 Triple DES、GDES、NEW DES 等。对称加密技术由于双方拥有相同的密钥，具有易于实现和速度快的优点，所以被广泛应用于数据通信和存储数据的加密和解密，但由于对称加密技术的安全性依赖于密钥，所以密钥的保密性对通信安全至关重要。

（2）非对称加密技术：也可称为公钥加密技术、加密密钥（公钥可以公开），即陌生人可以得到它并用来加密信息。比较著名的公钥算法有 RSA、SM2、背包密码、McEliece 密码等。最有影响力的公钥密码算法是 RSA 算法，它能抵抗到目前为止已知的所有的密码攻击。公钥密码的优点是可以适应网络的开放性要求，但速度比较慢，不太适合对文件进行加密。

SM2 加密算法是一种基于椭圆曲线密码的公钥密码算法，是由中国国家密码管理局设计并公开的一种非对称国产加密算法，相比于传统的 RSA 算法，基于椭圆曲线密码学（ECC）的 SM2 算法在相同的安全级别下，其所需的密钥长度比 RSA 等传统算法更短，从而大大提升了加密的安全性和运算速度，普遍应用于电力专用纵向加密认证装置中。

4. 双向认证

电力专用纵向加密认证装置不仅能够对数据的完整性进行验证，确保数据在传输过程中没有被篡改或损坏，还能确保数据来源的真实性。这种双向认证机制大大提高了数据的可信度，使得接收方能够确信数据的真实来源，从而进一步加强了数据的安全性。

5. 高速处理能力

为了满足现代网络通信对实时性的高要求，电力专用纵向加密认证装置配备了高性能的硬件和软件架构。这使得该设备能够轻松处理大量的数据流量，确保网络通信的流畅性和实时性，为用户提供稳定、高效的网络数据传输服务。

6. 灵活的配置选项

为了满足不同用户的实际需求，电力专用纵向加密认证装置支持多种配置方式。用户可以根据自己的业务场景和安全需求，灵活调整加密策略和认证方式，从而实现个性化的安全防护。

7. 强大的日志功能

为了方便用户进行后续审计和故障排查，电力专用纵向加密认证装置具备强大的日志记录与审计功能。它能够详细记录所有的操作日志，格式完全按照"syslog"规范，包括用户的登录、操作、数据传输等关键信息。该日志内容可以分别通过不同用户的需求和配置，通过"串口"或者"网口"进行日志信息的发布和相应报警信息的引出，可以导出日志信息，备份到本地硬盘中，这使得用户在需要时能够迅速定位问题来源，提高系统的可维护性和稳定性。

二、纵向加密认证装置基本原理

（1）发送端加密：当数据从发送端传输时，电力专用纵向加密认证装置会对数据进行加密处理。它使用高强度的加密算法，如 AES、RSA、SM2 等，将数据转换成密文形式，确保即使数据在传输过程中被截获，也无法被轻易解密。

（2）附加认证信息：在加密的同时，装置还会为数据添加认证信息。这些认证信息通常包括数字签名、时间戳等，用于验证数据的完整性和来源的真实性。

（3）接收端解密与验证：数据到达接收端后，电力专用纵向加密认证装置会对数据进行解密，并验证附加的认证信息。如果数据在传输过程中被篡改，或者来源不真实，这些都会被装置检测出来，从而拒绝接收或处理这些数据。

（4）实时监控与日志记录：装置还具备实时监控功能，能够持续监测网络中的数据流量和异常情况。同时，它还会记录所有的操作日志，以便后续审计和追踪。

三、典型案例

按照"分级管理"要求，电力专用纵向加密认证装置部署在各级调度中心及下属的各厂站，根据电力调度通信关系建立加密隧道（原则上只在上、下级之间建立加密隧道），加密隧道拓扑结构是部分网状结构。

1. 纵向加密认证装置部署于省、地调调度数据网之间

电力专用纵向加密认证装置部署于省、地调调度数据网连接的边界处，以确保省、地调间业务数据传输的安全性和完整性，其主要部署方式包括单机部署、双机串联部署、双机冗余部署等，在保证了数据传输过程中的机密性的同时，根据安全策略控制不同类型用户对核心数据的访问权限，有效防止未经授权的访问和数据泄露的风险，如图 3-12 所示。

2. 纵向加密认证装置部署于地调与变电站数据网之间

当电力专用纵向加密认证装置部署于电力调度控制中心与变电站之间时，应满足电力监控系统"安全分区、网络专用、横向隔离、纵向认证"的总体原则，在电力调度控制中心、发电厂、变电站生产控制大区与广域网的纵向连接处部署经过国家指定部门检测认证的电力专用纵向加密认证装置或者加密认证装置及相应设施，实现双向身份认证、数据加密和访问控制，确保数据传输的机密性和完整性，同时还应具有安全过滤及对电力系统数据通信应用层协议、报文的处理能力，如图 3-13 所示。

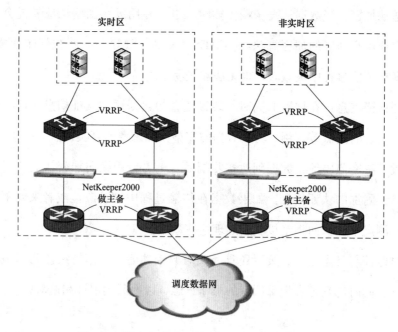

图 3-12　纵向加密认证装置部署于省、地调之间

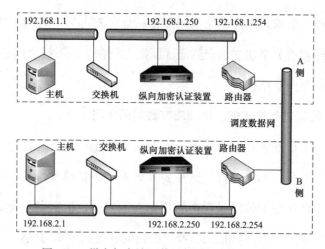

图 3-13　纵向加密认证装置部署于主、厂站之间

电力专用纵向加密认证装置作为电力系统网络中一种重要的网络安全设备，在保障数据传输安全性方面发挥着至关重要的作用。它通过高强度的加密算法和认证技术，确保了数据在传输过程中的机密性、完整性和真实性。随着网络安全威胁的不断增加，纵向加密认证装置的应用将越来越广泛，其技术也将不断进步和完善，为网络安全提供更加坚实的保障。

第五节　网络安全监测装置

随着信息技术的深入渗透与广泛应用，电力行业对网络越来越依赖，网络不仅成为电力企业运营和保障民生的关键支撑，还是信息传递、业务处理和服务提供的重要渠道，因此网络安全问题变得尤为突出和严峻。为了有效提升电力监控系统网络安全防护能力，确保网络系统能够在各种威胁下稳定运行，研发和推广网络安全监测装置已经迫在眉睫。

一、网络安全监测装置介绍

（一）网络安全监测装置的定义

网络安全监测装置已实现对调度主站、配电自动化主站、集控站、变电站及发电厂监控系统内的各类设备，包括主机、网络设备，以及通用和专用的安防设备进行全方位的监视与告警，从而能够实时地掌握变电站内部涉网主机的外设接入情况、网络设备的连接状态，以及人员登录等关键安全事件。长时间的测试与实际运行证明，网络安全监测装置能够有效实现"内部介入得到遏制，安全风险得以管控"的安全防控目标。

（二）网络安全监测装置的分类

为满足不同场景和性能需求，网络安全监测装置分为两种类型：Ⅰ型和Ⅱ型。Ⅰ型网络安全监测装置配备了高性能处理器，能够同时接入多达 500 个监测对象，适用于主站侧的大规模监控需求。而Ⅱ型网络安全监测装置，则采用中等性能的处理器，设计接入 100 个监测对象，更适用于变电站和发电厂等侧的应用，提供了一种经济且高效的解决方案。这样的分型设计使得网络安全监测装置能够更灵活地适应不同的应用环境和规模需求，如图 3-14 和图 3-15 所示。

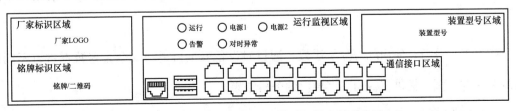

图 3-14　Ⅰ型网络安全监测装置面板布局示意图

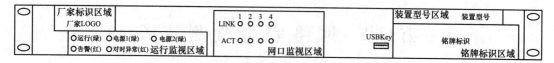

图 3-15　Ⅱ型网络安全监测装置面板布局示意图

（三）网络安全监测装置的功能

1. 本地监视功能

（1）本地数据采集：

1）支持采集服务器、工作站及嵌入式主机等所有类型的主机的用户登录、操作信息、运行状态、移动存储设备接入、网络外联等事件信息，主机设备通过安装探针程序（Agent）采集操作系统自身感知的安全信息，再通过 TCP/IP 协议发送到网络安全监测装置。

2）支持采集骨干交换机、采集交换机、调度数据网交换机等网络设备的用户登录、操作信息、配置变更信息、流量信息、网口状态信息等事件信息，网络设备的安全信息通过 SNMP 及 SNMP TRAP 协议发送到网络安全监测装置。

3）支持采集防火墙、正反向横向隔离装置、入侵检测装置等安全防护设备的用户登录、配置变更、运行状态、安全事件信息等事件信息，安全防护设备的安全信息通过 syslog 日志格式将数据发送到网络安全监测装置。

4）支持触发性事件信息的采集和周期性上送的状态类信息的采集。

（2）数据分析处理：

1）支持以分钟级统计周期，对重复出现的事件进行归并处理。

2）支持根据参数配置，对采集到的 CPU 利用率、内存使用率、网口流量、用户登录失败等信息进行分析处理，根据处理结果决定是否形成新的上报事件。

3）支持对网络设备日志信息进行分析处理，提取出需要的事件信息（如用户添加事件）。

（3）安全分析：使用综合分析手段，通过对设备安全监视与安全告警数据进行不同维度的分析与挖掘，提供多视角、多层次的分析结果。

（4）安全核查：以核查任务为维度，可在一次核查任务中分别对多个设备进行安全配置核查，同时可以有针对性地对设备进行单个配置项的配置信息核查。

（5）监视告警：针对监测装置的告警情况，采用告警提示窗、告警悬浮窗、告警轮播等多种方式实时展示告警情况，告警范围包括安全事件类、运行异常类、设备故障类、人员操作类告警等。

实现 6 个月内的安全告警信息的记录、查询等功能，包括设备信息、安全告警发生次数、发生时间、告警内容、是否解决、解决方法等信息。支持按所属区域、安全区、设备类型等属性进行告警筛选，以及按告警级别、确认状态、发生时间等属性对告警进行搜索的功能。

（6）参数管理：网络安全监测装置参数配置项包括系统参数、通信参数及事件处理参数，支持参数配置导出功能及同产品的参数配置备份导入功能。

（7）图形化展现：

1）支持采集信息、上传信息的本地查看，应支持根据时间段、设备类型、事件等级、事件条数等综合过滤条件进行信息查看。

2）具备自诊断功能，至少包括进程异常、通信异常、硬件异常、CPU 占用率过高、存储空间剩余容量过低、内存占用率过高等，检测到异常时应提示。

3）具备用户管理功能，基于三权分立原则划分管理员、操作员、审计员等不同角色，并为不同角色分配不同权限；应满足不同角色的权限相互制约要求，不应存在拥有所有权限的超级管理员角色。

4）具备资产管理功能，包括资产信息的添加、删除、修改、查看等，资产信息应包括设备名称、设备 IP、MAC 地址、设备类型、设备厂家、序列号、系统版本等。

5）支持采集信息、上传信息的本地查看，应支持根据时间段、设备类型、事件等级、事件条数等综合过滤条件进行信息查看。

6）支持对监视对象数量、在离线状态的统计展示，应支持从设备类型、事件等级等维度对采集信息、上传信息进行统计展示。

7）具备日志功能，日志类型至少包括登录日志、操作日志、维护日志等。

2. 服务代理功能

网络安全监测装置的另一个主要功能是服务代理。该功能的实际作用如下：

（1）响应网络安全管理平台远程调阅，能够根据时间段、设备的类型、事件发生的等级以及事件发生时所记录的相关数据进行综合过滤，实现采集信息、上传事件等数据信息按需上送。

（2）支持网络安全管理平台对接入网络安全监测装置相关资产信息的添加、修改和查阅等远程管理。

（3）支持网络安全管理平台对监测对象参数配置的远程管理，包括系统和通信参数等。

（4）支持网络安全管理平台对主机设备的基线核查和管理，主要包括主机服务和应用程序设置、账号配置、口令配置、授权配置、日志配置和通信 IP 配置等。

（5）支持网络安全管理平台对其进行远程程序升级和版本校验。

（6）支持网络安全管理平台对主机设备的危险操作命令和关键文件目录进行远程管控。

3. 通信功能

网络安全监测装置具备与变电站监控系统主机设备、网络设备、安全防护设备的通信功能，实现对这些设备的网络安全信息采集与命令控制。同时，通过调度数据网与调度主站网络安全管理平台进行通信，实现平台对变电站监控系统网络安全态势的实时感知和管控。

（1）与监测对象通信。

1）与服务器、工作站设备通信：网络安全监测装置采用自定义 TCP 协议与服务器、工作站等设备进行通信，实现对服务器、工作站等设备的信息采集与命令控制。

2）与数据库通信：网络安全监测装置通过消息总线功能接收数据库事件信息。

3）与网络设备通信：网络安全监测装置通过 SNMP 协议主动从交换机获取所需信息，通过 SNMP TRAP 协议被动接收交换机事件信息，并采用 SNMP、SNMP TRAP V2c 及以上版本与交换机进行通信。

4）与安全防护设备通信：网络安全监测装置通过 syslog 协议采集安全防护设备信息。

（2）与管理平台通信。

1）事件上传通信：装置采用 DL/T 634.5104《远动设备及系统 第 5-104 部分：传输规约 采用标准传输协议集的 IEC 60870-5-101 网络访问》协议与网络安全管理平台进行通信，其中网络安全管理平台作为服务端，网络安全监测装置作为客户端。当 TCP 连接建立后，网络安全监测装置首先进行基于调度数字证书的双向身份认证，认证通过后才能进行事件上传。

2）服务代理通信：装置应采用基于 TCP 的自定义通信协议，其中网络安全监测装置作为服务端，网络安全管理平台作为客户端。当接收到未配置的网络安全管理平台 IP 地址发来的 TCP 连接请求时，网络安全监测装置能够自动拒绝响应。

4. 本地管理

网络安全监测装置具备划分管理员、审计员、操作员等不同角色用户的本地管理功能，不同角色用户分配不同权限。

（1）管理员权限：对网络全监测装置进行时钟管理、时区管理、进程管理（重启、关机）、用户操作管理（增删用户、重置密码、操作和维护等日志信息）。

（2）审计员权限：可以根据选择的类型、级别、时间段查看登录、操作和维护等日志信息。

（3）操作员权限：采集信息、上传信息的本地查看，支持根据时间段、设备类型、事件等级、事件条数等综合过滤条件进行信息查看。对监视对象数量、在离线状态统计展示，支持从设备类型、事件等级等维度对采集信息、上传信息进行统计展示。实现对服务器、工作站等设备的基线核查、主动断网、监控对象的参数设置等。支持参数配置，包括系统参数、通信参数及事件处理参数；支持参数配置导出功能及同产品的参数配置备份导入功能，即达到同产品的参数配置的互换性。

5. 版本管理

网络安全监测装置命名由装置型号和版本信息组成，其中装置型号包括厂家硬件代码、厂家装置系列代码，版本信息包括基础软件版本、本地管理界面软件，软件版本包含版本号、程序校验码和软件生成日期。网络安全监测装置应通过中国电力科学研究院检测，支持网络安全管理平台对其进行版本检验。

（四）网络安全监测装置的特点

1. 面向设备的网络安全事件自身感知技术

网络安全监测装置具有面向设备的网络安全事件自我感知技术，相较于其他技术路线，更加贴合电力监控系统的实际需求。网络安全监测装置通过实时监测设备自身的网络状态，一旦发现异常行为或潜在的攻击迹象，能够在第一时间做出响应，实现对电力监控系统安全状况的全面掌控，有效降低安全事件可能带来的损失。因此，网络安全监测装置的自我感知技术以其直接、高效和精准的特点，成为满足电力监控系统安全监管需求的理想选择。

2. 基于网络安全监测装置的自我感知及采集与通信技术

在关键区域部署监测装置，不仅赋予了设备对自身网络安全事件的深刻洞察力，能够直接、高效地检测并发现任何潜在的安全威胁，而且能够实时、全面地采集、处理和传输本区域内设备的网络安全数据。通过高效的数据处理机制和先进的通信技术，处理结果会及时、安全地传送到电力调度控制中心的网络安全监视平台，确保数据的实时性、完整性和准确性。这一综合技术的应用，为电力监控系统等关键基础设施提供了全面、高效的网络安全保障，大大提升了安全防护能力。

3. 基于管理平台分级部署、协同管控的应用体系

管理平台分级部署、协同管控应用体系的建设，实现了网络安全监视、告警、分析、审计、核查等核心应用功能的分布式部署和协同应用，确保各级调控机构能够紧密合作，共同维护网络安全。首先，通过分级部署的管理平台，能够根据不同的安全需求和业务特点，在各级调控机构有针对性地设置网络安全应用功能。其次，协同管控机制确保了各级调控机构在网络安全管理上的紧密配合。当某一机构发现安全威胁或异常行为时，能够迅速将信息传递给其他相关机构，实现信息的实时共享和协同响应。通过这些技术，网络安全管理部门可以及时发现潜在的安全风险，发出准确的告警信息，为电力调度控制中心提供了全方位、多层次的网络安全保障。

二、网络安全监测装置的基本原理

网络安全监测装置采用 Agent、SNMP、syslog 等不同方式采集主机、数据库、网络设备、安全防护设备等设备的运行状态、配置和告警信息，并满足 Q/GDW 11914—2018《电力监控系统网络安全监测装置技术规范》的相关要求。

（一）信息采集

1. 主机设备及数据库

主机设备及数据库通过部署的探针程序（Agent），实现告警信息、运行状态信息等的数据采集。探针程序通过与网络安全监测装置建立 TCP 连接，将采集的数据上送至网络安全监测装置。Agent 是主机设备和数据库的安全监控软件，可以对登录信息、操作信息、运行状态、配置信息、危险操作、密码修改等信息进行监控和上送。

2. 网络设备

网络安全监测装置对网络设备的信息采集通过 SNMP 和 SNMP TRAP 协议（端口161、162）实现。一旦出现用户登录、配置变更、开启新的网络接口等信息，会通过 SNMP TRAP 协议主动发送至网络安全监测装置。

3. 安全防护设备

网络安全监测装置对安全防护设备的信息采集通过 syslog 协议（端口 514）实现，一旦出现用户操作、配置变更、安全事件等信息，会通过 syslog 协议主动发送至网络安全监测装置。

（二）信息上送

为确保信息能够安全地传输至网络安全监管系统，网络安全监测装置在信息传输之前实施了一项关键的安全措施：双向身份认证。这一步骤至关重要，它要求网络安全监测装置与网络安全监管系统之间进行严格的身份验证。只有通过这一认证过程，信息才会被允许上传。在此机制中，网络安全监测装置作为客户端，主动向网络安全监管系统发出请求，以建立 TCP 连接。一旦连接被成功建立，网络安全监测装置会率先发起认证。当认证环节顺利完成后，网络安全监测装置会发送一个名为"STARTDT"的激活帧报文，这是启动数据传输的信号。监管系统在接收到这个激活帧并做出正确回应之后，数据的传输才会正式开始。值得一提的是，网络安全监测装置上传的信息，其格式严格遵循 GB/T 31992—2015《电力系统通用告警格式》和 Q/GDW 11914—2018《电力监控系统网络安全监测装置技术规范》的详细要求，从而确保上传信息的完整性、准确性和时效性，进一步保障整个电力系统的网络安全。具体的上传告警日志如表 3-1~表 3-8 所示。

表 3-1　　　　　　　　　　　　　主机设备上传告警日志

序号	设备类型	设备子类型	日志类型	日志子类型
1	主机	服务器	攻击告警	ARP 洪水攻击
2	主机	服务器	攻击告警	CC 攻击
3	主机	服务器	异常访问	DNS 详细信息告警
4	主机	服务器	攻击告警	ICMP 洪水攻击
5	主机	服务器	攻击告警	ICMP 目的不可达攻击
6	主机	服务器	异常访问	IP 扫描事件
7	主机	服务器	攻击告警	LDAP 注入攻击
8	主机	服务器	攻击告警	Mail 注入攻击
9	主机	服务器	攻击告警	smurf 攻击
10	主机	服务器	攻击告警	SQL 注入攻击
11	主机	服务器	攻击告警	SSI 指令攻击
12	主机	服务器	攻击告警	TCP 洪水攻击
13	主机	服务器	攻击告警	TCP 着陆攻击
14	主机	服务器	攻击告警	UDP 洪水攻击
15	主机	服务器	外设接入	USB 存储设备接入/拔出
16	主机	服务器	攻击告警	WebShell 攻击
17	主机	服务器	攻击告警	Web 扫描攻击
18	主机	服务器	攻击告警	XML 注入攻击
19	主机	服务器	攻击告警	XPath 注入攻击
20	主机	服务器	攻击告警	暴力破解
21	主机	服务器	外设接入	并口插入/拔出
22	主机	服务器	感染恶意代码	病毒样本信息
23	主机	服务器	违规访问	不符合安全策略访问
24	主机	服务器	感染恶意代码	厂站恶意代码紧急病毒
25	主机	服务器	感染恶意代码	厂站恶意代码一般病毒
26	主机	服务器	感染恶意代码	厂站恶意代码重要病毒
27	主机	服务器	外设接入	串口接入/拔出
28	主机	服务器	攻击告警	篡改攻击
29	主机	服务器	高危操作	非法命令
30	主机	服务器	异常访问	非高危端口扫描事件
31	主机	服务器	异常登录	服务器管理员账号非法尝试登录
32	主机	服务器	异常登录	服务器普通账号非法尝试登录
33	主机	服务器	高危操作	服务器网络服务开启
34	主机	服务器	高危操作	服务器系统命令调用
35	主机	服务器	异常访问	高危端口扫描事件
36	主机	服务器	高危操作	高危命令
37	主机	服务器	高危操作	关键目录下文件变更
38	主机	服务器	外设接入	光驱加载/弹出光盘

序号	设备类型	设备子类型	日志类型	日志子类型
39	主机	服务器	异常访问	互联网未知威胁地址访问
40	主机	服务器	异常访问	互联网无风险地址访问
41	主机	服务器	攻击告警	会话凭证攻击
42	主机	服务器	感染恶意代码	紧急病毒
43	主机	服务器	外设接入	禁用未知 USB 设备接入/拔出
44	主机	服务器	外设接入	禁用 USB 存储设备接入/拔出
45	主机	服务器	异常访问	局域网高危端口访问
46	主机	服务器	异常访问	局域网危险端口访问
47	主机	服务器	高危操作	开放网络服务
48	主机	服务器	设备异常	开启新网络接口
49	主机	服务器	可信计算	可信策略状态变更
50	主机	服务器	可信计算	可信进程保护告警
51	主机	服务器	可信计算	可信文件访问保护告警
52	主机	服务器	可信计算	可信验证未通过告警
53	主机	服务器	攻击告警	跨站脚本攻击
54	主机	服务器	攻击告警	跨站请求伪造攻击
55	主机	服务器	攻击告警	泪滴攻击
56	主机	服务器	攻击告警	慢速 DDoS 攻击
57	主机	服务器	攻击告警	命令注入攻击
58	主机	服务器	攻击告警	目录遍历攻击
59	主机	服务器	攻击告警	其他 Web 攻击
60	主机	服务器	异常访问	数据网高危端口访问
61	主机	服务器	异常访问	数据网危险端口访问
62	主机	服务器	攻击告警	死亡之 ping 攻击
63	主机	服务器	外设接入	通信外设接入/拔出
64	主机	服务器	异常访问	外部高危端口访问
65	主机	服务器	异常访问	外部危险端口访问
66	主机	服务器	攻击告警	网络爬虫攻击
67	主机	服务器	异常访问	威胁情报命中告警
68	主机	服务器	外设接入	未知 USB 设备接入/拔出
69	主机	服务器	攻击告警	文件包含攻击
70	主机	服务器	攻击告警	文件违规上传
71	主机	服务器	攻击告警	文件违规下载
72	主机	服务器	攻击告警	信息泄露
73	主机	服务器	设备异常	业务中断
74	主机	服务器	感染恶意代码	一般病毒
75	主机	服务器	异常访问	异常网络访问
76	主机	服务器	高危操作	用户权限变更
77	主机	服务器	攻击告警	远程代码执行
78	主机	服务器	感染恶意代码	重要病毒

序号	设备类型	设备子类型	日志类型	日志子类型
79	主机	服务器	高危操作	主机开放高危端口
80	主机	服务器	高危操作	主机开放危险端口
81	主机	服务器	高危操作	主机 USB 存储功能开启

表 3-2　　　　　　　　　　　　数据库上传告警日志

序号	设备类型	设备子类型	日志类型	日志子类型
1	数据库	数据库	异常访问	IP 扫描事件
2	数据库	数据库	异常访问	非高危端口扫描事件
3	数据库	数据库	异常访问	高危端口扫描事件
4	数据库	数据库	异常访问	互联网未知威胁地址访问
5	数据库	数据库	异常访问	互联网无风险地址访问
6	数据库	数据库	异常访问	局域网高危端口访问
7	数据库	数据库	异常访问	局域网危险端口访问
8	数据库	数据库	设备异常	数据计划任务执行失败
9	数据库	数据库	异常访问	数据网高危端口访问
10	数据库	数据库	异常访问	数据网危险端口访问
11	数据库	数据库	设备异常	锁表-sql 语句长时间未提交
12	数据库	数据库	设备异常	锁表-sql 语句执行时间异常
13	数据库	数据库	异常访问	外部高危端口访问
14	数据库	数据库	异常访问	外部危险端口访问
15	数据库	数据库	异常访问	威胁情报命中告警
16	数据库	数据库	异常访问	异常网络访问
17	数据库	数据库	异常登录	用户登录失败

表 3-3　　　　　　　　　　　　网络设备上传告警日志

序号	设备类型	设备子类型	日志类型	日志子类型
1	网络设备	局域网核心交换机	异常访问	IP 扫描事件
2	网络设备	局域网接入交换机	异常访问	IP 扫描事件
3	网络设备	调度局域网交换机	异常访问	IP 扫描事件
4	网络设备	网络设备	设备异常	电路板故障
5	网络设备	网络设备	设备异常	电源故障
6	网络设备	网络设备	设备异常	端口故障
7	网络设备	网络设备	异常登录	非法尝试登录交换机
8	网络设备	网络设备	外设接入	非法 IP MAC 接入
9	网络设备	局域网接入交换机	异常访问	非高危端口扫描事件
10	网络设备	局域网核心交换机	异常访问	非高危端口扫描事件
11	网络设备	调度局域网交换机	异常访问	非高危端口扫描事件
12	网络设备	网络设备	设备异常	风扇故障
13	网络设备	调度局域网交换机	异常访问	高危端口扫描事件
14	网络设备	局域网接入交换机	异常访问	高危端口扫描事件

序号	设备类型	设备子类型	日志类型	日志子类型
15	网络设备	局域网核心交换机	异常访问	高危端口扫描事件
16	网络设备	局域网接入交换机	异常访问	互联网未知威胁地址访问
17	网络设备	局域网核心交换机	异常访问	互联网未知威胁地址访问
18	网络设备	调度局域网交换机	异常访问	互联网未知威胁地址访问
19	网络设备	调度局域网交换机	异常访问	互联网无风险地址访问
20	网络设备	局域网接入交换机	异常访问	互联网无风险地址访问
21	网络设备	局域网核心交换机	异常访问	互联网无风险地址访问
22	网络设备	网络设备	外设接入	接入设备 IP 地址冲突
23	网络设备	网络设备	外设接入	接入设备 MAC 地址冲突
24	网络设备	网络设备	外设接入	接入设备 MAC 地址的合法性识别
25	网络设备	局域网核心交换机	异常访问	局域网高危端口访问
26	网络设备	局域网接入交换机	异常访问	局域网高危端口访问
27	网络设备	调度局域网交换机	异常访问	局域网高危端口访问
28	网络设备	调度局域网交换机	异常访问	局域网危险端口访问
29	网络设备	局域网核心交换机	异常访问	局域网危险端口访问
30	网络设备	局域网接入交换机	异常访问	局域网危险端口访问
31	网络设备	网络设备	设备异常	开启新网络接口
32	网络设备	局域网核心交换机	异常访问	数据网高危端口访问
33	网络设备	局域网接入交换机	异常访问	数据网高危端口访问
34	网络设备	调度局域网交换机	异常访问	数据网高危端口访问
35	网络设备	局域网核心交换机	异常访问	数据网危险端口访问
36	网络设备	局域网接入交换机	异常访问	数据网危险端口访问
37	网络设备	调度局域网交换机	异常访问	数据网危险端口访问
38	网络设备	局域网核心交换机	异常访问	外部高危端口访问
39	网络设备	局域网接入交换机	异常访问	外部高危端口访问
40	网络设备	调度局域网交换机	异常访问	外部高危端口访问
41	网络设备	调度局域网交换机	异常访问	外部危险端口访问
42	网络设备	局域网核心交换机	异常访问	外部危险端口访问
43	网络设备	局域网接入交换机	异常访问	外部危险端口访问
44	网络设备	网络设备	设备异常	网口流量超过阈值
45	网络设备	网络设备	高危操作	网络设备修改用户密码
46	网络设备	调度局域网交换机	异常访问	威胁情报命中告警
47	网络设备	局域网核心交换机	异常访问	威胁情报命中告警
48	网络设备	局域网接入交换机	异常访问	威胁情报命中告警
49	网络设备	网络设备	设备异常	温度异常
50	网络设备	局域网核心交换机	异常访问	异常网络访问

续表

序号	设备类型	设备子类型	日志类型	日志子类型
51	网络设备	局域网接入交换机	异常访问	异常网络访问
52	网络设备	调度局域网交换机	异常访问	异常网络访问

表 3-4 防火墙上传告警日志

序号	设备类型	设备子类型	日志类型	日志子类型
1	防火墙	防火墙	攻击告警	ARP 洪水攻击
2	防火墙	防火墙	攻击告警	ICMP 洪水攻击
3	防火墙	防火墙	攻击告警	ICMP 目的不可达攻击
4	防火墙	防火墙	异常访问	IP 扫描事件
5	防火墙	防火墙	攻击告警	smurf 攻击
6	防火墙	防火墙	攻击告警	TCP 洪水攻击
7	防火墙	防火墙	攻击告警	TCP 着陆攻击
8	防火墙	防火墙	攻击告警	UDP 洪水攻击
9	防火墙	防火墙	设备异常	电源故障
10	防火墙	防火墙	异常访问	非高危端口扫描事件
11	防火墙	防火墙	设备异常	风扇故障
12	防火墙	防火墙	异常访问	高危端口扫描事件
13	防火墙	防火墙	异常访问	互联网未知威胁地址访问
14	防火墙	防火墙	异常访问	互联网无风险地址访问
15	防火墙	防火墙	异常访问	局域网高危端口访问
16	防火墙	防火墙	异常访问	局域网危险端口访问
17	防火墙	防火墙	攻击告警	泪滴攻击
18	防火墙	防火墙	设备异常	设备离线
19	防火墙	防火墙	异常访问	数据网高危端口访问
20	防火墙	防火墙	异常访问	数据网危险端口访问
21	防火墙	防火墙	攻击告警	死亡之 ping 攻击
22	防火墙	防火墙	异常访问	外部高危端口访问
23	防火墙	防火墙	异常访问	外部危险端口访问
24	防火墙	防火墙	设备异常	网口状态恢复
25	防火墙	防火墙	异常访问	威胁情报命中告警
26	防火墙	防火墙	设备异常	温度异常
27	防火墙	防火墙	异常访问	异常网络访问
28	防火墙	防火墙	异常登录	用户登录失败

表 3-5 横向隔离上传告警日志

序号	设备类型	设备子类型	日志类型	日志子类型
1	正向隔离	正向隔离装置	异常访问	IP 扫描事件
2	正向隔离	正向隔离装置	异常访问	非高危端口扫描事件
3	正向隔离	正向隔离装置	异常访问	高危端口扫描事件
4	正向隔离	正向隔离装置	异常访问	互联网未知威胁地址访问

序号	设备类型	设备子类型	日志类型	日志子类型
5	正向隔离	正向隔离装置	异常访问	互联网无风险地址访问
6	正向隔离	正向隔离装置	异常访问	局域网高危端口访问
7	正向隔离	正向隔离装置	异常访问	局域网危险端口访问
8	正向隔离	正向隔离装置	设备异常	开启新网络接口
9	正向隔离	正向隔离装置	设备异常	设备离线
10	正向隔离	正向隔离装置	异常访问	数据网高危端口访问
11	正向隔离	正向隔离装置	异常访问	数据网危险端口访问
12	正向隔离	正向隔离装置	异常访问	外部高危端口访问
13	正向隔离	正向隔离装置	异常访问	外部危险端口访问
14	正向隔离	正向隔离装置	异常访问	威胁情报命中告警
15	正向隔离	正向隔离装置	异常访问	异常网络访问
16	正向隔离	正向隔离装置	设备异常	正向隔离实时运行状态探测
17	正向隔离	正向隔离装置	设备异常	正向隔离业务中断告警（实时）
18	正向隔离	正向隔离装置	设备异常	正向隔离阵列探测（实时）
19	正向隔离	正向隔离装置	设备异常	正向隔离阵列探测（周期）
20	正向隔离	正向隔离装置	设备异常	正向隔离周期运行状态探测
21	正向隔离	正向隔离装置	设备异常	正向隔离主备切换
22	正向隔离	正向隔离装置	设备异常	正向隔离主备切换
23	反向隔离	反向隔离装置	异常访问	IP扫描事件
24	反向隔离	反向隔离装置	设备异常	反向隔离实时运行状态探测
25	反向隔离	反向隔离装置	设备异常	反向隔离业务中断告警（实时）
26	反向隔离	反向隔离装置	设备异常	反向隔离阵列探测（实时）
27	反向隔离	反向隔离装置	设备异常	反向隔离阵列探测（周期）
28	反向隔离	反向隔离装置	设备异常	反向隔离周期运行状态探测
29	反向隔离	反向隔离装置	设备异常	反向隔离主备切换（实时）
30	反向隔离	反向隔离装置	设备异常	反向隔离主备切换（周期）
31	反向隔离	反向隔离装置	异常访问	非高危端口扫描事件
32	反向隔离	反向隔离装置	异常访问	高危端口扫描事件
33	反向隔离	反向隔离装置	异常访问	互联网未知威胁地址访问
34	反向隔离	反向隔离装置	异常访问	互联网无风险地址访问
35	反向隔离	反向隔离装置	异常访问	局域网高危端口访问
36	反向隔离	反向隔离装置	异常访问	局域网危险端口访问
37	反向隔离	反向隔离装置	设备异常	开启新网络接口
38	反向隔离	反向隔离装置	设备异常	设备离线
39	反向隔离	反向隔离装置	异常访问	数据网高危端口访问
40	反向隔离	反向隔离装置	异常访问	数据网危险端口访问

序号	设备类型	设备子类型	日志类型	日志子类型
41	反向隔离	反向隔离装置	设备异常	隧道协商失败
42	反向隔离	反向隔离装置	异常访问	外部高危端口访问
43	反向隔离	反向隔离装置	异常访问	外部危险端口访问
44	反向隔离	反向隔离装置	异常访问	威胁情报命中告警
45	反向隔离	反向隔离装置	异常访问	异常网络访问

表 3-6　　　　　　　　　　　监测装置上传告警日志

序号	设备类型	设备子类型	日志类型	日志子类型
1	监测装置	Ⅰ型监测装置	异常访问	IP 扫描事件
2	监测装置	Ⅱ型监测装置	异常访问	IP 扫描事件
3	监测装置	Ⅱ型监测装置	外设接入	USB 存储设备接入/拔出
4	监测装置	Ⅱ型监测装置	设备异常	对时异常
5	监测装置	Ⅰ型监测装置	设备异常	对时异常
6	监测装置	Ⅱ型监测装置	异常登录	非法尝试登录监测装置
7	监测装置	Ⅱ型监测装置	高危操作	非法命令
8	监测装置	Ⅱ型监测装置	异常访问	非高危端口扫描事件
9	监测装置	Ⅰ型监测装置	异常访问	非高危端口扫描事件
10	监测装置	Ⅰ型监测装置	异常访问	高危端口扫描事件
11	监测装置	Ⅱ型监测装置	异常访问	高危端口扫描事件
12	监测装置	Ⅱ型监测装置	高危操作	高危命令
13	监测装置	Ⅱ型监测装置	异常访问	互联网未知威胁地址访问
14	监测装置	Ⅰ型监测装置	异常访问	互联网未知威胁地址访问
15	监测装置	Ⅱ型监测装置	异常访问	互联网无风险地址访问
16	监测装置	Ⅰ型监测装置	异常访问	互联网无风险地址访问
17	监测装置	Ⅱ型监测装置	异常访问	局域网高危端口访问
18	监测装置	Ⅰ型监测装置	异常访问	局域网高危端口访问
19	监测装置	Ⅱ型监测装置	异常访问	局域网危险端口访问
20	监测装置	Ⅰ型监测装置	异常访问	局域网危险端口访问
21	监测装置	Ⅱ型监测装置	高危操作	开放网络服务
22	监测装置	Ⅱ型监测装置	高危操作	开放网络服务
23	监测装置	Ⅱ型监测装置	设备异常	开启新网络接口
24	监测装置	Ⅱ型监测装置	设备异常	设备离线
25	监测装置	Ⅰ型监测装置	异常访问	数据网高危端口访问
26	监测装置	Ⅱ型监测装置	异常访问	数据网高危端口访问
27	监测装置	Ⅰ型监测装置	异常访问	数据网危险端口访问
28	监测装置	Ⅱ型监测装置	异常访问	数据网危险端口访问

续表

序号	设备类型	设备子类型	日志类型	日志子类型
29	监测装置	Ⅱ型监测装置	外设接入	通信外设接入/拔出
30	监测装置	Ⅰ型监测装置	异常访问	外部高危端口访问
31	监测装置	Ⅱ型监测装置	异常访问	外部高危端口访问
32	监测装置	Ⅱ型监测装置	异常访问	外部危险端口访问
33	监测装置	Ⅰ型监测装置	异常访问	外部危险端口访问
34	监测装置	Ⅱ型监测装置	异常访问	威胁情报命中告警
35	监测装置	Ⅰ型监测装置	异常访问	威胁情报命中告警
36	监测装置	Ⅱ型监测装置	外设接入	未知USB设备接入/拔出
37	监测装置	Ⅱ型监测装置	设备异常	验签错误
38	监测装置	Ⅰ型监测装置	设备异常	验签错误
39	监测装置	Ⅰ型监测装置	异常访问	异常网络访问
40	监测装置	Ⅱ型监测装置	异常访问	异常网络访问
41	监测装置	Ⅱ型监测装置	高危操作	主机开放高危端口
42	监测装置	Ⅱ型监测装置	高危操作	主机开放危险端口
43	监测装置	Ⅰ型监测装置	设备异常	装置异常
44	监测装置	Ⅱ型监测装置	设备异常	装置异常

表 3-7 恶意代码上传告警日志

序号	设备类型	设备子类型	日志类型	日志子类型
1	恶意代码监测系统	恶意代码监测系统	感染恶意代码	CPU利用率超阈值
2	恶意代码监测系统	恶意代码监测系统	异常访问	IP扫描事件
3	恶意代码监测系统	恶意代码监测系统	感染恶意代码	病毒库更新
4	恶意代码监测系统	恶意代码监测系统	感染恶意代码	病毒库未更新
5	恶意代码监测系统	恶意代码监测系统	感染恶意代码	厂站恶意代码病毒库更新
6	恶意代码监测系统	恶意代码监测系统	感染恶意代码	厂站恶意代码病毒库未更新
7	恶意代码监测系统	恶意代码监测系统	感染恶意代码	厂站恶意代码当日威胁状态
8	恶意代码监测系统	恶意代码监测系统	感染恶意代码	厂站恶意代码客户端更新
9	恶意代码监测系统	恶意代码监测系统	感染恶意代码	厂站恶意代码内存使用率超阈值
10	恶意代码监测系统	恶意代码监测系统	感染恶意代码	厂站恶意代码扫描记录
11	恶意代码监测系统	恶意代码监测系统	感染恶意代码	厂站恶意代码修改策略
12	恶意代码监测系统	恶意代码监测系统	感染恶意代码	厂站恶意代码用户登录成功
13	恶意代码监测系统	恶意代码监测系统	感染恶意代码	厂站恶意代码用户登录失败
14	恶意代码监测系统	恶意代码监测系统	感染恶意代码	厂站恶意代码用户退出
15	恶意代码监测系统	恶意代码监测系统	感染恶意代码	厂站恶意代码主机防护状态
16	恶意代码监测系统	恶意代码监测系统	感染恶意代码	厂站恶意代码CPU利用率超阈值
17	恶意代码监测系统	恶意代码监测系统	感染恶意代码	当日威胁状态

序号	设备类型	设备子类型	日志类型	日志子类型
18	恶意代码监测系统	恶意代码监测系统	异常访问	非高危端口扫描事件
19	恶意代码监测系统	恶意代码监测系统	异常访问	高危端口扫描事件
20	恶意代码监测系统	恶意代码监测系统	异常访问	互联网未知威胁地址访问
21	恶意代码监测系统	恶意代码监测系统	异常访问	互联网无风险地址访问
22	恶意代码监测系统	恶意代码监测系统	异常访问	局域网高危端口访问
23	恶意代码监测系统	恶意代码监测系统	异常访问	局域网危险端口访问
24	恶意代码监测系统	恶意代码监测系统	感染恶意代码	客户端更新
25	恶意代码监测系统	恶意代码监测系统	感染恶意代码	内存使用率超阈值
26	恶意代码监测系统	恶意代码监测系统	感染恶意代码	扫描记录
27	恶意代码监测系统	恶意代码监测系统	异常访问	数据网高危端口访问
28	恶意代码监测系统	恶意代码监测系统	异常访问	数据网危险端口访问
29	恶意代码监测系统	恶意代码监测系统	异常访问	外部高危端口访问
30	恶意代码监测系统	恶意代码监测系统	异常访问	外部危险端口访问
31	恶意代码监测系统	恶意代码监测系统	异常访问	威胁情报命中告警
32	恶意代码监测系统	恶意代码监测系统	感染恶意代码	修改策略
33	恶意代码监测系统	恶意代码监测系统	异常访问	异常网络访问
34	恶意代码监测系统	恶意代码监测系统	感染恶意代码	用户登录成功
35	恶意代码监测系统	恶意代码监测系统	感染恶意代码	用户登录失败
36	恶意代码监测系统	恶意代码监测系统	感染恶意代码	用户退出
37	恶意代码监测系统	恶意代码监测系统	感染恶意代码	主机防护状态

表3-8 流量监测上传告警日志

序号	设备类型	设备子类型	日志类型	日志子类型
1	流量监测采集装置	流量监测采集装置	感染恶意代码	厂站紧急恶意代码
2	流量监测采集装置	流量监测采集装置	感染恶意代码	厂站一般恶意代码
3	流量监测采集装置	流量监测采集装置	感染恶意代码	厂站重要恶意代码
4	流量监测采集装置	流量监测采集装置	感染恶意代码	紧急恶意代码
5	流量监测采集装置	流量监测采集装置	感染恶意代码	流量监测采集装置病毒样本信息
6	流量监测采集装置	流量监测采集装置	感染恶意代码	一般恶意代码
7	流量监测采集装置	流量监测采集装置	感染恶意代码	重要恶意代码

三、典型案例

(一)主站侧网络安全监测装置部署

主站侧,在安全Ⅰ、Ⅱ、Ⅲ区分别部署网络安全监测装置,如图3-16所示。

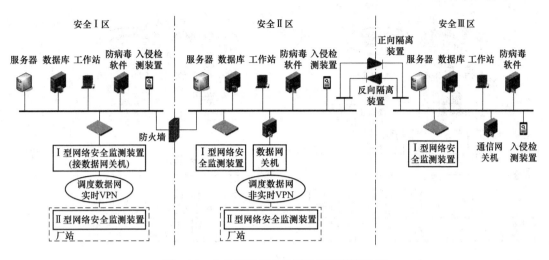

图 3-16　主站网络安全监测装置部署拓扑图

（二）厂站侧网络安全监测装置部署

当厂站Ⅰ、Ⅱ区网络通过防火墙可达时，网络安全监测装置可单独部署在安全Ⅰ区或安全Ⅱ区，如图 3-17 所示。

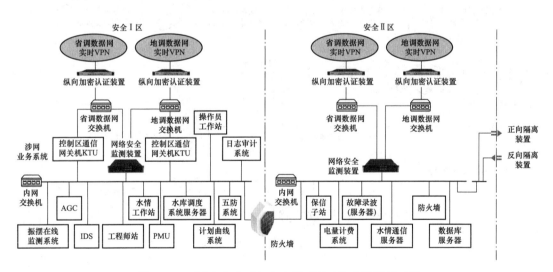

图 3-17　厂站安全Ⅰ区与安全Ⅱ区通过防火墙进行互联

当厂站Ⅰ、Ⅱ区网络完全断开，则安全Ⅰ、Ⅱ区各部署一台网络安全监测装置，如图 3-18 所示。

当厂站网络存在 A、B 双网，网络安全监测装置需要同时与 A、B 双网互联，如图 3-19 所示。

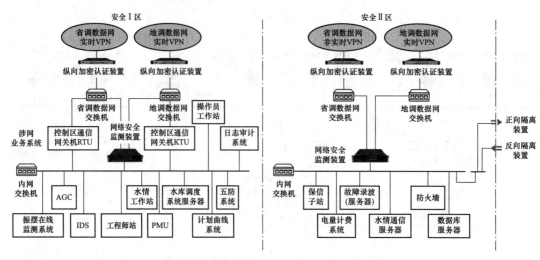

图 3-18　厂站安全Ⅰ区和安全Ⅱ区完全断开

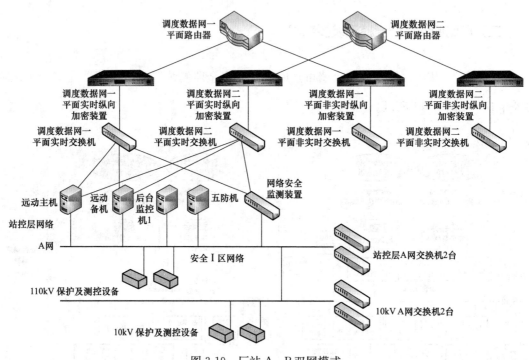

图 3-19　厂站 A、B 双网模式

第六节　可信验证计算

一、系统介绍

本系统采用 C/S 的管理模式从保障服务器操作系统安全的角度出发，以可信计算为基础，围绕"可信、可控、可管"三个维度构建服务器主动防御体系，从源头上保证服务器安全。提供基于可信根的可信检测、系统程序运行控制、操作系统可信验证、应用程序可信验证、关键文件保护、未知程序免疫等安全保障机制，并逐步建立完善的服务器操作系统级安全管理体系，给予可信节点主动防御的能力，保障可信节点的安全审计、安全管理，建立文件下发，策略下发等集中统一的管理平台，为服务器提供全面的安全防护。可信计算架构图如图 3-20 所示。

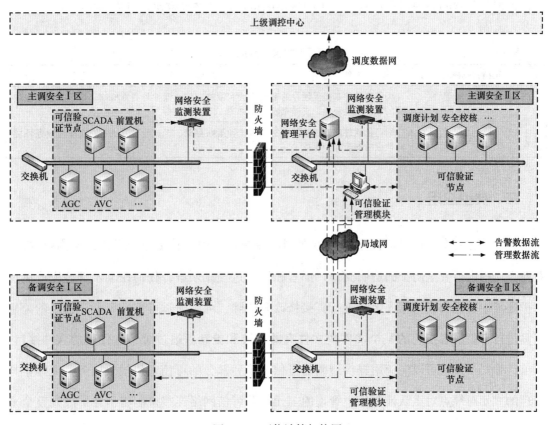

图 3-20　可信计算架构图

二、可信计算原理

可信验证正是一种能够进行"主动防御"的技术手段，通过建立"计算＋保护"的计算节点双体系结构，形成类似于人体免疫系统认同排异的安全免疫机制，高效率、高强度地实现对未知病毒木马的主动免疫。基于可信计算平台，从系统引导到应用程序的执行，构建完整的度量验证机制，未通过可信验证的引导程序、系统程序、应用程序以及重要配置参数主动阻断其运行并告警、审计，使计算环境实现内生安全免疫。

可信验证模块：通常选择主站安全Ⅰ区、安全Ⅱ区、安全Ⅲ区（D5000 系统前置机、SCADA、AGC、AVC、数据库、横向网关机等）的关键服务器和工作站进行部署。

可信验证管理模块：部署在可信验证节点对应安全区的工作站，对可信验证节点的策略进行管控。

可信验证模块由可信根模块和可信软件基组成，可信根模块有硬件板卡和软件两种形态，根据服务器的安全需求级别采用不同形态的可信计算密码模块，见表 3-9。

表 3-9   可信根模块组成

序号	可信密码模块形态	说明
1	硬可信	为可信软件基提供硬件的密码算法和策略存储、保护与更新机制，用于安全等级较高的业务系统环境，支撑完成 CPU 实模式的可信引导
2	软可信	为可信软件基提供软件的密码算法和策略存储、保护与更新机制，实现对业务环境内核级的安全保护支撑

三、典型应用

可信计算安全模块已应用于智能电网调度控制系统中，其工作于操作系统内核底层，对业务应用进行安全防护的透明支撑，部署和运行过程无须进行任何改动，部署完成后受保护环境中二进制代码程序无法进行直接修改和删除，可以通过可信计算安全模块的配置工具进行全盘或者指定的某个文件或文件夹的安装和更新。通过可信软件基的软件接口，可信计算安全模块可以向应用提供透明的可信度量和部分的可信密码模块服务，支撑本地管理的二元对等点对点认证和集中管理的三元对等可信网络连接机制将信任扩展到整个业务系统区域，其主要应用效果如下：

（1）安全免疫基础支撑。建立安全免疫的计算环境，为其他安全机制提供防护基础提供身份认证（内核级强制访问控制）和关键数据保护（可信硬件级加密存储）的技术支撑。

（2）抵御未知恶意代码攻击。有效抵御高级别、定制化的新型病毒攻击，具备主动防御未知恶意代码攻击的能力，主动防御未知恶意代码对漏洞的利用。

（3）程序完整性保护。避免恶意攻击者对受保护的应用程序、动态库文件、可执行脚本的篡改。

（4）强制访问控制。禁止未知设备、程序、主机对可信节点的非法访问。

（5）业务程序版本一致性管控。实现对业务应用程序的版本管理，使现场运行的程序和经过检测的程序状态相同。

第七节 运维管控堡垒机

一、基本功能

权限管控采用数字化运维管控技术，根据操作系统、业务应用使用需求按照角色对用户权限进行细分，以密码及生物特征两种方式进行用户识别登录，满足双因子认证要求。通过调度管理系统（OMS），以工作票的形式进行业务系统、操作系统权限申请和审批，由工作班人员在 OMS 提交申请流程、工作负责人审核、网络安全管理专责审批，应用网络安全管理平台权限管控模块，通过数字接口将 OMS 工作票推送至网络安全管理平台，自动完成操作人员身份识别、运维操作权限分配，根据现场工作实际情况进行权限终结、延期、归档，通过网络安全管理平台实现运维过程全监视、全记录、全审计，有效地对各类运维人员的操作行为进行规范化管理，实现对人员操作合规性的实时监视、分析审计与追踪溯源。

二、工作原理

运维权限统一由安全Ⅲ区 OMS 申请，生成工作票（长期、临时）下发至堡垒机，堡垒机对工作票信息进行解析，并根据业务需求进行授权（人员、资产 IP、时间段、端口等），授权完成后，人员使用运维终端通过堡垒机访问目标资产，运维权限到期后，堡垒机收回访问权限，安全管理平台可接入堡垒机操作记录和告警信息，进行全面审计。堡垒机可在安全Ⅰ、Ⅱ区部署一台，安全Ⅲ区部署一台，其中Ⅲ区堡垒机可定期同步数据至安全管理平台。

堡垒机是物理旁路逻辑网关部署的硬件设备，它主要针对具备特权账号人员的运维操作进行管控和审计。

堡垒机是一台部署在数据中心、通过限制终端对网络设备或网络资源的直接访问、采用协议代理的方式、可以进行设备账号统一管理、资源和权限统一分配、操作全程审计的设备。

以满足等级保护下身份鉴别、访问控制、安全审计等监管要求为核心，基于"账号、认证、授权和审计"4A管理理念，采用三权分立和最小访问权限原则，实现精准的事前识别、精细的事中控制和精确的事后审计，帮助企业转变传统IT安全运维被动响应的模式，建立面向用户的集中、主动的运维安全管控模式，降低人为安全风险，满足合规要求，保障企业效益。

身份认证：堡垒机为每个运维人员创建唯一的运维账号（主账号），该账号是获取目标资产访问权限的唯一凭证，运维工作时，资产账号（从账号）与主账号关联，可准确识别用户身份。堡垒机支持USB-key、动态口令卡、数字证书等单因子认证及数字证书＋账号的双因子认证方式。

授权管理：堡垒机根据接收到的工作票信息，创建运维账号，并对账号进行分组授权，包括资产账号、资产名称、IP、业务分组、时间周期、访问端口等。

行为控制：安全管理平台配置危险操作指令集并下发至堡垒机。堡垒机实时监测运维人员操作行为，对运维过程中的危险指令进行实时阻断，并可上报至安全管理平台进行授权指令审批。

行为审计：工作站Agent采集的操作记录由堡垒机转发至安全管理平台，堡垒机自身形成的审计信息定期同步至安全管理平台，安全管理平台展示审计结果，其中工作站审计信息为安全管理平台方案审计内容，包含行为审计、合规性审计，堡垒机审计信息包含字符会话审计支持SSH等协议；图形审计支持RDP、VNC等协议；文件传输审计支持SFTP等协议，并提供操作行为定位和倍速回放功能。安全管理平台对所有的审计信息持续进行智能分析，运维人员的操作行为进行画像，建立行为基线，当出现异常行为时，可提供风险处置意见。

第八节　电力调度数据证书系统

从国家电网有限公司调度业务系统的实际需求出发，对规划和建设电力数字证书认证体系的必要性及可行性进行分析，提出数字证书系统是保障国网电力各项信息系统安全的一项基础设施。建设具有信息化、自动化、互动化特征的统一电网，网络接入更加复杂，信息集成度更高，信息安全工作愈加重要，如何保障用户端、电厂侧及信息系统和数据的安全，需要强化身份认证系统等安全基础设施建设，在安全接入、安全传输、安全应用等方面进行深入研究。

一、系统介绍

（一）体系框架

公钥基础设施（public key infrastructure，PKI）是网络安全建设的基础与核心，是电子商务安全实施的基本保障，PKI 采用证书进行公钥管理，通过第三方的可信任机构（认证中心，即 CA），把用户的公钥和用户的其他标识信息捆绑在一起，其中包括用户名和电子邮件地址等信息，以在 Internet 网上验证用户的身份。PKI 把公钥密码和对称密码结合起来，在 Internet 网上实现密钥的自动管理，保证网上数据的安全传输。典型的 PKI 系统，其中包括 PKI 策略、软硬件系统、证书机构 CA、注册机构 RA、证书发布系统和 PKI 应用等，如图 3-21 所示。

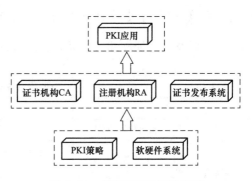

图 3-21　公钥基础设施构架图

电力调度数字证书系统突破了传统 PKI 的建设模式，将 PKI 需要的功能完全集成在一台设备中，可以为一般的人员或者安全设备提供证书管理服务。电力调度证书系统主要是为电力调度生产监控系统中的人员、设备、应用程序、系统颁发数字证书，在数字证书的基础上在网络中展开安全的通信，从而保证电力生产监控系统的应用、网络、设备稳定可靠运行，以及保证电力生产的安全。

1. 认证模型

第一层是 1024 位 RSA 算法自签名的国调根 CA，也是调度一级 CA，该 CA 在国网认证体系内具有最高认证级别。

第二层是由国调总根 CA 签发的二级调度 CA，该级别 CA 应用于网省级单位。

第三层是由二级调度 CA 签发的三级调度 CA，该级别 CA 应用于地市级单位，是三级认证体系总最低级别 CA。

调度证书系统为三级结构（国调→网省调→地调），因此目前在调度系统中证书链最大长度为 4，分别是国调总根证书→网省调根证书→地调根证书→应用证书。从最低层向上逐级验证：①证书吊销列表（CRL）；②证书有效期；③证书颁发者标识符；④证书签名域。

2. 权限分配

电力调度数字证书系统角色划分为管理员和操作员，其中管理员包含初始化管理员、系统证书管理员和系统管理员三种身份，操作员包含录入操作员、审核操作员及签发操作员三种角色身份，见表 3-10。管理员的主要职责为系统管理，包含本级系统初始化、操作员管理、系统加密设备管理、证书模板配置、日志查询与操作、密钥及数据库备份与恢复等。操作员的主要职责为数字证书和安全标签的签发与管理，包含数字证书和安全标签的申请、审核、签发，数字证书和安全标签撤销的申请、审核、签发，证书撤销列表的签发和导出，以及数字证书和安全标签状态查询等。

表 3-10　　　　　　　　　　电力调度数字证书系统角色分配表

角色		主要职责
管理员	初始化管理员	负责系统的初始化，以及签发系统证书管理员
	系统证书管理员	申请本系统证书请求、导入本系统证书、签发/注销系统管理员、系统密钥的备份及恢复、系统配置的备份及恢复
	系统管理员	主要任务是各操作员（录入操作员、审核操作员和签发操作员）的申请及注销、标签管理（单位编码维护、角色编码维护、应用编码维护）、导出证书系统自身的系统证书
操作员	录入操作员	发起的用户证书申请请求、更新请求和注销请求等，以供审核管理员进行审核
	审核操作员	审核用户提出的证书申请。审核管理员同时处理审核用户证书的更新和注销请求
	签发操作员	签发证书，对已接受的证书签发请求、更新请求和吊销请求通过 CA 处理中心进行证书签发、更新、注销、导出等

3. 部署方式

新一代数字证书系统采用本级部署，本级访问的实现方式，即系统的所有模块安装在同一台主机上，不能以任何方式接入任何网络。

4. 认证框架

新一代数字证书系统认证框架基于三级认证模型建立，并由每级建立相应的 RSA 认证体系和 SM2 椭圆曲线密码算法认证体系。总调根 CA 分别自签生成 RSA 算法根证书和 SM2 自签根证书，并向二级单位签发提供两种算法证书，依此类推逐级响应下级申请，签发证书。

(二) 电力调度数据证书系统特点

(1) 安全性高。具备自主知识产权和完备的安全架构。使用高强度密码保护密钥，支持 USB-key 等硬件设备来保存用户的证书。

(2) 适应性强。使用多种标准语言实现，捆绑多种协议，支持目前广泛采用的应用架构、操作系统、安全协议、开发平台，适应各种不同的应用环境。

(3) 符合国际标准。证书类型多样性及灵活配置，能够发放包括设备证书（电力专用反向安全隔离装置、纵向认证加密装置等）、服务器证书（Web 服务器、应用服务器等）、操作员证书等。

(4) 高扩展性。根据客户需要，对系统进行配置和扩展，能够发放各种类型的证书，系统支持多级 CA 和交叉认证。

(5) 易于部署与使用。系统的各个组成部分都封装在同一台工作站内部，易于部署和搭建，并每步对系统的使用操作都具有详细的操作说明。

(6) 多算法支持。系统支持 RSA 算法与 SM2 算法，提供双算法下的证书认证方式，增强系统对算法的支持能力。

(7) 增强实体管理能力。系统增加安全标签功能，易于管理用户实体。

二、主要功能

(一) 管理员功能

(1) 初始化功能：将数据库置为初始状态、将密码设备置为初始状态、生成系统密钥和证书。

(2) 角色管理功能：系统证书管理员利用系统密钥创建或删除系统管理员与操作员并签发角色证书。

（3）配置管理功能：维护加密卡、证书发布服务器等功能部件的配置。

（4）日志审计功能：记录操作日志，并提供审计模式。

（5）备份管理功能：备份或恢复系统重要数据，包括系统证书管理员密码钥匙备份、系统密钥备份、数据库备份。

（二）操作员功能

（1）录入证书请求、录入吊销请求：将数据库置为初始状态，将密码设备置为初始状态，生成系统密钥和证书。

（2）审核证书请求、审核吊销请求：审核操作员审查来自录入员提交的证书申请或证书吊销请求。

（3）签发证书、吊销证书：签发操作员执行签发或吊销操作。

（4）查询证书：各操作员可执行证书查询功能。

（5）签发 CRL：签发操作员可执行 CRL 签发功能。

第四章

通用安全防护技术

第一节 防火墙技术

一、防火墙介绍

（一）防火墙定义

防火墙由软件和硬件设备组合而成，具象化来说，防火墙就是在内部网和外部网之间、专用网与公共网之间的界面上构造的保护屏障。防火墙是一种计算机硬件和软件的结合，使 Internet 与 Intranet 之间建立起一个安全网关（security gateway），通过强制实施的安全策略，防止对重要信息资源的非存取和访问，确保内部网络免遭非法用户的侵入，以达到保护系统安全的目的。

（二）防火墙的类型

1. 从实现方式分类

（1）硬件防火墙：专门设计的网络设备，安装了防火墙软件，本质上还是软件在进行控制。

（2）软件防火墙：运行在一台或多台计算机之上的特别软件从保护对象角度分类。

2. 从保护对象角度分类

（1）网络防火墙：保护整个网络。

（2）主机/个人防火墙：保护单台主机。

3. 从实现技术角度分类

（1）包过滤防火墙：包过滤防火墙在 OSI 网络层和传输层运行。这类防火墙会检查通过网络发送的各个数据包，根据包头源地址、目的地址和端口号、协议类型等标志来判断是否让数据包通过，至少可防止两个网络在未经许可的情况下直接连接。需要注意的是，之前已接受的连接不会被跟踪，这意味着每发送一个数据包都必须重新批准每个连接。过滤规则需要根据手动创建的接入控制列表来设置，适用于小型网络。

（2）状态检测防火墙：又称动态包过滤防火墙，工作在 OSI 网络层和数据链路层，这类防火墙的独特之处在于能够监控持续的连接并记录历史连接。它通过实时监控网络数据包的状态，并根据预定义的安全策略进行决策，从而保护网络免受各种攻击。这种防火墙摒弃了简单包过滤防火墙仅考察进出网络的数据包、不关心数据包状态的缺点，在防火墙的核心部分建立状态连接表，维护了连接，将进出网络的数据当成一个个事件来处理，对系统资源的要求较高。

（3）应用层防火墙：应用层防火墙在 OSI 应用层上运行，负责处理浏览器产生的数据流以及 FTP 等应用程序的数据流。它能够拦截并控制进出特定应用程序的所有数据包，同时阻止其他数据包（通常是通过直接丢弃数据包的方式实现）。从另一个角度来说，当受信任网络上的用户打算连接到不受信任网络（如 Internet）上的服务时，该应用被引导至防火墙中的代理服务器。代理服务器可以毫无破绽地伪装成 Internet 上的真实服务器。它可以对请求进行评估，并根据管理员制定的规则决定允许或拒绝该请求。

（三）防火墙的逻辑特性

防火墙从逻辑上来讲是一个分离器，一个限制器，也是一个分析器，实现以下 4 类控制功能：

（1）方向控制：控制特定的服务请求通过它的方向。

（2）服务控制：控制用户可以访问的网络服务类型。

（3）行为控制：控制使用特定服务的方式。

（4）用户控制：控制可以进行网络访问的用户。

（四）防火墙的部署方式

防火墙一般有 3 种工作模式：透明模式、路由模式和混合模式。防火墙的工作模式是通过设置接口的工作模式来实现的。当防火墙工作在透明模式时，需要将接口设置为二层接口；当防火墙工作在路由模式时，需要将接口设置为三层接口；当防火墙工作在混合模式时，则需要将相关接口分别设置为二层接口和三层接口。

1. 透明模式

透明模式是指防火墙工作在同一网段中，连接同一 IP 地址的两个子网，主要用于数据流的二层转发，如图 4-1 所示。此时，防火墙的作用就和交换机一样，对于用户来说是透明的。

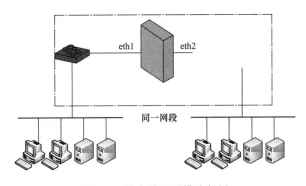

图 4-1　防火墙透明模式部署

2. 路由模式

路由模式是指防火墙可以让工作在不同网段之间的主机以三层路由的方式进行通信。当防火墙处于路由工作模式时，其各接口所连接的网络必须处于不同的网段，且需要为防火墙的接口设置 IP 地址，如图 4-2 所示。

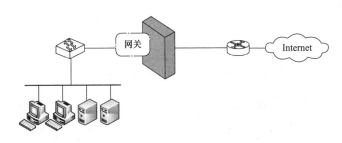

图 4-2　防火墙路由模式部署

3. 混合模式

混合模式是指防火墙同时工作在透明模式和路由模式两种模式下，能够同时实现数据流的二层转发和三层路由功能，如图 4-3 所示。

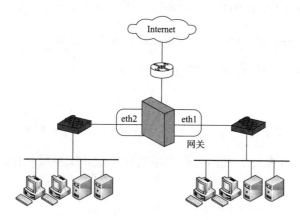

图 4-3 防火墙混合模式部署

（五）防火墙的性能指标

防火墙的性能指标是评估其在实际应用中能否满足网络安全需求的关键因素，以下是几个重要的性能指标及其详细描述。

1. 吞吐量（throughput）

吞吐量是指防火墙在单位时间内能够成功处理的数据包数量。它是评估防火墙性能的核心指标之一。一个高吞吐量的防火墙意味着它能够在高负载下依然保持流畅的网络通信，从而确保网络的稳定性和可靠性。基于木桶原理，网络中最大吞吐量是网络各设备中的最小吞吐量，防火墙吞吐量太小，就会成为网络瓶颈，给整个网络的传输效率带来负面影响。因此，防火墙需要具备强大的处理能力，包括高速的数据包处理和转发能力，以及高效的算法和优化的软件架构。

2. 延迟（latency）

延迟是指数据包从进入防火墙到离开防火墙所需的时间。低延迟对于确保网络通信的实时性和响应速度至关重要。在高延迟的情况下，用户可能会遇到网络延迟、响应缓慢或连接中断等问题，这将对用户的使用体验造成负面影响。因此，选择具有低延迟性能的防火墙是保证网络通信质量的重要因素之一。

3. 并发连接数（concurrent connections）

并发连接数是指防火墙能够同时处理的网络连接数量。在网络环境中，大量用户可能同时访问不同的网络资源，这将导致大量的并发连接请求。一个具有高并发连接数的防火墙能够同时处理更多的连接请求，从而提供更好的用户体验和网络性能。因此，在选择防火墙时，需要考虑其并发连接数的处理能力，以确保在高并发环境下依然能够保持稳定的性能。

4. 新建连接速率（new connection rate）

新建连接速率是指防火墙每秒能够建立的新连接数量。在网络环境中，新连接的建立是不断发生的，特别是在用户访问新的网页、下载文件或进行其他网络活动时。一个具有高新建连接速率的防火墙能够更快地处理新连接请求，从而加快用户访问网络资源的速度，这对于提高网络性能和用户体验非常重要。

二、防火墙基本原理

（一）状态检测过滤

采取主动过滤技术，在链路层截取并分析数据包以提高处理性能，对流经数据包进行基于 IP 地址、端口、用户、时间等的动态过滤，还可以结合定义好的策略，动态生成规则，这样既保证了安全，又满足应用服务动态端口变化的要求。

（二）双向网络地址转换

在全透明模式下提供了双向地址转换（NAT）功能，能够有效地屏蔽整个子网的内部结构，使得黑客无从发现子网存在的缺陷，还可使企业能够通过共享 IP 地址的方法解决 IP 地址资源不足的问题。支持静态 NAT、动态 NAT 及 IP 映射（支持负载均衡功能）、端口映射。

（三）应用层代理

支持透明代理功能，提供对 HTTP、FTP（可限制 GET、PUT 命令）、TELNET、SMTP（邮件过滤）、POP3 等标准应用服务的透明代理，同时提供在用户自定义服务下的透明代理，支持网络接口限定。通过提供透明的代理服务，使受控网络中的用户感觉不到代理的存在，这样不必改变客户端配置，就能在授权范围内与外网通信，减少了网络管理员的工作量。

（四）防 IP 地址欺骗

对指定接口所连接的网络中主机的 IP 和 MAC 地址进行绑定，防止 IP 盗用，并对非法 IP 的访问提供详细的记录，以便管理员查看。

（五）时间管理

支持过滤规则的时间域设定，系统管理员在定义好一条规则后，能够指定这条规则的启动、生效和关闭的时间域。

（六）带宽管理

提供 QoS 机制，能够用优先级和流量控制方式分配网络带宽，从而有效地保证需要特殊带宽的网络服务。

（七）用户认证

提供与应用服务无关的用户认证，能够同时为包过滤服务和代理服务提供用户认证。支持防火墙本地认证和 web 认证服务器，提供用户及组管理，提供在线用户监控功能。

（八）邮件过滤

对收件和发件的邮件主题、正文、收发人、附件名、附件内容等进行过滤，对邮件内容除提供关键词匹配外，还提供基于文本格式的中文内容智慧过滤。

（九）应用防护

实时应用层内容过滤，在防火墙内核协议栈中实现。支持病毒防护、入侵防护、应用软件过滤、URL 过滤及协议控制功能。

（十）规则及配置信息的导入导出、备份恢复

可以把配置的各项数据从防火墙导出做备份，需要时可以把以前的配置信息导入设备，

恢复到以前的状态，也可以导入另一台相同型号的防火墙，从而给管理员的工作带来很大的便利和很好的安全保证。

（十一）入侵检测（IDS）与实时阻断

能够识别并防范对网络和主机的扫描攻击、异常网络协议攻击、IP欺骗攻击、源IP攻击、IP碎片攻击、DoS/DDoS攻击等；可根据入侵检测结果自动地调整防火墙的安全策略，及时阻断入侵的网络连接，并可通过邮件的方式向管理员报警；支持用户自定义监测规则，支持规则库的手动升级。

（十二）日志审计

提供防火墙日志管理和日志服务器，具有实时监控、审计、报警和自动备份功能，同时三权分立管理；并可为安全审计员提供丰富完整的日志信息和完善的安全审计，允许安全审计员设定审计查询规则，以可理解的格式输出查询结果，生成可理解格式的日志文件，具有日志存储溢出报警和补救功能。

（十三）集中安全管理

通过网络安全监管系统可以对网络中的防火墙完成集中统一的管理和系统监视；支持对设备运行状态的实时监控；支持实时安全事件报警和安全事件的日志管理审计。

（十四）模块升级与配置恢复

支持防火墙软件的版本升级，并提供了完善的灾难恢复机制。当防火墙由于各种原因而出现PIN口令忘记、证书不可用或过期、IP地址遗失等现象时，管理员只要初始化主机，并将事前保存的系统配置文件导入防火墙，防火墙就能恢复正常的工作状态。

（十五）远程维护

当开启此功能时，允许授权管理员利用SSH的方式对设备进行管理。由于"远程支持"功能采用安全的协议SSH进行防火墙的管理，可保证网络上传送的管理信息被加密，而不被内部或外部用户嗅探或攻击。

（十六）支持 VLAN 协议

防火墙接收、发送带有 VLAN 标记的网络数据。因此，可把防火墙置于交换机 TRUNK 口，同时支持多个 VLAN 区间通信，包括透明模式和路由模式。

三、应用案例

（一）生产控制大区防火墙部署

电力监控系统生产控制大区中防火墙的部署应在安全Ⅰ区（控制区）与安全Ⅱ区（非控制区）的横向网络边界上，起到逻辑隔离的作用，且在配备防火墙时建议采用双机热备方式进行部署安装，如图 4-4 所示。

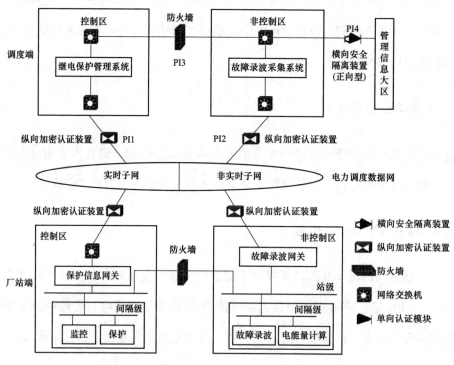

图 4-4 控制区和非控制区防火墙部署示意图

（二）安全运行区防火墙部署

电力监控系统安全运行区中在纵向达边界和重要信息系统区需要分别放置防火墙来进

行边界防护，以此来保障各区域数据信息的安全性和可控性，如图 4-5 所示。

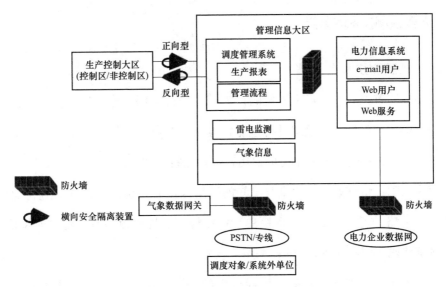

图 4-5　安全运行区防火墙部署示意图

第二节　入侵检测技术

一、入侵检测装置介绍

（一）入侵检测装置的定义

入侵检测是指在特定的网络环境中发现和识别未经授权的、恶意的入侵和攻击，并对此做出反应的过程，其作为一种积极主动的安全防护技术，提供了对内部、外部和误操作的实时保护，在网络系统受到危害之前拦截和响应入侵。入侵检测系统是一种建立在对上述行为实施检测并完成相应功能的独立入侵检测系统，其中涵盖内容主要分为非法访问行为、系统外部入侵两类，其目的是报告和处理计算机信息网络异常操作行为。在实践应用中与防火墙配合使用可形成一个强大的网络护盾，从而极大降低了计算机网络中存在的入侵安全事件的发生概率。

入侵检测装置是一种能够实时监视和分析网络系统，发现可疑传输行为、内容、质量或违反安全策略的行为，并做出相应反应的网络安全设备。它是网络安全防护体系中的一个重要组成部分，与防火墙、安全事件管理系统等共同构成了网络安全防线。

（二）入侵检测技术的分类

1. 误用入侵检测技术

误用入侵检测首先对表示特定入侵的行为模式进行编码，建立误用模式库；然后对实际检测过程中得到的审计事件数据进行过滤，检查是否包含入侵特征串。误用检测的缺陷在于只能检测已知的攻击模式。常见的误用入侵检测技术如下。

（1）模式匹配：将收集到的信息与已知的网络入侵和系统误用模式串进行比较，从而发现违背安全策略的行为，具有原理简单、扩展性好、检测效率高、可实时检测等特点。轻量级开放源代码入侵检测系统 snort 采用此技术。

（2）专家系统：根据安全专家对可疑行为的分析经验来形成一套推理规则，在此基础上建立相应的专家系统来自动对所涉及的入侵行为进行分析，能够随着经验积累而利用其自学习能力进行规则的扩充和修正。在处理海量数据时存在效率问题，由于专家系统的推理和决策模块通常使用解释型语言，在执行速度上比编译型语言慢。规则库维护艰巨。

2. 异常入侵检测技术

异常检测是通过对系统异常行为的检测来发现入侵。异常检测的关键问题在于正常使用模式的建立，以及如何利用该模式对当前系统或用户行为进行比较，从而判断出与正常模式的偏离程序。模式（profiles）通常使用一组系统的度量（metrics）来定义。度量，指系统或用户行为在特定方面的衡量标准。每个度量都对应于一个门限值。常见异常检测技术如下。

（1）统计分析：检测器根据用户对象的动作为每个用户建立一个用户特征表，通过比较当前特征与已存储定型的以前特征，从而判断是否异常行为。统计分析优点：成熟概率统计理论支持、维护方便；缺点：不能实时检测，统计分析不能反映时间在时间顺序上的前后相关性，而不少入侵行为都有明显的前后相关性，门限值的确定比较棘手等。

（2）神经网络：对用户行为具有学习和自适应功能，能够根据实际检测到的信息有效地加以处理并做出入侵可能性的判断。利用神经网络所具有的识别、分类和归纳能力，可以使入侵检测系统使用用户行为特征的可变性。从模式识别的角度来看，入侵检测系统可以使用神经网络来提取用户行为的模式特征，并以此创建用户的行为特征轮廓。利用神经网络检测入侵的基本思想是用一系列单元（命令）训练神经单元，这样在给定一组输入后，就可能预测输出。

3. 新技术

免疫系统、基因算法、数据挖掘、基于代理的检测等。

（三）入侵检测装置的分类

根据部署方式和检测对象的不同，入侵检测装置可以分为入侵检测系统（IDS）和入侵防御系统（IPS）。部署方式如图 4-6 所示。

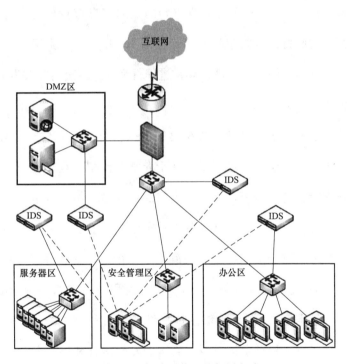

图 4-6　入侵检测装置的部署方式

1. 入侵检测系统（旁路部署）

从专业上讲，入侵检测系统（IDS）是依照一定的安全策略，对网络、系统的运行状况进行监视，尽可能发现各种攻击企图、攻击行为或者攻击结果，以保证网络系统资源的机密性、完整性和可用性。打个比方，假如防火墙是一幢大厦的门锁，那么 IDS 就是这幢大厦里的监视系统，一旦小偷进入了大厦，或内部人员有越界行为，只有实时监视系统才能发现情况并发出警告。与防火墙不同的是，IDS入侵检测系统是一个旁路监听设备，没有也不需要跨接在任何链路上，无须网络流量流经它便可以工作。因此，对IDS的部署的唯一要求是：IDS应挂接在所有所关注的流量都必须流过的链路上。在这里，"所关注的流量"指的是来自高危网络区域的访问流量和需要进行统计、监视的网络报文。IDS在交换式网络中的位置一般选择为：尽可能靠近攻击源、尽可能靠近受保护资源。当然IDS也可以和防火墙进行联动来阻拦入侵的行为。其主要作用如下：

（1）实时监测与数据收集：IDS通过实时监测网络流量、系统日志、文件信息等各种数据源，获取系统和网络的状态信息。这些信息是后续分析的基础，有助于了解网络的整体运行状况。

（2）特征提取与行为分析：IDS会对收集到的数据信息进行处理和分析，提取出与入侵行为相关的特征。这些特征可能包括网络连接的IP地址、目标IP地址、端口号、协议类型等，或者是系统日志中的异常事件、异常进程行为等。通过特征提取和行为分析，IDS能够识别出潜在的入侵行为。

（3）建立并应用检测模型：IDS会根据已知的入侵行为或正常行为建立相应的模型。这些模型可以是基于特征的模型，也可以是基于异常的模型。基于特征的模型通过比对已知的入侵特征或正常特征进行匹配，来判断当前的行为是否属于入侵行为；而基于异常的模型则通过学习正常行为模式，检测出与模型不符的异常行为。

（4）实时响应与阻断攻击：一旦IDS检测到入侵行为，它能够实时响应并采取措施阻断攻击或限制受攻击的系统资源。这有助于防止攻击者进一步破坏系统或窃取敏感信息。

（5）生成报告与日志记录：IDS能够生成详细的报告和日志记录，包括警报、事件和响应操作的信息。这些报告和日志记录对于后续的安全审计和事件分析具有重要意义，有助于系统管理员了解网络的安全状况并采取相应的安全措施。

2. 入侵防御系统（串行部署）

入侵防御系统（IPS）是计算机网络安全设施，是对防病毒软件和防火墙的补充。IPS是一部能够监视网络或网络设备的网络资料传输行为的计算机网络安全设备，能够即时地中断、调整或隔离一些不正常或是具有伤害性的网络资料传输行为。对于部署在数据转发路径上的 IPS，可以根据预先设定的安全策略，对流过的每个报文进行深度检测（协议分析跟踪、特征匹配、流量统计分析、事件关联分析等），一旦发现隐藏于其中网络攻击，可以根据该攻击的威胁级别立即采取抵御措施，这些措施包括（按照处理力度）：向管理中心告警、丢弃该报文、切断此次应用会话、切断此次 TCP 连接。其主要作用有：

（1）实时检测和防御攻击：IPS 能够实时监控网络流量，对经过的数据包进行深度分析，一旦发现具有攻击特征的数据包，会立即采取措施进行拦截和阻断，从而有效防止恶意攻击行为对网络系统和数据造成损害。

（2）深度包检测：与传统的防火墙不同，IPS 不仅检查数据包的头部信息，还会对数据包的内容进行深度分析，包括应用层数据的解析和识别。这使得 IPS 能够更准确地发现隐藏在正常流量中的恶意攻击。

（3）降低误报和漏报率：IPS 通过采用先进的检测算法和机器学习技术，能够更准确地识别攻击行为，从而降低误报和漏报率。这有助于减少管理员的工作量，提高安全防护的效率。

（4）提供详细的日志和报告：IPS 会记录所有检测到的攻击事件，并提供详细的日志和报告。这些日志和报告有助于管理员了解网络的安全状况，及时发现潜在的安全隐患，并采取相应的措施进行防范。

（5）与其他安全设备协同工作：IPS 可以与防火墙、安全扫描工具等其他安全设备协同工作，形成多层次的安全防护体系。通过共享安全信息和资源，这些设备能够共同应对各种复杂的网络攻击。

3. IDS 与 IPS 的区别

（1）IPS 对于初始者来说，是位于防火墙和网络的设备之间的设备。如果检测到攻击，IPS 会在这种攻击扩散到网络的其他地方之前阻止这个恶意的通信。而 IDS 只是存在于网络之外起到报警的作用，而不是在网络前面起到防御的作用。

（2）IPS 具有检测已知和未知攻击并成功防止攻击的能力，而 IDS 没有。

（3）IDS 的局限性是不能反击网络攻击，因为 IDS 传感器基于数据包嗅探技术，只能"眼睁睁"地看着网络信息流过。IPS 可执行 IDS 相同的分析，因为它们可以插入网内，装在网络组件之间，并阻止恶意活动。

二、入侵检测装置的基本原理

1. 信息收集

入侵检测装置首先需要对网络中的信息进行收集，包括数据包、系统日志、用户行为等。信息收集是入侵检测的基础，其准确性和完整性直接影响检测结果的准确性。

2. 数据处理

收集到的信息需要经过预处理、特征提取等步骤，以便后续的分析和检测。数据处理是入侵检测过程中的关键环节，其目标是提取出与入侵行为相关的特征。

3. 检测分析

处理后的信息会被送入检测引擎进行分析。检测引擎根据预设的规则和策略，对信息进行模式匹配、统计分析或行为分析等，以判断是否存在入侵行为。

4. 攻击响应

在攻击信息分析并确定攻击类型后，对检测到的攻击做出相应处理，如发出警报和记录日志等，利用自动装置直接处理，如切断连接、过滤攻击者地址、数据恢复、根除入侵者留下的后门、防火墙联动等。同时，它还可以与其他安全设备进行联动，实现协同防御。

三、典型案例

入侵检测系统通常部署于生产控制大区，与主干交换机镜像口相连接，是检测安全Ⅰ区（控制区）、安全Ⅱ区（非控制区）或安全Ⅲ区的网络边界攻击行为的安防设备。在电力监控系统网络中采用镜像口监听部署模式（旁路部署），镜像口监听模式是最简单方便的一种部署方式，不会影响原有网络拓扑结构。这种部署方式把入侵检测设备连接到交换机镜像口后，只需对入侵检测规则进行勾选启动，无须对自带的防火墙进行设置，无须另外安装专门的服务器和客户端管理软件，用户使用浏览器即可实现对入侵检测系统的管理（包括规则配置、日志查询、统计分析等），大大降低了部署成本和安装使用难度，增加了部署灵活性。入侵检测设备部署示意图如图 4-7 所示。

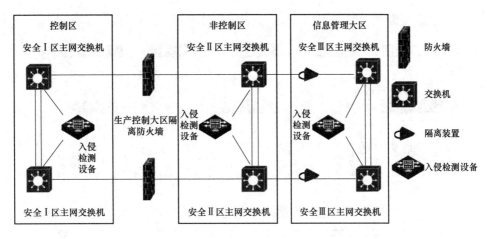

图 4-7 入侵检测设备部署示意图

第三节 恶意代码防范技术

恶意代码监测系统针对网络安全迫切需求，对网络流量和主机节点进行实时监测防护，可快速准确地检测、预警、清除企业生产、办公环境中存在的僵木蠕等恶意代码和 apt 等恶意网络攻击、异常行为，并提供安全数据分析、态势展示、威胁预警。

一、系统介绍

意代码监测由恶意代码分析中心、网络流量恶意代码监测系统、防恶意代码系统三个子系统构成。恶意代码分析中心主要负责海量网络安全数据的收集、处理、存储、安全态势展示。网络流量恶意代码监测系统负责对网络流量进行恶意代码及攻击的实时监测防护。防恶意代码系统由管理中心和防恶意代码客户端组成，负责对所有终端主机系统进行恶意代码及攻击的实时监测防护。

二、基本原理

（一）恶意代码分析中心基本原理

恶意代码分析中心的整体构架主要由数据采集层、数据处理层、数据引擎、数据应用四个部分组成，如图 4-8 所示。

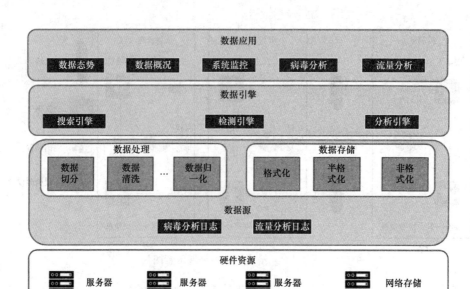

图 4-8　恶意代码分析中心架构图

数据采集层能够针对各类数据源进行实时采集，也能够根据数据源类型的不同进行多方式的采集，将采集到的数据提供给系统的数据处理层进行处理。日志数据的采集方式主要分为主动式采集和被动式接收采集。同时，系统支持多种数据接口、数据类型，并且在性能上能够做到万兆环境及每秒万条数据均不丢包。

数据处理层采用大数据处理模式，能进行海量的数据处理。对采集来的数据进行清洗、切分、归一化处理和建立索引，完成处理之后，实现分布式实时文件存储，同时对数据应用需要的数据段做好预统计，以提高数据使用效率。

数据引擎层由三大针对数据的分析引擎组成，分别为搜索引擎、检测引擎、分析引擎，主要为数据应用层提供分析使用。

数据应用层用于对数据的查询、统计、分析、管理，主要包括实时态势、态势分析、病毒分析、流量分析、系统管理等功能。

（二）网络流量恶意代码监测系统

网络流量恶意代码监测系统由网络流量探针组件和沙箱组件两部分构成，如图 4-9 所示。流量探针主要功能为分为采集处理、数据泛化、检测分析。沙箱组件是流量高级威胁检测的重要组成部分，可疑文件的分析仅是网络沙箱所应具备的最基本能力，为了提高网络沙箱的检测效率还需要配合静态检测和预先过滤技术，不让可轻易识别的恶意软件再进入沙箱分析。

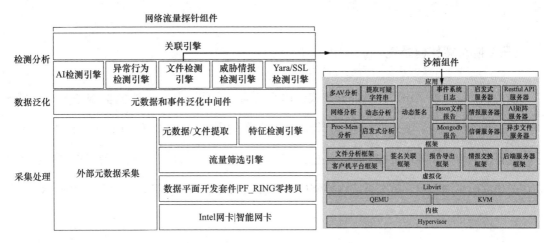

图 4-9　网络流量恶意代码监测系统架构图

流量探针架构分为采集处理、数据泛化、检测分析三层。采集处理层主要作用是对采集的网络原始流量进行深度解析后按照用户定义策略进行筛选，再对目标流量进行元数据提取和特征检测，采集处理层还支持对第三方提供的元数据进行采集。为了提高流量处理性能，该层可选用两种高性能流量采集与处理方案，一种是使用 DPDK（数据平面开发套件）技术方案，另一种是使用 RF_RING ZC 技术方案，两种方案均能够对 Intel 网卡和智能网卡提供支持。数据泛化层作用是将采集到的第三方元数据、流量中提取的元数据和文件进行归一化处理，以便进行进一步的检测和分析。检测分析层不仅包含了 AI 检测引擎、异常行为检测引擎、文件检测引擎、威胁情报监测引擎、Yara/SSL 检测引擎等专项检测引擎，还包含关联引擎。这些检测引擎可分析原始流量中的安全威胁，并通过关联引擎进行更深入的关联分析。

沙箱是执行不信任或可疑程序的虚拟环境，程序的行为被监视、识别，然后以自动化的方式进行检查。沙箱流量高级威胁检测的重要组成部分，它可以帮助安全专业人员识别恶意软件及其攻击。恶意文件检测设备（沙箱）技术架构从上到下包括应用、框架、虚拟化和内核四层，内核层的 Hypervisor 用于建立和管理虚拟机，虚拟化层的 QEMU-KVM 是 QEMU 和 KVM 整合的虚拟化方案，而 Libvirt 包含了对 QEMU-KVM 虚拟机进行管理的工具和 API。框架层包含了文件分析框架、签名关联框架、报告导出框架等，用于提供对文件分析检测的基本能力。应用层则包含了多种文件检测手段和应用，如多 AV 检测引擎、启发式分析、动态签名、AI 检测矩阵等。

（三）防恶意代码系统

防恶意代码系统采用了先进的分布式的体系结构，使用了 B/S（浏览嚣/服务嚣）和 C/S（客户端/服务器）两种模式进行通信和管理，B/S 模式用于控制和管理方面，使用该模式管理中心进行全网控制和管理更加方便、快捷；C/S 模式用于通信方面，该模式使客户端和主控中心在通信方面更加稳定。整个系统由控制中心、客户端两个子系统组成，如图 4-10 所示。

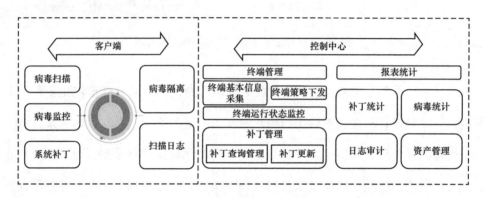

图 4-10　防恶意代码系统架构图

管理中心是整个防恶意代码系统的管理与核心控制部分，在网络中，它必须最先被安装。除了对网络中的计算机进行日常的管理与控制外，它还实时地记录着防恶意代码系统防护体系内每台计算机上的病毒监控、查杀病毒和升级等信息。此外，管理中心还可作为网络管理员进行日常管理工作而量身定做的操作平台，它可以在网络中的任何一台可以连接到管理中心的计算机上通过浏览器方式登录进行操作，这使得管理员的工作具有极大的灵活性，管理员不再桎梏于管理中心，发现问题可以随时随地解决。子管理中心是某个区域内计算机的管理中心。它向上连接主管理中心，向下连接客户端，并且可以被独立管理。

防恶意代码系统的客户端分为两种类型，服务器客户端是针对安装了服务器版操作系统的计算机而设计的，普通客户端则是针对安装了非服务器版操作系统的计算机而设计的。客户端的功能主要是对安装客户端的计算机进行保护与实时监控，防止计算机被病毒攻击，在发现病毒后向管理中心报告。

服务器端：安装在服务器版操作系统的计算机上，针对服务器的特点，对处理病毒的流程及系统的监控都做了相应的优化处理，保证服务器上的各种服务能够正常工作，减少对性能的影响。

客户端：针对普通版的操作系统的计算机而设计的。在安装时，防恶意代码系统会进行智能判断，自动安装合适的客户端，无须用户干预安装过程。

Linux 客户端：针对 Linux 平台及国产操作系统平台，防恶意代码系统提供了 Linux 版的客户端软件。

三、典型案例

恶意代码监测系统部署于调度主站，负责收集所管辖范围内主站与厂站所有防恶意代码客户端和网络流量恶意代码监测采集装置上报的事件信息与日志等。如图 4-11 所示，主站端安全 Ⅱ 区部署一套防恶意代码客户端管理模块，通过防火墙实现对安全 Ⅰ 区防恶意代码客户端的管理，或不同安全分区各部署一套防恶意代码客户端管理模块；不同安全分区应部署独立的网络流量恶意代码监测采集装置，避免跨安全区连接；在满足网络连通的情况下，所辖范围内的变电站只部署主机防恶意代码客户端软件，并接受主站端防恶意代码客户端管理模块的管理，变电站内部网络与主站网络不联通的情况下，可选择在变电站调度数据网部署下一级防恶意代码客户端管理模块，实现站内管理，并接受主站端防恶意代码客户端管理模块的管控；重要变电站部署网络流量恶意代码监测采集装置，并接受主站管控。

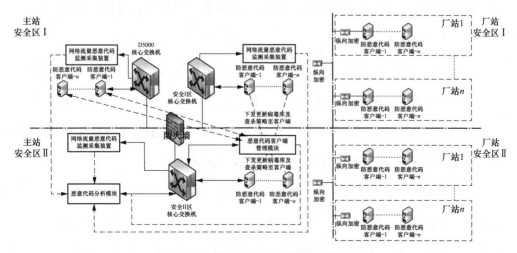

图 4-11　恶意代码监测系统架构示意图

<h1 style="text-align:center">第四节 安全配置加固</h1>

随着信息技术的快速发展，电力监控系统已经成为现代电网稳定运行的关键环节。电力监控系统作为电力系统的"大脑"，一旦遭受攻击或破坏，将可能导致大面积的停电事故，对社会经济造成重大影响。电力监控系统安全防护的加固，对于确保电力系统的稳定运行、防范网络攻击和数据泄露具有至关重要的意义。

一、安全加固概述

（一）基本概念

安全加固技术是指根据等级保护测评、安全风险评估等专业评估结果，制定相应的系统加固方案，针对不同目标系统，通过打补丁、修改安全配置、增加安全机制等方法，对操作系统、数据库、通用服务、应用服务、网络设备、安全防护设备等进行安全性加固，从而提高设备自身的安全性。电力监控系统在上线投运之前、升级改造之后必须进行安全加固和评估，对不符合安全防护规定或存在严重漏洞的禁止投入运行。

（二）基本原则

电力监控系统安全加固的基本原则主要包括以下几点：

（1）标准化原则：安全加固方案的设计与实施应依据国家或公司的相关标准执行，确保加固措施的科学性和有效性。

（2）分权制衡原则：对所有权限按照最小化要求进行划分，使每个被授权使用者只能拥有其中的一部分权限，通过权限相互制约、相互监督，共同保证电力监控系统的安全。

（3）最小影响原则：生产控制大区设备安全加固应在投运前或检修期间进行，同时保证电力监控系统的安全稳定运行，避免对核心业务造成影响。

（4）综合性加固：安全加固的对象不仅包括操作系统、数据库、通用服务、应用服务等软件部分，还包括网络设备、安全设备等硬件部分。加固方式也应综合多样，包括但不限于修改系统配置、封闭空闲端口、删除不必要的系统账户、增强密码强度等。

（5）专业性与自主性相结合：安全加固应采用自加固和专业加固相结合的方式。自加固是指电力系统业务主管部门或电力系统运行维护单位依靠自身的技术力量，对电力系统在日常维护过程中发现的脆弱性进行修补的安全加固工作。专业安全加固是指在信息安全风险评估或安全检查后，由信息管理部门或系统业务主管部门组织发起，开展的电力系统安全加固工作。

（6）保密性原则：对加固过程中的数据和结果严格保密，不得在未经授权的情况下访问、利用或泄露敏感和机密信息，或利用此数据进行任何侵害性行为。这个原则的核心目的是保护信息的机密性，敏感性。

（三）加固流程

电力监控系统安全加固的流程主要包括加固前准备工作和安全加固工作两部分。

1. 加固前准备工作

（1）确定需要进行安全加固的对象及项目，组织人员进行设备资料收集，包括设备名称、IP 地址、设备型号、厂家、操作系统版本、网络拓扑、等级保护测评及安全评估报告等。

（2）编制系统及设备安全加固三措一案，评估加固过程中可能出现的安全风险，编写现场标准化作业风险控制卡，制定作业风险安全控制措施，对于核心业务和核心设备，应编制应急预案。

（3）准备安全加固所需的软、硬件，包括程序升级包、漏洞补丁、配置备份、专用调试笔记本、专用安全移动介质等。

2. 安全加固过程中的注意事项

（1）提前做好配置、数据备份，按照现场标准化作业风险控制卡做好安全措施。

（2）通过运维权限管控系统或运维堡垒机授予现场加固人员最小化权限，根据加固方案对操作系统、数据库、网络设备和安全防护设备开展安全加固工作，加固过程中执行的命令、参数和配置等应通过运维审计系统详细记录。

（3）安全加固操作必须严格按照《国家电网公司电力安全工作规程（电力监控部分）》所规定的组织措施（现场勘察制度、工作票制度、工作终结制度）和安全技术措施（授权、备份、验证）进行开展。

（4）安全加固操作完成后，应对系统功能进行核查，确保业务正常、加固内容完整。

（5）加固工作结束后，形成安全加固报告。

二、监控系统安全加固

电力监控系统的安全加固范围主要包括主机设备、数据库、网络设备和安全防护设备。

（一）主机设备加固

主机设备加固包括用户权限、口令策略、登录失败、默认共享、网络服务、远程登录、会话超时、日志审计、资源管理、外设管理、恶意代码和漏洞扫描等。

1. 用户权限

用户权限应按照最小化原则对操作系统、业务系统进行设置，实现不同用户组或用户的责权分离，同时保证系统中无多余或过期账户。

2. 口令策略

系统账户口令应满足复杂度要求，主要包括：口令由大小写字母、数字和特殊字符组成，长度不小于8位；连续登录失败5次后自动锁定，锁定时间不少于10min；口令最大使用天数不超过90天，到期后应进行更换；口令与账户名不应相同，历史口令不得重复使用。

3. 登录失败

配置操作系统登录失败锁定安全机制，当用户在一定时间内连续3次输入错误的密码时，系统会自动锁定该用户账户10min，以防止恶意破解或非法访问。

4. 默认共享

应关闭非必需的默认共享，如系统盘、系统关键目录、业务安装目录等。

5. 网络服务

操作系统只开启业务所必需的网络服务和端口，关闭telnet、FTP、HTTP、DNS等通用网络服务和端口，同时删除默认路由，限制路由转发。

6. 远程登录

操作系统应禁止使用 telnet、FTP、Xdmcp 等不安全登录协议，禁止 root、administrator 等系统管理员用户远程登录，并对登录 IP 地址范围进行限制。

7. 会话超时

配置用户本地或远程登录系统 5min 内无操作自动关闭会话，防止非法人员通过已登录会话开展网络攻击。

8. 日志审计

应开启系统日志审计功能，记录用户登录、用户操作、命令执行等行为日志，且日志保存周期不小于 6 个月。

9. 资源管理

合理分配系统用户或业务对系统资源的使用，限制用户对系统资源的过度使用，防止 DDos、DNS Query Flood 等恶意攻击。

10. 外设管理

应禁用 USB 大容量存储设备、光盘驱动器及其他各类存储设备的接入，确保服务器只能通过 USB 安全管控设备读取安全存储介质中的内容。

11. 恶意代码和漏洞扫描

操作系统应部署恶意代码软件及管理中心，配置病毒查杀策略，定期开展代码库升级。对漏洞扫描过程中发现的系统漏洞应通过补丁升级或关闭服务等技术措施进行有效防护。

（二）数据库加固

数据库加固包括用户权限、口令策略、远程登录、访问连接数限制、会话超时、日志审计等。

1. 用户权限

用户权限应按照最小化原则对数据库进行设置，实现不同用户对数据库操作的责权分离。

2. 口令策略

系统账户口令应满足复杂度要求，并设置登录失败锁定阈值，明确规定达到该阈值时应采取的拒绝登录措施和锁定时间，具体要求可参照操作系统加固中对口令策略的相关要求。

3. 远程登录

禁止使用 telnet 等不安全协议登录远程登录数据库，对登录 IP 地址范围进行限制。

4. 会话超时

限制数据库访问的最大连接数，配置用户本地或远程登录数据库 5min 内无操作自动关闭会话，防止非法人员通过已登录会话开展网络攻击。

5. 日志审计

应开启系统日志审计功能，记录数据库、用户操作、数据修改等行为日志，且日志保存周期不小于 6 个月。

（三）网络设备加固

网络设备加固包括用户权限、口令策略、登录失败、会话超时、网络连接、网络服务、协议安全、远程管理、SNMP 协议、IP-MAC 地址绑定、空闲端口、日志审计等。

1. 用户权限

按照权限最小化和责权分离的要求创建用户账号，用户账号通过等级进行划分，如配置系统管理员（sysadmin）、安全管理员（secadmin）、审计管理员（audiadmin）账户，权限分别对应 level-15、level-5 和 level-1。

2. 口令策略

通过本地终端、远程服务或 Web 登录设备时，应输入用户名和口令，且口令应满足不小于 8 位的字母、数字和特殊字符的强度组合，并通过启用全局密码管理，强制执行更复杂的密码策略，增加密码破解的难度，从而提高设备的安全性。

3. 登录失败

配置非法登录失败的次数及锁定时间，实现本地或远程登录失败 5 次锁定 10min。通过登录失败策略的配置，有效地减少了恶意登录尝试的频率，提高了系统和应用的安全性。

4. 会话超时

配置用户本地或远程登录网络设备 5min 内无操作自动退出登录，避免设备资源被多个用户同时过度占用，影响设备性能和业务安全。

5. 网络连接

限制网络设备的最大连接数和最大数据流量，配置 IP 地址、服务和端口的访问控制列表，并通过 QoS（quality of service）等技术对接口的进出流量进行实时监管，防止由恶意攻击、网络风暴或连接数过大造成的网络堵塞，影响业务正常运行。

6. 网络服务

应关闭设备中 telnet、FTP、HTTP、DNS 等不安全的通用服务，确保只开启业务承载所必需的网络服务和端口。

7. 协议安全

OSPF 路由 MD5 认证作为一种重要的网络安全措施，是利用 MD5 算法生成消息摘要值来验证路由器之间的身份和消息的完整性，可以确保网络通信的安全性，并防止潜在的攻击和篡改行为。

8. 远程管理

对于使用 IP 协议进行远程管理和运维的设备，被远程设备应使用 SSH、SSL、IPsec 等加密协议替代 telnet、HTTP 等服务，提升设备远程管控安全性。

9. SNMP 协议

修改 SNMP 协议默认读、写团体名，字符串满足不小于 8 位的字母、数字和特殊字符的强度组合并加密存储。SNMP 协议应配置 V2c 或 V3 版本，当接入调度数据网网络管理平台或网络安全监测装置时，应配置网络管理服务器或网络安全监测装置地址。

10. IP-MAC 地址绑定

应将网络设备端口上的业务 IP 地址、MAC 地址和端口进行绑定配置，防止 ARP 攻击、中间人攻击、恶意攻击等安全威胁。

11. 空闲端口

应关闭网络设备上的空闲端口，并使用专用防尘塞进行封堵，在设备明显处张贴"空闲端口，禁止使用"标签，防止恶意用户利用空闲端口发起网络攻击。

12. 日志审计

开启本地日志审计功能，通过 syslog 或 SNMP 协议将日志信息上送至网络管理服务器或网络安全监测装置，并确保日志保存周期不少于 6 个月。

（四）安全防护设备加固

安全防护设备加固包括用户权限、口令策略、IP-MAC 地址绑定、限制 IP 访问、配置明细路由、管理业务隔离、日志审计等。

1. 用户权限

在安全防护设备用户管理模块，根据设备功能设置不同权限的用户，实现最小化用户责权分离，同时通过安全运维网关等安防技术杜绝共享账户使用的情况。

2. 口令策略

通过维护工具、本地终端或 Web 进行登录时，应输入用户名和口令，且口令应满足不小于 8 位的字母、数字和特殊字符的强度组合，防止用户身份鉴别信息被他人冒用或破解。

3. IP-MAC 地址绑定

按照现场业务部署情况绑定设备 IP-MAC 地址和设备端口，绑定前应明确业务 IP 地址、MAC 地址与端口的对应关系，防止 MAC 地址绑定造成业务中断。

4. 限制 IP 地址

对可访问安全防护设备的专用调试设备地址进行细化限制，对于采用 Web、SSH 等进行运维管理的，仅允许本地登录，防止非法接入其他网络的行为。

5. 登录失败

配置非法登录失败的次数及锁定时间，实现本地或远程登录失败 5 次锁定 10min，避免用户通过口令暴力破解等非正常手段获取设备访问权限风险。

6. 远程管理

对于使用 IP 协议进行远程管理和运维的设备，被远程设备应使用 SSH、HTTPS 等加密协议替代 telnet、HTTP 等服务，防止身份鉴别信息遭受监听，避免信息泄露。

7. 访问控制

安全防护设备的访问控制策略应采用"最小颗粒度"原则，仅允许实际业务所需的 IP 地址、服务和端口通过，以防止有针对性的网络攻击。

8. 配置明细路由

根据实际业务传输方向配置明细路由，禁止 0.0.0.0 等默认路由。

9. 网络服务

根据设备功能关闭不必要的服务，仅保留 SSH、HTTPS 等安全服务。

10. 管理业务隔离

设置安全防护设备专用管理接口，实现管理与业务端口隔离，非调试期间应对管理口进行有效封堵。

11. 日志审计

安全防护设备日志应通过 syslog 协议传输至网络安全管理平台或网络安全监测装置，实现网络攻击的实时监视，同时设备自身日志保存周期应不小于 6 个月。避免恶意用户对操作系统、数据库或网络设备实施非授权访问，或恶意操作后销毁证据并消除踪迹或修改系统审计日志。

第五章

调 度 数 据 网

第一节 调 度 数 据 网 介 绍

一、调度数据网的建网目标

调度数据网以国家电网通信传输网络为基础，采用 IP over SDH 的技术体制，实现调度数据网建设及网络的互联互通。电力调度数据网 SGDnet 建设采用一次规划设计、分布工程实施的方式，核心区节点覆盖国调、各分中心（华中、华东、华北、东北、西北、西南）、各省（直辖市、自治区）调及中国南方电网调度中心等。

电力调度数据网承载的调度系统数据通信业务大致可分为两类：一是实时监控业务，以能量管理系统、广域向量测量系统等为代表；二是非实时运行管理业务，以保护故障录波、电能量计量系统等为代表。

由于电力安全生产和调度自动化发展的需要，电力调度数据网承载的业务具有较高的可靠性、实时性和安全性要求，必须保证网络的传输时延、网络的收敛时间和安全性等关键性能及功能。

二、调度数据网的技术体制的选择

网络技术的选择总的原则是灵活支持多业务多协议，具有较强的可管理性、可控制性和安全保密性，技术先进，适合电力系统的业务要求和通道条件。数据网络技术的发展经历并存在 IP＋ATM＋SDH＋光纤、IP＋ATM＋光纤、IP＋SDH＋光纤和 IP＋光纤四种典型构建模式，这四种模式在技术发展的不同时期各占有一定的主导地位，目前已经发展成以 IP＋SDH＋光纤为主，部分地区实现 IP＋光纤的局面，随着光通信技术的发展，IP＋光纤将是调度数据网骨干网的发展方向。目前调度数据网骨干网省级以上各骨干节点（含省调备调）之间原则上采用千兆互联。

电力调度数据网应在专用通道上使用独立的网络设备组网，采用基于 SDH/PDH 不同通道、不同光波长、不同纤芯等方式，在物理层面上实现与电力企业其他数据网及外部公共信息网的安全隔离。

电力调度数据网划分为逻辑隔离的实时子网和非实时子网，分别连接控制区和非控制区。可采用 MPLS-VPN、安全隧道、PVC、静态路由等技术构造子网。

三、网络拓扑结构

电力调度数据网覆盖节点较多，规模较大，且传输信息流向多为汇聚模式，省间或地市间的信息交互很少，可将网络分为两级自治域，即骨干网（由国调、网调、省调、地调节点组成骨干自治域）和接入网（由各级调度直调厂站组成相应接入自治域），各接入网之间不设置直接通道，与骨干网之间通过两点连接。骨干网和接入网内部均采用分层结构：核心层、汇聚层、接入层。

1. 拓扑构造原则

拓扑是网络的基础，对网络性能有极大的影响，为更好地满足调度数据网的业务要求，在网络的拓扑设计及构建中应遵循以下原则：

（1）拓扑可靠性原则。在各网络的拓扑设计中应遵循 $N-1$ 的电路可靠性和节点可靠性原则，即拓扑中去掉任何一条连线（电路）均不影响节点的连通性，去掉任何一个节点均不影响其他节点的连通性。

（2）双出口原则。核心层局域网和骨干层局域网，每个局域网都有两个出口，两个出口应位于不同的地理位置，防止因外部原因（如停电）造成两出口同时失效。两出口的外连电路中至少有两条没有相关性。

（3）流量优化与时延原则。根据网络的流量和流向合理配置电路及其带宽，适度考虑

在 $N-1$ 情况下网络的流量。网络流量分布均匀，各电路带宽能得到较充分的利用，不存在网络带宽瓶颈。正常状况下需进行直接业务通信的节点之间网络距离最多不超过 3 跳。

（4）经济性与扩展性原则。在保证可靠和畅通的前提下，应尽可能减少网络电路的数量、总里程和带宽，以降低网络的运行费用。网络电路和节点的增加、减少及修改应不影响网络的总体拓扑。

2. 可靠的网络拓扑

电力调度数据网包括三层结构：核心层、骨干层和接入层。核心层节点在 IP 组网网络中居于核心地位，在低层传输链路网中也居于较核心的地位。核心层节点的主要功能是为所在骨干层网络提供主出口和为其他节点提供迂回路由。核心层节点中每个节点到其他节点至少有两条不相关的电路相连，以保证核心层的可靠性。

核心层、骨干层中任何一个节点故障或任何一条电路故障均不影响网络节点之间的连通性，满足 $N-1$ 的节点和电路可靠性原则，而互连的通道数量则控制在合理的范围内，没有过多的冗余。

四、路由方案

1. 路由自治域的构成

电力调度数据网采用何种路由结构与 IP 网络设计能力有很大关系，网络规模对路由结构起决定性作用，除技术因素外调度管理体制也是考虑的因素。

路由自治域有以下三种构成方式：

（1）单自治域方式，即国、网、省调均处于单一技术体制和路由域（AS）内，从现实意义来讲，网络建设和管理存在较大难度，同时该 AS 内路由器的总数较多。受 IP 网络技术的限制，域内路由器数目、路由条目过多将影响网络性能，设备、链路过多会降低路由协议收敛速度而导致网络效率下降。

（2）多穿越自治域方式，即国、网、省调各自为政，自成体系，网络划分较细，缺乏整体性，网络效率难以达到最优。国、网、省的分治会给厂站的两点接入带来困难，分散的结构使综合网络管理难以部署，并给网络故障诊断带来较大的困难。同时各自治域需分别设计，导致重复建设，难以降低建设、运行成本。

（3）穿越自治域＋接入自治域方式，即按照调度管理体制，国、网、省调构成分层的调度数据网骨干网，形成穿越自治（路由）域；省、地节点构成各省内部的调度数据网（简称省网），形成接入自治域：各省网与骨干网通过两点互联，省网之间不设直联通道。在组网初期网络规模较小，业务需求也不高，可先采用静态路由和单点接入的方式实现省网与骨干网的互联。

与自治域及多穿越自治域方式相比，采用穿越自治域＋接入自治域方式的网络结构简单，层次清晰明了，在网络效率、稳定性、可扩展性及建设和运行成本等方面具有综合优势。同时，基于调度网目前和将来的规模和路由协议能力，骨干网可作为一个穿越自治域构建，因此在设计及实施中按照这种方案来组建电力调度数据网是一个最优的选择。

2. 域内路由的部署

域内路由协议有两种：开放最短路径优先协议（OSPF）或中间系统到中间系统协议（IS-IS）。骨干网采用 OSPF 协议作为内部网关协议（IGP）。根据 IP 技术及调度数据网的规模，自治域内部路由协议（IGP）应采用链路状态协议。整个路由域分为两层，即一个主干区和若干个子区，各子区相对独立，每个区域内路由的变化在区域内完成收敛，不会影响其他区。这种方式能增强网络的稳定性，使网络具有弹性，便于扩展。同时，分层协议隐藏了其他层次的拓扑结构，降低了路由计算的复杂度。层次化路由也使层间可进行网络地址汇聚，缩短了路由表长度，提高了网络寻址效率。

五、 MPLS VPN 的部署

调度数据网承载的业务较多，为保证安全等级不同的应用业务之间的有效隔离，需要部署从调度端到厂站的全网 VPN，使网络各业务都能在自己的 VPN 内运作。这样一个系统受到病毒、攻击等影响时不会影响另一个系统，大大提高了系统的安全性。

MPLS VPN 是一种成熟而适用于大规模部署的 VPN 技术，它既解决了传统 VPN 的路由扩展问题，也解决了传统 VPN 的维护技术问题，是当前最主要的 VPN 部署方式，也是VPN 技术的发展方向。

在调度数据网中，MPLS VPN 由各调度节点和厂站的路由器（provider edge，PE）、各调度节点的三层交换机及各厂站接入交换机组成，并通过建立分级的路由反射器减少内部路由通信协议（interior border gateway protocol，IBGP）的链接数，降低网络复杂度，实现全网路由交换。调度数据网部署的 MPLS VPN 实现了实时和非实时业务的安全接入，满足业务系统的网络及信息安全要求。

第二节 网 络 基 础

一、网络模型

常见的网络模型有两种，分别为 OSI 模型和 TCP/IP 模型。TCP/IP 参考模型与 OSI 参考模型对比，如图 5-1 所示。

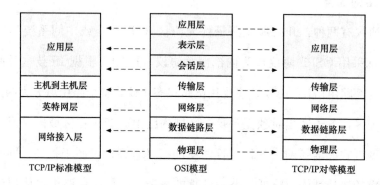

图 5-1 TCP/IP 参考模型与 OSI 参考模型对比

（一）OSI 参考模型

OSI 模型将网络信通使用的各种协议进行了分层，协议分层大大简化了网络协议的复杂性，这实际也是自上而下、逐步细化的程序设计方法的很好的应用。网络协议按功能组织成一系列层，每一层建筑在它的下层之上。分成的层数，每一层的名字、功能，都可以不一样，但是每一层的目的都是为上层提供一定的服务，屏蔽下层的细节。

OSI 模型把网络通信的工作流程分为七层，它们由低到高分别是物理层、数据链路层、网络层、传输层、会话层、表示层、应用层。

1. 物理层

物理层的主要功能是利用传输介质为数据链路层提供物理联接，负责数据流的物理传输工作。物理层传输的基本单位是比特流，即 0 和 1，也就是最基本的电信号或光信号，是最基本的物理传输特征。物理层连接报文头部和上层数据信息都是由二进制数组成的，物理层将这些二进制数字组成的比特流转换成电信号在网络中传输。

2. 数据链路层

数据链路层是在通信实体间建立数据链路联接，传输的基本单位是帧，并为网络层提供差错控制和流量控制服务。将上层数据加上源和目的方的物理地址（MAC）封装成数据帧，MAC 地址是用来标识网卡的物理地址，建立数据链路。当发现数据错误时，可以重传数据帧。数据链路控制子层会接受网络协议数据、分组的数据报并添加更多的控制信息，从而把这个分组传送到它的目标设备。

3. 网络层

网络层是以路由器为最高节点俯瞰网络的关键层，它负责将上层数据加上源和目的方的逻辑地址（IP）封装成数据包，实现数据从源端到目的端的传输。网络层进行逻辑地址寻址，实现不同网络之间的路径选择。传输层为端到端通信，而网络层以下为点对点通信。

4. 传输层

传输层是计算机通信体系结构中关键一层，传输层定义了传输数据的协议端口号，以及流控和差错校验。将上层应用数据分片并加上端口号封装成数据段，或通过对报文头中的端口识别。传输层实现了网络中不同主机上的用户进程之间的数据通信，为用户提供了端到端的服务。传输层起到了承上启下的作用，承接上层软件应用，下启网络数据传输。

5. 会话层

会话层用于建立、管理、中止会话。会话层的主要功能是负责维护两个节点之间的传输联接，确保点到点传输不中断，以及管理数据交换等功能。会话层还可以通过对话控制来决定使用何种通信方式，全双工通信或半双工通信。

6. 表示层

表示层为在应用过程之间传送的信息提供表示方法的服务。负责将接收到的数据翻译成二进制数组成的计算机语言，主要通过数据格式变化、数据加密与解密、数据压缩与解压等。表示层提供的数据加密服务是重要的网络安全要素，其确保了数据的安全传输，也是各种安全服务最为重视的关键。

7. 应用层

应用层是网络服务与最终用户的一个接口，是 OSI 模型中的最高层，是直接面向用户的一层。应用层是人机交互的窗口，通过应用层把人的语言输入计算机中，为网络用户之间的通信提供专用的程序服务。

（二）TCP/IP 参考模型

TCP/IP 模型在结构上与 OSI 模型类似，采用分层架构，同时层与层之间联系紧密。

TCP/IP 标准参考模型将 OSI 中的数据链路层和物理层合并为网络接入层，这种划分方式其实是有悖于现实协议制定情况的，故融合了 TCP/IP 标准模型和 OSI 模型的 TCP/IP 对等模型被提出，TCP/IP 参考模型成为互联网的主流参考模型。TCP/IP 模型把网络通信的工作流程分为四层，它们由低到高分别层是网络接入层、网际互联层、传输层、应用层。

各层级的作用如下：

应用层：对应于 OSI 参考模型的高层，为用户提供所需要的各种服务，如 FTP、telnet、DNS、SMTP 等。

传输层：对应于 OSI 参考模型的传输层，为应用层实体提供端到端的通信功能，保证了数据包的顺序传送及数据的完整性。该层定义了两个主要的协议，即传输控制协议（TCP）和用户数据报协议（UDP）。

网际互联层：网际互联层对应于 OSI 参考模型的网络层，主要解决主机到主机的通信问题。它所包含的协议设计数据包在整个网络上的逻辑传输。注重重新赋予主机一个 IP 地址来完成对主机的寻址，它还负责数据包在多种网络中的路由。该层有三个主要协议，即网际协议（IP）、互联网组管理协议（IGMP）和互联网控制报文协议（ICMP）。

网络接入层：网络接入层与 OSI 参考模型中的物理层和数据链路层相对应。它负责监视数据在主机和网络之间的交换。事实上，TCP/IP 本身并未定义该层的协议，而由参与互联的各网络使用自己的物理层和数据链路层协议，然后与 TCP/IP 的网络接入层进行连接。地址解析协议（ARP）工作在此层，即 OSI 参考模型的数据链路层。

二、网络层协议

网络层经常被称为 IP 层。但网络层协议并不只是 IP 协议，还包括互联网控制消息协议（internet control message protocol，ICMP）、互联网分组交换协议（internet packet exchange，IPX）等。

（一）IP 协议

IP 是 internet protocol（互联网协议）的缩写。internet protocol 本身是一个协议文件的名称，该协议文件的内容非常少，主要是定义并阐述了 IP 报文的格式。

经常被提及的 IP，一般不是特指 internet protocol 这个协议文件本身，而是泛指直接或间接与 IP 协议相关的任何内容。IP 协议有版本之分，分别是 IPv4 和 IPv6。

internet 上的 IP 报文主要都是 IPv4 报文，但是逐步在向 IPv6 过渡。IPv4（internet protocol version 4）协议族是 TCP/IP 协议族中最为核心的协议族。它工作在 TCP/IP 协议栈的网络层，该层与 OSI 参考模型的网络层相对应。

IPv6（internet protocol version 6）是网络层协议的第二代标准协议，也被称为 IPng（IP next generation）。它是因特网工程任务组（internet engineering task force，IETF）设计的一套规范，是 IPv4 的升级版本。

由全球 IP 地址分配机构，因特网编号分配机构（internet assigned numbers authority，IANA）管理的 IPv4 地址，于 2011 年完全用尽。随着最后一个 IPv4 公网地址分配完毕，加上接入公网的用户及设备越来越多，IPv4 地址枯竭的问题日益严重，这是当前 IPv6 替代 IPv4 的最大源动力。

与 IPv4 相比，IPv6 地址长度为 128bit，可以解决 IPv4 地址枯竭的问题，并且报文头部更为简化。

（二）网络地址

网络上的每个接口必须有一个唯一的网络地址（IP 地址），IP 地址是一个 32 位的二进制数，就像现实中的地址，可以标识网络中的一个节点，数据就是通过它来找到目的地。

IP具有一定结构，采用"点分十进制"表示的形式，例如：点分十进制 IP 地址（100.4.5.6），实际上是 32 位二进制数（01100100.00000100.00000101.00000110），IPv4 地址范围为 0.0.0.0～255.255.255.255。

1. IP 地址构成

IP 地址由网络地址和主机地址两部分组成：

（1）网络地址（网络号）：用来标识一个网络。

1）IP 地址不能反映任何有关主机位置的地理信息，只能通过网络号码字段判断出主机属于哪个网络。

2）对于网络号相同的设备，无论实际所处的物理位置如何，它们都是处在同一个网络中。

（2）主机地址（主机号）：用来区分一个网络内的不同主机。IP 地址的网络地址必须保证相互连接的每个段的地址不相重复，而相同段内相连的主机必须有相同的网络地址；IP 地址的主机地址则不允许在同一个网段内重复出现。

2. IP 地址分类

IP 地址按照编址方案将 IP 地址空间划分为 A、B、C、D、E 五类，其中 A、B、C 是基本类，D、E 类作为组播和保留使用。使用 A 类地址的网络称为 A 类网络；使用 B 类地址的网络称为 B 类网络；使用 C 类地址的网络称为 C 类网络。

（1）A 类网络的网络号为 8bit，个数很少，但所允许的主机接口的个数很多，首位恒定为 0，地址范围为 0.0.0.0～127.255.255.255。

（2）B 类网络的网络号为 16bit，介于 A 类和 C 类网络之间，首两位恒定为 10，地址范围为 128.0.0.0～191.255.255.255。

（3）C 类网络的网络号为 24bit，个数很多，但所允许的主机接口的个数就很少，首三位恒定为 110，地址范围为 192.0.0.0～223.255.255.255。

（4）D 类地址前四位恒定为 1110，地址范围为 224.0.0.0～239.255.255.255。

（5）E 类地址前五位恒定为 11110，地址范围为 240.0.0.0～255.255.255.255。

（三）子网掩码

子网掩码又叫网络掩码、地址掩码，它是一种用指明一个 IP 地址的哪些位标识的是主机所在的子网，以及哪些位标识的是主机的位掩码。子网掩码不能单独存在，它必须结合 IP 地址一起使用。子网掩码是一个 32 位的地址，用于屏蔽 IP 地址的一部分区别网络标识和主机标识，并说明该 IP 地址是在局域网上，还是在远程网上。对于 A 类地址来说，默认的子网掩码是 255.0.0.0；对于 B 类地址来说默认子网掩码是 255.255.0.0；对于 C 类地址来说默认的子网掩码是 255.255.255.0。

子网掩码的设定必须遵循一定的规则。与二进制 IP 地址相同，子网掩码由 1 和 0 组成，且 1 和 0 分别连续。子网掩码的长度也是 32 位，左边是网络位，用二进制数字 "1" 表示，1 的数目等于网络位的长度；右边是主机位，用二进制数字 "0" 表示，0 的数目等于主机位的长度。这样做的目的是让掩码与 IP 地址做按位与运算时用 0 遮住原主机树，而不改变原网络段数字，而且很容易通过 0 的位数确定子网的主机树（2 的主机位数次方减 2，因为主机号全为 1 时表示该网络广播地址，全为 0 时表示该网络的网络号，这是两个特殊地址）。只有通过子网掩码，才能表明一台主机所在的子网与其他子网的关系，使网络正常工作。

（四）交换机和路由器的工作原理

1. 交换机

交换机是一种在局域网中常用到的设备，它能实现相连计算机之间的高速数据交流。在同一时刻可以进行多个端口之间的数据传输。每一个端口都可以视为是独立的网段，连接在其他网络设备独自享有全部的带宽，无须同其他设备竞争使用。交换机工作在 OSI 网络模型的第二层，可以理解为一个多端口的网桥。以太网交换机的工作原理如下：

（1）自学习：当有一个帧过来时，它会检查其目的地址并对应自己的 MAC 地址表。如果存在目的地址，则转发；如果不存在，则泛洪（广播）。广播后如果没有 MAC 地址与帧的目的 MAC 地址相同，则丢弃；若有主机相同，则会将主机的 MAC 自动添加到其 MAC 地址表中。

（2）防止环路：为了避免网络中出现环路，交换机会使用生成树协议（spanning tree protocol，STP）来检测和消除可能导致环路的冗余链路，从而确保网络稳定性。

（3）广播域和碰撞域：由于交换机工作在数据链路层，它会将网络划分为多个广播域，即每个端口连接的设备属于同一个广播域，从而减少网络中的广播传输。此外，由于交换机的工作原理，每个端口都是一个独立的碰撞域，可以避免碰撞和冲突。

（4）安全性和管理：交换机可以通过配置 VLAN、访问控制列表（ACL）、端口安全等功能来增强网络安全性，限制未授权设备的访问。管理员可以通过远程管理工具对交换机进行监控、配置和故障排除。

（5）性能优化：交换机通常会根据端口的速率和负载情况来调整数据转发速度，以实现最佳的数据传输性能。此外，一些高级交换机还支持流量控制、负载均衡、链路聚合等功能，以提高网络的可靠性和性能。

（6）QoS（服务质量）：通过配置 QoS 规则，交换机可以对不同类型的数据流进行优先级处理，确保关键数据的传输质量和稳定性，如语音、视频等实时数据流的传输。

（7）端口镜像：交换机支持端口镜像功能，可将一个端口的数据流复制到另一个端口，用于网络监控、数据包分析等场景。

（8）链路聚合：将多个物理链路捆绑成一个逻辑链路，提高带宽和可靠性。通过链路聚合，可以实现负载均衡和备用链路切换，确保网络的高可用性。

（9）远程管理：交换机通常提供 Web 界面、命令行界面等方式进行远程管理，管理员可以对交换机进行配置、监控和故障排除，实现网络的远程管理和控制。

2. 路由器

（1）路由的定义。路由（routing）是指分组从源到目的地时，决定端到端路径的网络范围的进程。在基于 TCP/IP 的网络中，所有数据的流向都是由 IP 地址来指定的，网络协议根据报文的目的地址将报文从适当的接口发送出去。而路由就是指导报文发送的路径信息，就像实际生活中交叉路口的路标一样，路由信息在网络路径的交叉点（路由器）上标明去往目标网络的正确路径，网络层协议可以根据报文的目的地查找到对应的路由信息，把报文按正确的路径发送出去。一般一条路由信息至少包含以下几方面内容：

1）目标网络，用以配置报文的目的地址，进行路由选择。

2）下一跳，指明路由的发送路径。

3）路由权，标示路径的好坏，是进行路由选择的标准。

例如，在图 5-2 中，路由器上有一条去往目标网络 N 的路由，下一跳是 R1，所有经过此路由器的去往目标网络 N 的报文都被转发到路由器 R1 上去，再重复这种路由过程，直到到达正确的目的地。

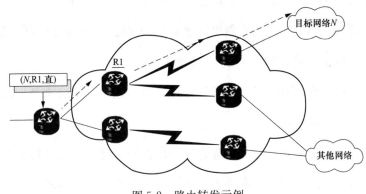

图 5-2　路由转发示例

（2）路由器的作用。路由器工作在 OSI 参考模型的第三层（网络层），为不同的网络之间报文寻径并存储转发。路由器的作用如下：

1）连接不同网络：路由器可以将多个具有不同子网协议的网络连接起来，实现在不同网络中的设备之间进行通信。

2）数据包转发：路由器接收来自一个网络的数据包，并基于目的地址决定如何将数据包转发到另一个网络。这个过程称为路由选择，是路由器最基本的功能。

3）路由选择和路径优化：路由器使用复杂的算法和协议来确定数据包从源到目的地的最佳路径。这些算法考虑了网络拥塞、链路速度、延迟和可靠性等因素，以确保数据高效传输。

4）网络隔离和安全：路由器通过使用访问控制列表（ACL）、网络地址转换（NAT）和防火墙功能来控制进出网络的流量，从而防止网络风暴，提供一定程度的网络隔离和安全性。这有助于防止未授权访问和网络攻击。

5）多协议支持：路由器支持多种网络协议，如 TCP/IP、IPX/SPX、AppleTalk 等，这使得不同类型的网络设备能够在同一网络中通信。

6）增强网络性能：路由器通过有效的路由选择和流量管理，有助于减少网络拥塞，提高网络的总体性能和可靠性。

7）拓展网络覆盖范围：路由器可以将网络扩展到更远的距离，跨越城市、国家甚至大陆，使得全球范围内的通信成为可能。

8）服务质量（QoS）：高级路由器支持 QoS 功能，允许网络管理员为不同的数据流分配优先级，确保关键应用（如语音和视频会议）的网络带宽和性能。

9）虚拟专用网络（VPN）：路由器可以建立 VPN 隧道，允许远程用户安全地访问企业内部网络资源，这对于远程工作和移动办公非常重要。

10）网络管理和监控：路由器通常配备管理接口，允许网络管理员监控网络状态、配置路由器参数和诊断网络问题。

路由器的主要工作就是为经过路由器的每个数据帧寻找一条最佳传输路由，并将该数据有效地传送到目的地点，为了完成这项工作，在路由器中保存着各种传输路径的相关数据——路由表（routing table），供路由选择时使用。路由表中保存着子网的标志信息、网上路由器的个数和下一个路由器的名字等内容。

3. 路由器与交换机的区别

（1）工作层次不同。在 OSI 七层模型中，交换机通常工作在 OSI 模型的第二层，即数据链路层。这一层的任务是负责在相邻的网络设备之间建立直接连接，并在帧级别上传输数据。交换机通过学习 MAC 地址来建立和维护一个 MAC 地址表，以便在局域网内高效地转发帧。路由器工作在 OSI 模型的第三层，即网络层。网络层的主要任务是负责数据包在网络之间的传输，包括寻址、路由选择和分包传输。路由器通过 IP 地址来决定如何将数据包从源网络发送到目标网络。在 TCP/IP 模型中，交换机的功能与 OSI 模型的数据链路层相对应，它处理以太网帧的传输，不涉及网络层的路由决策。路由器的功能与 OSI 模型的网络层相对应，它根据 IP 地址进行路由选择，确保数据包能够跨越多个网络到达目的地。

（2）数据转发所依据的对象不同。交换机是利用物理地址或者说 MAC 地址来确定转发数据的目的地址。而路由器则是利用不同网络的 ID（即 IP 地址）来确定数据转发的地址。

IP 地址是在软件中实现的，描述的是设备所在的网络，有时这些第三层的地址也称为协议地址或者网络地址。MAC 地址通常是硬件自带的，由网卡生产商来分配的，而且已经固化到了网卡中去，一般来说是不可更改的。而 IP 地址则通常由网络管理员或系统自动分配。

（3）传统的交换机只能分割冲突域，不能分割广播域；而路由器可以分割广播域。由交换机连接的网段仍属于同一个广播域，广播数据包会在交换机连接的所有网段上传播，在某些情况下会导致通信拥挤和安全漏洞。连接到路由器上的网段会被分配成不同的广播域，广播数据不会穿过路由器。虽然第三层以上交换机具有 VLAN 功能，也可以分割广播域，但是各子广播域之间是不能通信交流的，它们之间的交流仍然需要路由器。

（4）路由器提供了防火墙的服务。路由器仅仅转发特定地址的数据包，不传送不支持路由协议的数据包和未知目标网络数据包，从而防止广播风暴。交换机一般用于 LAN—WAN 的连接，交换机归于网桥，是数据链路层的设备，有些交换机也可实现第三层的交换。路由器用于 WAN—WAN 之间的连接，可以解决异性网络之间转发分组，作用于网络层。它们只是从一条线路上接受输入分组，然后向另一条线路转发。这两条线路可能分属于不同的网络，并采用不同协议。

第三节　路　由　协　议

一、路由控制

（一）路由的概念

路由是指导报文转发的路径信息，通过路由可以确认转发 IP 报文的路径。路由设备是依据路由转发报文到目的网段的网络设备，维护着一张路由表（如图 5-3 所示），保存着路由信息。

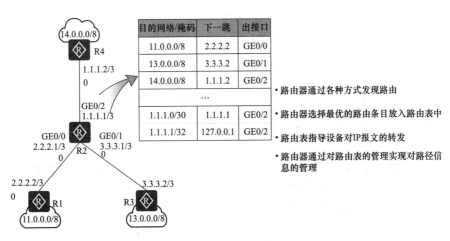

图 5-3　路由表示例

路由中包含以下信息：

（1）目的网络：标识目的网段。

（2）掩码：与目的地址共同标识一个网段。

（3）出接口：数据包被路由后离开本路由器的接口。

（4）下一跳：路由器转发到达目的网段的数据包所使用的下一跳地址。

（二）路由信息的获取方式

路由器依据路由表进行路由转发，为实现路由转发，路由器需要发现路由，常见的路由获取方式有直连路由、静态路由和动态路由。

（三）路由的转发

当路由器收到 IP 数据包时，会将数据包的目的 IP 地址与自己本地路由表中的所有路由表项进行逐位（bit-by-bit）比对，直到找到匹配度最长的条目，这就是最长前缀匹配机制。

如图 5-4 所示，自 10.0.1.0/24 网段的 IP 报文想要去往 40.0.1.0/24 网段，首先到达网关，网关查找路由表项，确定转发的下一跳、出接口，之后报文转发给 R2。报文到达 R2 之后，R2 通过查找路由表项转发给 R3，R3 收到后查找路由表项，发现 IP 报文目的 IP 属于本地接口所在网段，直接本地转发。

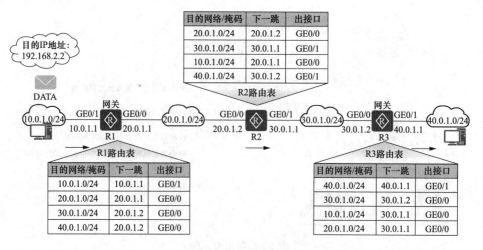

图 5-4 路由转发示例

（四）动态路由与静态路由

路由控制分动态路由和静态路由两种类型。静态路由是指事先设置好路由器和主机中并将路由信息固定的一种方式，而动态路由是指让路由协议在运行过程中自动地设置路由控制信息的一种方式，两种方式各有利弊，可以将两者组合起来使用。

静态路由通常是由网络管理员手动配置的，配置方便，对系统要求低，适用于拓扑结构简单并且稳定的小型网络。例如，有 100 个 IP 网的时候，就需要设置近 100 个路由信息。并且，每增加一个新的网络，就需要将这个新追加的网络信息设置在所有的路由器上。因此，静态路由给管理者带来很大的负担。而且，一旦某个路由器发生故障，基本上无法自动绕过发生故障的节点，只有在管理员手动设置后才能恢复正常。配置举例如图 5-5 所示。

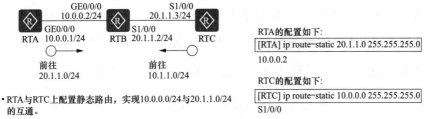

图 5-5　静态路由配置示例

在使用动态路由的情况下，管理员必须设置好路由协议，其设定过程与具体要设置路由协议的类型有直接关系。例如在 RIP 的情况下，基本上无须进行过多的设置，而根据 OSPF 进行较详细的路由控制时，设置工作将会非常烦琐。如果一个新的网络被追加到原有的网络中，只要在新增加网络的路由器上进行一个动态路由的设置即可。而不需要像静态路由那样，不得不在其他所有路由器上进行修改。对于路由器个数较多的网络，采用动态路由显然是一个能够减轻管理员负担的方法。况且，网络上一旦发生故障，只要有一个可绕的其他路径，那么数据包就会自动选择这个路径，路由器的设置也会自动重置。但路由器为了能够像这样定期相互交换必要的路由控制信息，会与相邻的路由器之间相互发消息，这些互换的消息会给网络带来一定程度的负荷。

（五）路由算法

路由控制有各种各样的算法，其中最具有代表性的是距离向量算法（distance-vector）和链路状态算法（link-state）。

1. 距离向量算法

距离向量算法是指根据距离和方向决定目标网络或目标主机位置的一种方法，其中距离是用所要经过的路由器的个数来衡量的。

路由器之间可以互换目标网络的方向及其距离的信息，并以这些信息为基础制作路由控制表。这种方法在处理上比较简单，不过由于只有距离和方向的信息，所以当网络构造变得分外复杂时，在获得稳定的路由信息之前需要消耗一定时间，也极易发生路由循环问题。

2. 链路状态算法

链路状态算法是路由器在了解网络整体连接状态的基础上生成路由控制表的一种方式，在该算法中所有路由器持有相同的信息，对于任意一台路由器网络拓扑都是完全一样的，因此，只要某一台路由器与其他路由器保持同样的路由控制信息，就意味着该路由器上的路由信息是正确的。只要每个路由器尽快地与其他路由器同步路由信息，就可以使路由信息达到一个稳定的状态。因此，即使网络结构变得复杂，每个路由器也能够保持正确的路由信息、进行稳定的路由选择。

3. 主要路由协议

路由协议分很多种，表 5-1 列出了主要的几种路由协议。

表 5-1　　　　　　　　　　　　　路　由　协　议

路由协议名	下一层协议	方式	适用范围	循环检测
RIP	UPD	距离向量	域内	不可以
RIP2	UDP	距离向量	域内	不可以
OSPF	IP	链路状态	域内	可以
BGP	TCP	路径向量	对外连接	可以

二、 OSPF 协议

（一）OSPF 概述

开放最短通路优先协议（open shortest path first，OSPF）是典型的链路状态路由协议，是业内使用非常广泛的内部网关协议（interior gateway protocol，IGP）之一。目前针对 IPv4 协议使用的是 OSPF Version 2（RFC2328），运行 OSPF 路由器之间交互的是链路状态（link state，LS）信息，而不是直接交互路由。LS 信息是 OSPF 能够正常进行拓扑及路由计算的关键信息。

OSPF 路由器将网络中的 LS 信息收集起来，存储在 LSDB 中。路由器清楚区域内的网络拓扑结构，这有助于路由器计算无环路径。

每台 OSPF 路由器都采用 SPF 算法计算达到目的地的最短路径。路由器依据这些路径形成路由加载到路由表中。

（二）OPSF 的基础术语

（1）区域：OSPF Area 用于标识一个 OSPF 的区域。区域是从逻辑上将设备划分为不同的组，每个组用区域号（Area ID）来标识。如图 5-6 所示，OSPF 区域号为 0。

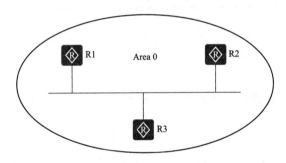

图 5-6　OSPF 区域示意图

（2）Router-ID：（路由器标识符），用于在一个 OSPF 域中唯一地标识一台路由器。如图 5-7 所示，R1 的 Router-ID 为 1.1.1.1。

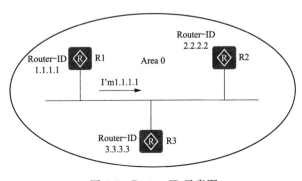

图 5-7　Router-ID 示意图

（3）度量值：OSPF 使用 cost（开销）作为路由的度量值。每一个激活了 OSPF 的接口都会维护一个接口 cost 值，缺省时接口 cost 值＝100Mbit/s/接口带宽。其中 100Mbit/s 为 OSPF 指定的缺省参考值，该值是可配置的。

（三）OSPF 协议报文类型

OSPF 协议报文类型见表 5-2。

表 5-2   OSPF 协议报文类型

报文名称	报文功能
Hello	周期性发送，用来发现和维护 OSPF 邻居关系
Database Description	描述本地 LSDB 的摘要信息，用于两台设备进行数据库同步
Link State Request	用于向对方请求所需要的 LSA。设备只有在 OSPF 邻居双方成功交换 DD 报文后才会向对方发出 LSR 报文
Link State Update	用于向对方发送其所需要的 LSA
Link State ACK	用来对收到的 LSA 进行确认

（四）OSPF 协议工作原理

当一台 OSPF 路由器收到其他路由器发来的首个 Hello 报文时，会从初始 Down 状态切换为 Init 状态。

当 OSPF 路由器收到的 Hello 报文中的邻居字段包含自己的 Router ID 时，从 Init 切换 2-way 状态。

邻居状态机从 2-way 转为 Exstart 状态后开始主从关系选举：

选举主从关系的规则是比较 Router ID，越大越优。主从关系比较结束后，状态从 Exstart 转变为 Exchange。

邻居状态变为 Exchange 后，发送一个新的 DD 报文，包含自己 LSDB 的描述信息，对方收到后邻居状态从 Exstart 转变为 Exchange。

路由器需要对对端主路由发送的每个 DD 报文进行确认，回复报文的序列号与主路由一致。

发送完最后一个 DD 报文后，将邻居状态切换为 Loading。

邻居状态转变为 Loading 后，发送 LSR 报文，请求那些在 Exchange 状态下通过 DD 报文发现的，但是在本地链路状态数据库（link state data base，LSDB）中没有的 LSA。

对端路由收到后向主路由回复 LSU。在 LSU 报文中包含被请求的 LSA 的详细信息。

主路由收到 LSU 报文后，向对端回复 LS ACK 报文，确认已接收到，确保信息传输的可靠性。

此过程中对端路由也会向主路由发送 LSA 请求。当两端 LSDB 完全一致时，邻居状态变为 Full，表示成功建立邻接关系。

（五）OSPF 路由器类型

OSPF 路由器根据其位置或功能不同，有四种类型：

（1）区域内路由器（internal router）：该类路由器的所有接口都属于同一个 OSPF 区域。

（2）区域边界路由器（area border router，ABR）：该类路由器的接口同时属于两个以上的区域，但至少有一个接口属于骨干区域。

（3）骨干路由器（backbone router）：该类路由器至少有一个接口属于骨干区域。

（4）自治系统边界路由器（ASboundary router，ASBR）：该类路由器与其他 AS 交换路由信息。只要一台 OSPF 路由器引入了外部路由的信息，它就成为 ASBR。

三、 BGP 边界网关协议

（一）BGP 概述

早期，外部网关协议（exterior gateway protocol，EGP）被用于实现在 AS 之间路由信息的动态交换。但是 EGP 设计得比较简单，只发布网络可达的路由信息，而不对路由信息进行优选，同时也没有考虑环路避免等问题，很快就无法满足网络管理的要求。

BGP 是为取代最初的 EGP 而设计的另一种外部网关协议。不同于最初的 EGP，BGP 能够进行路由优选，避免路由环路，更高效率地传递路由和维护大量的路由信息。

BGP 是一种实现自治系统 AS 之间的路由可达，并选择最佳路由的矢量性协议。

（二）BGP 的特点

（1）BGP 使用 TCP 作为其传输层协议（端口号为 179），使用触发式路由更新，而不是周期性路由更新。

（2）BGP 能够承载大批量的路由信息，能够支撑大规模网络。

（3）BGP 提供了丰富的路由策略，能够灵活地进行路由选路，并能指导对等体按策略发布路由。

（4）BGP 能够支撑 MPLS/VPN 的应用，传递客户 VPN 路由。

（5）BGP 提供了路由聚合和路由衰减功能用于防止路由振荡，有效地提高了网络稳定性。

（三）BGP 的报文类型

BGP 报文类型见表 5-3。

表 5-3   **BGP 报文类型**

报文名称	作用	发送时刻
Open	协商 BGP 对等体参数，建立对等体关系	BGP TCP 连接建立成功之后
Update	发送 BGP 路由更新	BGP 对等体关系建立之后有路由需要发送或路由变化时向对等体发送 Update 报文
Notification	报告错误信息，终止对等体关系	当 BGP 在运行中发现错误时，发送 Notification 报文将错误通告给 BGP 对等体
Keepalive	标志对等体建立，维持 BGP 对等体关系	BGP 路由器收到对端发送的 Keepalive 报文，将对等体状态置为已建立，同时后续定期发送 keepalive 报文用于保持连接
Route-refresh	用于在改变路由策略后请求对等体重新发送路由信息。只有支持路由刷新能力的 BGP 设备会发送和响应此报文	当路由策略发生变化时，触发请求对等体重新通告路由

（四）BGP 的工作原理

BGP 对等体 6 种状态机：空闲（Idle）、连接（Connect）、活跃（Active）、Open 报文已发送（OpenSent）、Open 报文已确认（OpenConfirm）和连接已建立（Established）。

在 BGP 对等体建立的过程中，通常可见的 3 个状态为 Idle、Active 和 Established。

首先 Idle 状态是 BGP 初始状态。在 Idle 状态下，BGP 拒绝邻居发送的连接请求。只有在收到本设备的 Start 事件后，BGP 才开始尝试和其他 BGP 对等体进行 TCP 连接，并转至 Connect 状态。

在 Connect 状态下，BGP 启动连接重传定时器（Connect Retry），等待 TCP 完成连接，如果 TCP 连接成功，那么 BGP 向对等体发送 Open 报文，并转至 OpenSent 状态；如果 TCP 连接失败，那么 BGP 转至 Active 状态。

在 Active 状态下，BGP 总是在试图建立 TCP 连接，如果 TCP 连接成功，那么 BGP 向对等体发送 Open 报文，关闭连接重传定时器，并转至 OpenSent 状态。

在 OpenSent 状态下，BGP 等待对等体的 Open 报文，并对收到的 Open 报文中的 AS 号、版本号、认证码等进行检查。如果收到的 Open 报文正确，那么 BGP 发送 Keepalive 报文，并转至 OpenConfirm 状态。

在 OpenConfirm 状态下，BGP 等待 Keepalive 或 Notification 报文。如果收到 Keepalive 报文，则转至 Established 状态，如果收 Notification 报文，则转至 Idle 状态。

在 Established 状态下，BGP 可以和对等体交换 Update、Keepalive、Route-refresh 报文和 Notification 报文。

四、 IS-IS 中间系统协议

（一）IS-IS 概述

中间系统到中间系统（intermediate system to intermediate system，IS-IS）是 ISO 定义的 OSI 协议栈中的无连接网络服务（CLNS）的一部分。

IS-IS 是一种链路状态路由协议，IS-IS 与 OSPF 在许多方面非常相似，例如运行 IS-IS 协议的直连设备之间通过发送 Hello 报文发现彼此，然后建立邻接关系，并交互链路状态信息。

（二）IS-IS 和 OSPF 区域划分的区别

如图 5-8 所示，IS-IS 和 OSPF 区域划分的区别如下：

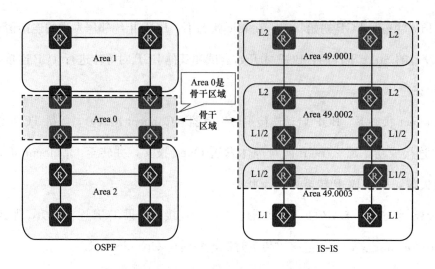

图 5-8　IS-IS 和 OSPF 区域划分的使用对比

（1）IS-IS 在自治系统内采用骨干区域与非骨干区域两级的分层结构。

（2）Level-1 路由器部署在非骨干区域。

（3）Level-2 路由器和 Level-1-2 路由器部署在骨干区域。

（4）每一个非骨干区域都通过 Level-1-2 路由器与骨干区域相连。

（三）IS-IS 工作原理

1. IS-IS 邻接关系建立原则

（1）只有同一层次的相邻路由器才有可能成为邻接。

（2）对于 Level-1 路由器来说，Area ID 必须一致。

（3）链路两端 IS-IS 接口的网络类型必须一致。

（4）链路两端 IS-IS 接口的地址必须处于同一网段。

2. 邻接关系建立过程

两台运行 IS-IS 的路由器在交互协议报文实现路由功能之前必须首先建立邻接关系。在不同类型的网络上，IS-IS 的邻接建立方式并不相同。在广播网络中，使用三次握手建立邻接关系。

R1 及 R2 通过千兆以太接口互联，这两台直连的 Level-1 路由器建立邻接关系的过程如下：

在 Down 状态下，R1 组播发送 Level-1 LAN IIH，此报文中邻接列表为空。

R2 收到此报文后，将邻接状态标识为 Initial。然后，R2 再向 R1 回复 Level-1 LAN IIH，此报文中标识 R1 为 R2 的邻接。

R1 收到此报文后，将自己与 R2 的邻接状态标识为 Up。然后 R1 再向 R2 发送一个标识 R2 为 R1 邻接的 Level-1 LAN IIH。

R2 收到此报文后，将自己与 R1 的邻接状态标识为 Up。这样，两个路由器成功建立了邻接关系。

第六章

机房环境及辅助系统

第一节 机 房 环 境

一、机房位置与组成

（一）机房位置选择

自动化机房位置选择应符合下列要求：

（1）应远离具有粉尘、油烟、有害气体的场所，以及生产或储存具有腐蚀性、易燃易爆物品的场所。

（2）应远离水灾、地震等自然灾害隐患区域。

（3）应远离强振源和强噪声源，避开强电磁干扰。当无法避开强干扰源、强振源或无法保障信息通信设备安全运行时，应采取有效的屏蔽措施。

（4）自动化机房所在的建筑物应满足防火、防爆等各项安全标准，且经消防机构验收合格。机房所在的建筑物应配置反恐设备，应有良好的控制装置阻止非授权人员出入。

（5）自动化机房应避免设在建筑物高层、地下室以及用水设备的下方，机房与调度大厅宜在同一建筑物内且在相近楼层。

（6）机房所在大楼应具备两条及以上完全独立且不同路由的电缆沟（竖井）。

（二）机房组成

（1）自动化机房结构组成应按自动化系统设备的运行特点和具体要求确定，主要由主机房、辅助区、电源室等功能区组成。

（2）主机房的使用面积应根据自动化设备的数量、外形尺寸和布置方式确定，并应预留今后业务发展需要的使用面积。在对调度自动化设备外形尺寸不完全掌握的情况下，主机房的使用面积可按以下方法确定：

1）当调度自动化设备已确定规格时，主机房使用面积应当按照机房内所有设备总投影面积的 5～7 倍选择，可按式（6-1）计算：

$$A = K \sum S \tag{6-1}$$

式中　A——主机房使用面积，m^2；

　　　K——系数，取值为 5～7；

　　　S——自动化设备的投影面积，m^2。

2）当调度自动化设备尚未确定规格时，主机房使用面积应按照机房内所有设备的估算面积选择，可按式（6-2）计算：

$$A = FN \tag{6-2}$$

式中　A——主机房使用面积，m^2；

　　　F——单台设备占用面积，可取 4.5～5.5m^2/台；

　　　N——主机房内所有设备的总台数。

（3）电源室的面积根据电源容量、承重等条件确定，宜为主机房面积的 0.2～0.5 倍。

（4）辅助区包括调试室、值班室、维护室、备品备件室等，总面积宜为主机房面积的 0.5～1.5 倍。辅助区中的值班室应独立设置，调试室和维护室宜独立设置。

（三）机房设备布置

（1）自动化机房的设备布置应满足机房管理、人员操作和安全要求，应便于设备和物料运输、设备散热、安装和维护。主机房、电源室、辅助区应相互独立。

（2）主机房应按照系统的安全需求、功能和特性划分区域进行管理，应根据调度自动化系统功能将机房划分为生产控制大区和安全运行区，需要使用公用通信网（不包括因特网）、无线网络进行通信时可另设安全接入区，电力监控系统安全防护中的边界防护设备宜采用就高安全等级原则布置。区域与区域间可采用物理隔断。具体要求如下：

1）主机房生产控制大区部署调度自动化实时数据采集、智能电网调度控制等核心业务的系统设备，以及电能量采集、调度计划等非实时控制系统设备。

2）主机房安全运行区部署调度生产管理等系统设备。

3）安全接入区部署公网通信终端和安全设备。

4）主机房生产控制大区宜单独划域管理。

（四）机房屏柜布置

（1）机房应采用标准机柜，应按照信息系统等级保护要求配置屏蔽机柜。

（2）机房内面对面布置的机柜之间的距离不应小于1.2m；背对背布置的机柜之间的距离不应小于1m；机房内机柜侧面距墙不应小于1m。当需要在机柜侧面和后面维修测试时，机柜与机柜、机柜与墙之间的距离不应小于1.2m。

（3）机房内成行排列的机柜，其长度超过6m时，两端应设有通道；两个通道之间的距离超过15m时，两个通道之间应增加出口通道，通道的宽度不小于1m。

（4）机房内用于搬运设备的通道净宽不应小于1.5m。

二、建筑与装饰

（一）主机房

（1）机房主体结构宜采用大开间大跨度的柱网，应具有耐久、抗震、防火、防止不均匀沉陷等性能，变形缝和伸缩缝不应穿过主机房。

（2）主机房应避开水源，应具有防止雨水通过机房屋顶和墙壁渗透的措施。与主机房无关的给排水管道不应穿过主机房，与主机房相关的给排水管道应有可靠的防渗漏措施。机房精密空调系统给排水通道应避免横穿机房。

（3）主机房的承重能力应满足设备的载荷要求，承重不低于$8kN/m^2$。

（4）主机房结构应符合各种设备和管线的安装和维护要求，充分考虑综合布线系统进、出主机房场地的走线通道、精密空调的进出水管布置。当管线需穿越楼层时，宜设置技术竖井。

（5）主机房净高应按机柜高度和通风要求确定，且不宜小于 2.6m。门高应大于 2.1m，门宽应大于 1.5m，应保证自动化机房各类设备顺利进出机房和所在建筑物，机房外过道和用于搬运设备的电梯均应满足相应要求。

（6）室内顶棚上安装的灯具、风口、火灾探测器及喷嘴等应协调布置，并应满足照明与消防的技术要求。

（二）出入口通道

（1）主机房宜设置单独出入口，若主机房长度超过 15m 或机房面积超过 $100m^2$ 时应设置两个及以上出口，并宜设于机房两端。

（2）主机房门应向疏散方向开启，且应自动关闭，并保证在任何情况下均能从机房内开启。走廊、楼梯间应畅通并有明显的出口指示标志。

（3）主机房入口通道净高不应低于 2.5m，净宽不应小于 1.5m。

（4）机房直接通往室外的通道门应安装挡板，挡板高度不应低于 50cm。

（三）室内装修

（1）机房装饰选用气密性好、不起尘、易清洁、变形小、保温、隔热、防火、防潮的材料，避免在机房内产生各种干扰光线（反射光、眩光等）。

（2）机房吊顶和墙面宜选用吸音、隔音材料，降低机房内噪声。

（3）机房区域顶面做防潮、防静电处理，机房区域顶板采用材质轻、防火、平整度好、便于拆装的材料。

（4）机房的门应采用密封防火防盗门，主机房的门窗、墙壁、地（楼）面的构造和施工缝隙，均应采取密闭措施。

（5）主机房不宜设置外窗，当主机房设有外窗时，应采用双层固定窗，并应有良好的气密性；不间断电源系统的电池室不宜设置外窗，当设有外窗时，应避免阳光直射。

（6）机房地面应铺设防静电活动地板，活动地板应符合要求。活动地板的高度应根据电缆布线和空调送风要求确定，并应符合下列规定：

1）活动地板下空间只作为电缆布线使用时，地板高度不宜小于 0.25m。活动地板下的地面材料应平整、耐磨。

2）活动地板下的空间既作为电缆布线，又作为空调静压箱时，地板高度不宜小于0.45m。

3）活动地板下的地面和四壁装饰应采用不起尘、不易积灰、易于清洁的材料。当采用活动地板下送风方式时，地面应采取保温措施。

（四）室内照明

（1）机房照明系统分为正常照明、应急照明与疏散指示照明三种。市电断电时应急照明与疏散指示照明应自动正常开启。

（2）主机房一般照明的照度不应低于500lx；辅助区照度不应低于300lx。主要照明应采用无眩光节能设备，灯具应采用分区、分组的控制措施。

（3）考虑照度均匀性和有效抑制眩光等因素。成排安装的灯具，光带应平直、整齐。工作区内一般照明的均匀度（最低照度与平均照度之比）不宜小于0.7。非工作区的照度不宜低于工作区平均照度的1/5。

（4）灯具的位置和方向应根据机房设备的放置、机柜的排列方向来安排，适应人在机房内的操作。

（5）机房应设置应急照明和安全出口标志灯，应急照明应大于50lx；紧急出口标志灯、疏散指示灯照度应大于5lx。

（五）机房防雷与接地

（1）机房市电进线应采取防雷措施。市电供电电源宜采用分级防雷的措施：一级避雷器配置在不间断电源（UPS）进线前端；二级避雷器配置在自动化机房配电柜输入前端；三级避雷器配置在重要设备前端。

（2）时间同步装置馈线等引入机房的电气连接应配置防雷模块。

（3）主机房应设置等电位联结网格，等电位联结网格应采用截面积不小于90mm² 的铜带或120mm² 的镀锌扁钢，网格四周应设置等电位联结带，并应通过等电位联结导体将等电位联结带按照就近、最短的原则与接地汇流排、各类金属管道、金属线槽、建筑物金属结构等进行连接。

（4）机柜应配置接地铜排，其截面积不小于 $90mm^2$，机柜接地铜排与等电位联结网格应采用截面积不小于 $25mm^2$ 的多股双色铜线连接。

（5）机柜柜体及设备接地线宜用多股双色铜导线与机柜接地铜排连接，其截面积应根据最大故障电流确定，一般不小于 $6mm^2$。接地线的连接应确保电气接触良好，连接点应进行防腐处理。

（6）机房保护性接地和功能性接地宜共用一组接地装置，接地电阻不应大于 0.5Ω。

（7）严禁机房接地汇集线、接地铜排等和接闪器引下线直接连接，严禁设备失地运行。

（六）机房防尘

（1）机房内的空调及新风系统，应经初效、中效两级过滤。

（2）机房的吊顶内、地板下空气循环区域需进行防尘处理。

（七）静电防护

（1）主机房和辅助区的地板或地面应有静电泄放措施和接地构造，工作台面材料应采用导静电或静电耗散材料，表面电阻或体积电阻应为 $2.5\times10^4\sim1.0\times10^9\Omega$，其导电性能应长期稳定，且应具有防火、环保、耐污、耐磨性能。

（2）自动化机房内所有设备的可导电金属外壳、各类金属管道、金属线槽、建筑物金属结构等应进行等电位联结并接地。

（3）静电接地的连接线应有足够的机械强度和化学稳定性，宜采用焊接或压接，当采用导电胶与接地导体粘接时，其接触面积不宜小于 $20cm^2$。

（4）自动化机房内绝缘体的静电电压绝对值不应大于 $1kV$。

三、机房环境

（一）一般要求

（1）自动化主机房和电源室内的温度、相对湿度应满足设备的使用要求，温度控制在夏季 $22℃\pm1℃$、冬季 $23℃\pm1℃$，相对湿度控制在 $40\%\sim55\%$。

（2）自动化主机房和辅助区，在设备停机时测量的噪声值应小于 60dB（A）。

（二）气流组织

（1）主机房空调系统的气流组织形式，应根据设备布置方式、布置密度、设备散热量以及室内风速、防尘、噪声等要求，结合建筑条件综合确定。

（2）主机房机柜分布，宜采用"面对面、背对背"的布置，分离机房冷热通道。

（3）主机房宜采用活动地板下送风、上回风方式。必要时，可采用封闭冷热通道的方式，采用活动地板下送风时，出口风速不应大于 3m/s。对局部过热的区域，可采用局部送风方式或局部制冷方式。

（4）采用上送风方式，送风气流不宜直对机柜和工作人员。

（三）空调系统

（1）主机房应配置独立的精密空调系统，辅助区和电源室宜采用其他空调系统，空调容量应根据机房的建筑条件、空间大小、设备布置密度、发热量以及房间温湿度要求合理选择。

（2）精密空调应冗余配置，不少于两组，每组应满足 $N-1$ 的要求，采用不同电源供电，单组空调的制冷能力应留有 $15\%\sim20\%$ 的余量。

（3）精密空调的选用应符合运行可靠、经济适用和节能环保的要求，选用高效、低噪声、低振动的设备，并具备来电自启动功能。空调机应带有通信接口，通信协议应满足机房环境监控系统的要求。

（4）机房精密空调所在地板下方应砌筑矩形挡水坝，并应部署水浸告警传感器，检测漏水并实时报警。

（5）精密空调配电柜应配置消防联动功能，并与机房环境监测系统通信。

（四）新风系统

（1）自动化机房应配置新风系统，维持机房内的正压。机房与其他房间、走廊间的压差不小于 5Pa，与室外静压差不小于 10Pa。

（2）系统的新风量宜取下列三项中的最大值：

1）室内总送风量的 5%。

2）工作人员每人 40m³/h。

3）维持室内正压所需风量。

（3）自动化机房在冬季需送冷风时，可取室外新风作冷源。当室外空气质量不能满足机房空气质量要求时，应采取过滤、降温、加湿或除湿等措施。

（4）新风系统应在进口设置防火阀，并与消防系统进行联动。新风管路在穿越不同防火分区时，加装防火阀，新风口应避开排风口。

（五）排风系统

（1）蓄电池室应配置独立的排风系统，通风装置应采用防爆式电动机，排风系统应与消防系统进行联动，当消防系统气体喷放前将该保护区内的排风系统停机；待消防警报解除后，重新启动排风系统。

（2）排风管应选用非燃烧材料，管道上设置电动防烟防火阀，平时密闭，以保证平时机房处于密闭微正压状态。

四、消防安全

（一）消防设施

（1）自动化机房的耐火等级不应低于二级。

（2）主机房、电源室宜设置管网式洁净气体灭火系统，辅助区宜设置高压细水雾灭火系统，主机房、电源室和辅助区应单独配置洁净气体手提式气体灭火器。灭火剂不应对自动化设备造成污渍损害。

（3）自动化机房应采用感烟、感温两种探测器的组合，应同时设置两组独立的火灾探测器，并应与火灾报警系统、灭火系统和视频监控系统联动。灭火系统控制器应在灭火设备动作之前，联动控制关闭机房内的风门、风阀，并应停止空调和排风机、切断非消防电源等。

（4）机房内应设置警笛，机房门口上方应设置灭火显示灯，灭火系统释放气体前，具有 15～30s 可调的延时功能。

（5）灭火系统的控制箱（柜）应设置在机房外便于操作的地方，且应有防止误操作的保护装置和手动紧急停止按钮。

（二）安全措施

（1）自动化机房存放记录介质应采用金属柜或其他能防火的容器。

（2）面积大于 $100m^2$ 的主机房，安全出口不应少于两个。面积不大于 $100m^2$ 的主机房，且机房内任一点至安全出口的直线距离不大于 15m，可设置一个出口。

（3）机房与建筑内其他功能用房之间应采用耐火极限不低于 2.0h 的防火隔墙和 1.5h 的楼板隔开，隔墙上开门应采用甲级防火门。

（4）自动化主机房和电源室应配置专用的空气呼吸器或氧气呼吸器，定点放置并有明显标识。

五、综合布线

（1）机房综合布线线缆芯数容量和长度应一次性敷设到位，并预留适当裕量。外部进入自动化机房的光缆及双绞线等应冗余配置，且分别从不同路由的电缆沟（竖井）敷设，并采取相应的防护措施。

（2）机房综合布线可采用上走线、下走线两种方式，上走线方式桥架宜高出地板 2.2m 以上，下走线方式地板应距离地面 0.45m 以上，新建机房宜采用上走线方式。

（3）综合布线应遵循强弱电分离原则，强弱电桥架应独立铺设，桥架之间至少距离 0.5m，避免交叉穿越，当不能避免时，应采取相应的屏蔽措施。桥架截面利用率不应超过 70%。

（4）线缆布放应顺直并固定在支架上，不应受外力的挤压和损伤。非屏蔽双绞线的弯曲半径应至少为外径 8 倍；屏蔽双绞线的弯曲半径应至少为外径的 6～10 倍；光纤的弯曲半径应至少为外径的 20 倍。

（5）线缆槽内缆线布放应顺直，尽量不交叉，不得出现扭绞、打圈接头等现象；在缆线进出线槽部位、转弯处应绑扎固定，其水平部分缆线每间隔 0.5～5m 绑扎。垂直线槽布放缆线应在缆线的上端和每间隔 1.5m 固定在缆线支架上。

（6）承担自动化业务的传输介质宜采用多模光缆、单模光缆或六类及以上等级的双绞线，传输介质各组成部分的等级应保持一致。

（7）主机房每个安全区域内宜根据业务量配置适量配线列头柜。设备柜配置双绞线至本安全区域配线列头柜，部分特殊设备柜可根据实际需求配置光纤、音频电缆、同轴电缆等。配线列头柜配置光纤和双绞线至综合配线柜，综合配线柜配置光纤及双绞线与外部通信。

（8）不同安全区业务跳线可采用不同颜色的双绞线，机柜内应根据实际综合布线情况配置配线架、理线架，条件允许时可配置电子配线架及智能布线管理系统。

六、机房监控与安全防范

（一）机房门禁

（1）机房所有出入口应配置门禁，门禁电源应使用 UPS 输出电源。

（2）门禁应具有联动功能，当发生突发性紧急事件时，能自动解除全部门禁。

（3）门禁系统的实时信息应纳入机房环境监控系统统一管理，具备记录、存储、报警和查询功能，每个出入口记录期限不应少于 6 个月。

（二）视频监控系统

（1）自动化机房所有出入口及机房内的主要通道应安装视频监控设备。

（2）视频监控设备的安装应考虑环境光照因素对监视图像的影响，主机房应 24h 实时录像，其他区域的视频监控设备可与门禁系统联动，进行非实时录像。

（3）视频监控设备采集的实时信息应纳入机房环境监控系统统一管理，具备记录、存储、报警和查询功能，录像存储 60 天以上。

（三）漏水检测

（1）主机房和辅助区内有可能发生水患的部位应设置漏水检测和报警装置，应能实现

"独立检测、独立报警、互不干扰"。

（2）漏水检测系统的分区可根据可能产生的漏水位置，每个位置可作为一个区域，也可根据检测对象的重要性，重要的单独作为一个区域。

（四）防小动物措施

（1）主机房、电源室应设有防小动物措施，用于承载弱电线缆、强电线缆的桥架端口与外部连接处用防火泥等密封保护，机房的孔、洞应用防火材料封堵。

（2）机房直接通往室外的通道门应安装防小动物挡板，挡板高度不应低于 50cm。防小动物挡板应易拆卸，方便机房设备搬运。机房出入口应设置防鼠板，机房内部放置粘鼠板。

（3）机房内部可加装红外探测装置，安装在机房地板下方、线槽出入口、机房墙角边缘地带，联动视频监控系统并告警。

七、机房标识标签

（1）自动化机房内的机柜、设备、线缆及其他设施均应采用统一规范的标识标签。

（2）同一类型的标识标签应采用同一模板；同种类型设备标识标签应统一布置，要求平整、美观，不应遮盖设备出厂标识。

（3）标识标签应采用易清洁、耐用的材质，室内使用年限不低于 10 年。

（4）机柜类标识标签要求如下：

1）机柜号标识标签应标注机柜编码信息，粘贴在机柜左上角并保持统一水平，并且前后粘贴。

2）设备卡标识标签应标注序号、位置、设备名称、重要级别等信息，放置于机柜门，保持统一水平。

3）配线架标识标签应标注本端、对端信息，粘贴于配线架端口正上方。

（5）设备类标识标签要求如下：

1）同一机柜内设备标识标签宜处于同一垂直线上。

2）粘贴式设备标识标签应标注设备名称、设备型号、所属系统、安全等级、IP 地址、上线日期等信息，粘贴于设备空白处，宜保持统一水平。

3）悬挂式设备标识标签应标注设备名称、设备型号、所属系统、安全等级、IP 地址、上线日期等信息，宜悬挂于设备左上角的机柜架孔。

（6）线缆类标识标签要求如下：

1）弱电线缆标识标签应标注起始端、终止端等信息，粘贴于线缆头部 5cm 处。

2）强电电缆标识标签应标注编号、起始端、终止端、规格信息，悬挂于电缆近端子 10cm 处。跳线类线缆（双绞线、光纤）标识标签应双面标注起始端、终止端、跳转路径信息，粘贴于线缆头部 5cm 处。

3）设备电源线标识标签应双面标注设备名、协议数据单元（PDU）信息，粘贴于设备电源线头部 5cm 处。

（7）其他设施标识标签要求如下：

1）自动化主机房应有醒目的各类空间环境标识，应带有国家电网有限公司 logo，粘贴于对应位置。其中机房安全出口、灭火器警示必须标示。

2）强电走线架标识标签粘贴于强电走线架，弱电走线架标识标签粘贴于弱电走线架，在强电走线架、弱电走线架标上要有明显的标识标签进行区分，并且每间隔 2～3m 重复标示。

3）辅助标识标签（地标）应粘贴于警示物周围 15cm 处。

第二节 机房动力环境监控

随着信息技术（IT）的发展和普及，机房内配套环境设备日益增多，机房已成为各单位的重要组成部分。机房环境除必须满足计算机设备对温度、湿度、空气洁净度、供电电源的质量、接地地线、电磁场和振动等的技术要求外，还必须满足机房中工作人员对照明、空气的新鲜度和流动速度、噪声的要求。机房的环境设备（如供配电、UPS、空调、消防、安保等）必须时刻为计算机系统提供正常的运行环境，一旦机房环境设备出现故障而又得不到及时处理，就会影响计算机系统的运行，并对数据传输、存储及系统运行的可靠性构成威胁。机房动力环境监控系统正是为了解决上述问题而产生。它实现了对动力设备、机房环境的集中监控管理，对分布的动力设备、机房环境进行遥测、遥信、遥控、遥调，实时监视动力设备和机房环境的运行状态，记录和处理相关数据，及时检测故障，通知人员处理，从而实现机房的少人或无人值守；同时通过智能分析，判断设备潜在故障，为预防设备重大故障提供前期诊断的依据，提高动力系统的可靠性及 IT 设备的安全性，同时减轻机房管理人员的工作负担。

一、监控范围

机房动力环境监控系统的监控对象包括机房的环境指标及动力设备，同时，很多监控系统也集成了视频监控系统及门禁系统，具体监控内容见表 6-1。

表 6-1　　　　　　　　　　机房动力环境监控系统监控对象

监控对象	监控内容	信号采集方式
发电机	油箱（罐）油位、发电机转速、输出的电力参数（功率、电压、频率、电流、功率因数等）	由发电机厂家提供监控卡
UPS	主输入、旁路输入、输出的电力参数（功率、电压、频率、电流、功率因数等）、负荷率，电池输入电压、电流、容量，整流器、逆变器状况，系统故障等	由 UPS 厂家提供监控卡
有源滤波器	补偿前后的各分次谐波含量、故障状态等	由有源滤波器厂家提供监控卡
STS	两路输入、一路输出的电力参数（功率、电压、电流、功率因数等），系统故障，切换设置等	由 STS 厂家提供监控卡
蓄电池	每一组蓄电池的电压、阻抗，每一只蓄电池的电压、阻抗等	采用传感器实现电压、阻抗值的采集
配电柜	配电柜内各主要断路器的触头状态、故障状态；主输入回路的电力参数（功率、电压、频率、电流、功率因数、谐波各分次含量等）；UPS 输出的重要回路的电力参数（功率、电压、频率、电流、功率因数等）；零地电压值；电源使用效率（PUE）；ATS 控制器的状态、故障等	断路器状态由断路器附件提供信号，各回路电力参数由配电柜内安装的电量仪或传感器提供信号，PUE 通过采集的电量运算得出
专用空调	送、回风温湿度，温湿度的控制值，压缩机，加湿器，加热器，风机的运行状态，过滤网的状态及报警值等	由空调厂家提供监控卡
集中空调和通风系统	室外机组、风机、水泵、阀门的运行状态及报警、滤网状态等	由空调厂家提供监控卡，或自配传感器采集风机、水泵、阀门等组件的信号
机房湿温度	机房冷通道温湿度	在机房冷通道上安装温湿度传感器，安装高度不宜过高
机房漏水监测	机房内有无积水	在易发生漏水险情的地方设置漏水感应绳，通过控制器采集信号实现早期报警，可直接控制关断上水阀门
门禁系统	人员进出权限控制	软件开发集成
视频监控系统	人员行为、机房环境监视	软件开发集成
消防系统	消防报警，探头状态	因消防报警主机协议一般不公开，很难直接开发集成
报警方式	现场主机报警、软件报警（E-mail、弹窗）、短信报警、语音报警	—

二、系统架构

机房动力环境监控系统架构可分为 C/S 架构和 B/S 架构。

（1）C/S 架构，即 client/server（客户机/服务器）结构，通过将任务合理分配到客户机端和服务器端，降低系统的通信负担，可以充分利用两端硬件环境的优势。早期软件系统多以此作为首选。服务器通常采用高性能个人计算机（PC）、工作站，并采用大型数据库系统，如 Oracle、Sybase、Informix 或 SQL server。客户端需要安装专用的客户端软件。

（2）B/S 架构，即 browser/server（浏览器/服务器）结构，在这种结构下，客户机上只要安装一个浏览器，服务器安装数据库，浏览器通过 Web Server 同数据库进行数据交互。用户界面完全通过 www 浏览器实现。一部分事务逻辑在前端实现，但主要事务逻辑在服务器端实现。B/S 架构主要是利用了不断成熟的 www 浏览器技术，结合浏览器的多种 Script 语言（VB Script、Java Script 等）和 Active 技术，适用于广域网环境。用通用浏览器就实现了原来需要复杂专用软件才能实现的强大功能，并节约了开发成本，是一种新型的软件架构。B/S 架构最大的优点就是可以在任何地方进行操作而不用安装任何专门的软件，客户端零维护，系统易扩展。只要能上网，由系统管理员分配一个用户名和密码，即可以使用。其缺点是开发费用高，开发周期长。

三、硬件架构

机房动力环境监控系统硬件上可分为三个部分：信号采集部分、信号传输部分和信号处理及管理平台部分。硬件架构可采用传统的串口总线架构和嵌入式 TCP/IP 网络架构。

四、软件功能

机房动力环境监控系统可提供多种数据接口，与其他监控系统互联互通，构成 IT 集中运行监控系统。其软件需要实现的功能应包括以下几个方面。

（一）实时监视功能

对机房动力环境实现实时集中的监控，以直观的画面显示报警信息并做报警通知，便于自动化运维值班人员及时发现存在的隐患。

（二）告警管理功能

1. 告警分级

告警可分为紧急告警、重要告警、一般告警、一般事件，并在告警栏中以不同颜色标识四级。

2. 告警预处理

（1）告警过滤功能：对不需要做出反应的告警进行过滤，过滤条件可以根据机房设备、监控信号量等由用户进行设置。

（2）告警屏蔽功能：自动屏蔽由其他告警引起的非主要告警，只呈现主要告警；当机房或设备处于工程状态时，设定屏蔽后告警信息不上传；当多地点、多设备、多事件并发时，不应丢失告警信息，告警信息准确率必须为100%。

（3）告警延时设定功能：当告警在用户设定的延时范围内消除时，不上送告警。

（4）告警自动升级功能：当告警产生后，在指定时间内没有消除，可以设置升级到更高级的告警，以便提醒值班人员注意。

3. 告警处理

（1）告警优先呈现功能：无论监控系统处于任何界面，当告警发生时均可及时自动提示告警，显示告警信息，并提供告警信息打印功能。对于不同级别的告警可以设置不同的提醒或通知方式。

（2）告警确认功能：发生告警时，应由值班人员进行告警确认。如果在规定时间内未确认，可根据设定条件通过电话、短信、语音等形式通知相关人员。

（3）告警自动清除功能：告警发生后一段时间内又自动恢复，系统应自动清除告警窗内的显示并保存告警记录。

（4）告警统计分析功能：对各种历史告警区域、设备类型、信号类型、告警等级、发生时间、确认人员、确认时间等关键字段进行查询、统计和打印，同时能够查询与告警相关的遥测量及遥信量数据。

(三) 配置管理功能

1. 系统数据的配置

配置管理功能用于监控对象、监控系统自身的增加、修改和删除的管理。配置管理要求操作简单、方便、扩容性好；在增加新的配置数据或修改配置数据时不影响系统正常运行。

2. 配置数据管理

所有在线修改配置的操作，必须有权限管理，系统必须记录用户名、修改时间、修改内容等信息。

3. 配置数据的查询

提供方便、快捷的配置数据查询功能，能够按照设备类型、信号类型、告警级别、配置数据变更时间等条件进行筛选、查询，并能以 Excel 表格形式导出。

(四) 统计分析功能

通过对历史数据的统计分析与展示，全面、直观展现机房设备运行情况，提供丰富的统计数据和针对性的分析、报警功能，全面提高机房管理水平。

(五) 数据库管理功能

告警数据、操作数据应能保存 6 个月以上，监测数据应能保存 12 个月以上。

系统应能对数据库按一定周期进行自动备份。

系统应提供开放式数据库接口，采用标准的数据库，如 Sybase、Oracle、SQL Sorver 等。

系统应按数据库接口规范的要求提供相应数据，方便其他系统读取数据。

(六) 用户权限管理

权限管理功能针对用户及应用性质，分为控制权限和维护权限，是应用和数据安全访问管理的重要工具。权限管理功能应通过用户与角色的实例化对应，提供界面友好的权限管理工具，方便对用户的权限设置和管理。

（七）远程管理控制

由于机房安全性要求很高，对 UPS、ATS、断路器等关键设备一般只监视不控制，但应开放一些非核心设备的控制，如新排风系统、照明系统等。

第三节　大屏幕显示系统

大屏幕显示系统是通过对各种计算机图文及网络信息、视频图像信息的动态综合显示，完成对各种信息的显示需求。大屏幕显示系统以系统工程、信息工程、自动控制等理论为指导，综合运用了计算机、网络通信、信息控制、视频监控等高新技术，顺应调度运行、生产管理工作的"智能化"发展趋势。

大屏幕显示系统将高清晰度数码显示技术、投影墙无缝拼接技术、多屏图像处理技术、多路信号切换技术、网络技术、集中控制技术等的应用综合为一体，形成一个拥有高亮度、高清晰度、高智能化控制、操作方法先进的大屏幕显示系统。

一、大屏幕显示系统组成

大屏幕显示系统由以下四部分组成：

（1）大屏幕显示单元。大屏幕显示单元是大屏幕显示系统的重要组成部分，根据不同的需求，数量不同，表现形式也不一样。大屏幕显示单元直接关系到大屏幕显示系统的亮度、色彩、清晰度。大屏幕显示单元主要由投影机、背投箱体及投影机专用机架等部分组成。

（2）大屏幕拼接设备。作为大屏幕显示系统中最重要的一部分，其主要功能是将一个完整的图像信号划分成 N 块后分配给 N 个视频显示单元，完成用多个普通视频单元组成一个超大屏幕动态图像显示屏。可以支持多种视频设备的同时接入，实现多个物理输出组合成一个分辨率叠加后的超高分辨率显示输出，使拼接墙构成一个超高分辨率、超高亮度、超大尺寸的逻辑显示屏，完成多个信号源（网络信号、RGB 信号和视频信号）在屏幕墙上的开窗、移动、缩放等各种方式的显示功能。

（3）矩阵切换设备。完成视频输入输出的矩阵式（全交叉）切换、前端设备的控制、报警信号的处理等功能，能够实现 RGB/视频监控信号的灵活切换，组合单屏或多屏放大显示到大屏幕上。

（4）系统控制管理软件。实现对显示单元、拼接设备、矩阵切换设备等大屏幕显示系统所有可控设备的集中控制，在同一个图形操作界面上即可实现对各种信号窗口的切换、调用和管理。软件支持多用户同时联机操作，提供简便友好的人机操作界面，使用户实现对显示墙的方便快捷操作。

二、分类及技术分析

常见的大屏幕显示系统按照显示单元工作方式的不同大体可分为三类，即 LCD（液晶显示屏）拼接、PDP（等离子体显示板）拼接和 DLP（数字光处理显示器）拼接。LCD 和 PDP 属于平板显示单元拼接系统，DLP 属于投影单元拼接系统。三种大屏幕拼接系统由于使用的技术原理不尽相同，优缺点各不相同，下面从几个方面简单地进行技术分析。

1. 亮度、对比度、分辨率、响应速度

三种大屏幕拼接技术中，PDP 拼接的亮度最高，它具有较高的显示亮度、高对比度、响应速度快、显示效果突出等优点，但其存在亮度衰减的问题，且无法通过更换部分元件提高亮度，其分辨率指标相对较低，无法应对高分辨率场景的要求。PDP 拼接的致命缺点是存在严重的"灼伤"问题，不适用于长时间显示静态监控画面。LCD 拼接的亮度较 PDP 拼接次之，其显示画面颜色鲜亮，但存在响应速度较慢、动态画面"拖尾"等缺陷。DLP 拼接在亮度和对比度方面不具有优势，无论是技术指标还是现场感受都较弱，尤其是在三种拼接同时对比显示时，其亮度方面的表现与其他两种屏有相当大的差距。但该技术显示出的图像像素点缝隙小，像素细腻，近距离和远距离观看画面的效果差异不大，且对于其亮度衰减的问题，可以通过更换显示光源来解决。

2. 单元尺寸、拼接缝

对于不同拼接屏技术来说，不同的单元尺寸关系到单位显示面积造价的高低，由于 DLP 单元尺寸比另外两种技术大得多，所以同样的显示面积，使用 DLP 数量少，用于控制器的成本也较低，控制速度较快。

DLP 拼接最重要的优势就是拼接缝小，可以达到零点几毫米，而 PDP 的拼接缝一般在

几毫米，LCD 的拼接缝更大一些。当然，随着工艺水平的提高和拼接技术的提高，PDP 和 LCD 的拼接缝正逐步降低，但由于技术实现原理的局限，DLP 拼接才是真正意义上的"无缝"拼接。

3. 安装环境要求及维护

PDP 功耗较高，散热量大，DLP 的功耗相对次之，对于用电和空调的环境要求较高，而采用 LED 光源的 DLP 功耗方面有了很大的改善，LCD 功耗最低。在热辐射方面，PDP 和 LCD 对展示现场（及屏体前侧）存在较高的热辐射，人体可感受明显；在占用空间方面，PDP 和 LCD 机身薄，占用空间较小，而 DLP 由于存在空间的要求，当采用后维护方式时，屏体后至少需要预留 120cm 的空间，当采用前维护方式时，屏面后需要预留 60～80cm 的空间。

PDP 和 LCD 拼接在亮度未衰减到很低时，维护成本相对较低，当需要更换显示板来提高亮度时，其成本相当于重新购买。DLP 拼接在采用灯泡光源时，维护成本较高，而且其灯泡的价格较贵，在采用 LED 光源时可有效地降低维护成本。

三、电力调控中心对大屏幕显示系统的要求

大屏幕显示系统作为电网调控中心各种视频信号（计算机、视频、网络等）的集中显示终端，系统要具备高分辨率显示、色彩均匀稳定，并且能与各种信号良好兼容的特性。系统需保证颜色的高度一致、显示单元亮度均匀一致，具有防反射、亮度高、视角宽、拼接缝隙小、长期使用无变形等特性。

（1）通过与调控系统接口，要求至少可以实现的显示内容包括：在任意网络工作站上显示的遥测量、遥信量、累计量、考核量等动态值和其他静态参数、图形图表以及全区有功潮流图、地理接线图、厂站实时工况图、厂站电压考核图、厂站负荷、周波及计划曲线图等，并且可实现多图形、多信息同时显示。

（2）通过与调控系统接口，要求至少可以实现的显示方式有：①图形、图表窗口可移动，画面可矢量缩放；②能够多任务、多窗口显示 Windows/Unix/Linux 下网络信号；③可同时观察多种信息，并可以在它们之间灵活切换操作；④可设定各种预案进行信号显示，也可手动指定某画面以特定方式显示。

（3）通过与变电站视频及环境监控系统接口，在任一网络工作站上显示的变电站视频及环境监控系统的遥视信息，可以通过网络信号或者视频方式进行多图形、多信息同时显示。

第四节　时　间　同　步　系　统

一、时间同步系统基本知识

（一）概述

时间是以时刻指示和时间间隔来计量的。为了保证时间计量的准确性，需要经常按照某一时间基准校准钟表，也就是日常生活中所谓的对钟，技术上称为时间同步。

近1年来电力系统自动化技术迅速发展，发电厂/变电站监控系统、调度自动化系统、RTU、故障录波器、微机继电保护装置、事件顺序记录装置、机组的DCS等系统广泛应用。这些装置（系统）的正常工作和作用发挥，都离不开时间记录和统一的时间基准，因而在这些装置（系统）内部都有自己的时钟，即所谓的"实时时钟"。这些实时时钟都是电子式的，准确度一般都不高，长时间运行后累计误差越来越大，如果不及时校正，将影响装置（系统）的正常运行，因而对这些装置（系统）的实时时钟实现自动时间同步是电力系统自动化的一个重要任务。

（二）时钟基准的基本概念

1. 时钟的内部基准

任何时钟都需要有至少一个基准，这个基准决定了这个时钟的时间准确度。内部基准是时钟通过自身携带的走时基准。

（1）机械摆。机械摆根据其摆臂的长度，有其固有的谐振频率，可以作为时钟的基准，如老式的挂钟、座钟。将摆臂做成螺旋状，可大大缩小时钟的体积，如马蹄表、手表。

（2）石英晶体振荡器。由于机械摆的振荡频率不够稳定，机械表的精度不高，人们发明了"电子摆"，也就是石英晶体振荡器，简称晶振。一般晶振的振荡频率稳定性高达$1\times$

10^{-6}，改变其物理尺寸就可以改变振荡频率，其体积小，成本低，应用广泛。

（3）原子频标。经过研究发现，有些元素的原子从一种能量状态到另一种能量状态所发射出的电磁波频率异常稳定。根据这一现象设计制造了振荡频率超级稳定的振荡源，即原子频标。原子频标的振荡频率稳定性根据其使用的元素可达 $1 \times 10^{-13} \sim 1 \times 10^{-10}$。使用原子频标作为基准的时钟称为原子钟。

2. 时钟的外部基准

有一些特殊用途的时钟需要通过接收外来基准信息走时。内部基准精度不能满足要求的时钟，例如在电力系统中大多含有微机的设备，其自身的时钟一般使用普通晶振，需要一个高精度的外部基准定时为其修正。

（1）外部基准信号。通过电缆、光缆、网络在地面上直接传送的称为有线时间基准信号。通过无线电波在空中传送的称为无线时间基准信号，如我国国家授时中心利用长波无线电信号发送的授时信号，北斗卫星发送的高频无线电授时信号。

（2）卫星同步时钟。原子钟准确度极高，但是造价也极为昂贵，不适合广泛应用。如果将有限的原子钟安装在卫星上，通过高频无线电信号将时间信息发送到地面，就可以为全球或某个特定区域地面上的卫星同步时钟对时。通过接收天线接收卫星系统发送的授时信号作为外部时间基准，以一定的时间准确度向外输出授时信号的装置即为卫星同步时钟。

（三）授时、对时原理

外部基准信号的传递，发送信号的一方称为授时，接收信号的一方称为对时。授时一方很简单，只要将日期、时间信息按规范要求发送到接收方即可。

1. 时钟原理

时钟有 14 位可预置计数器，分别记录年、月、日、时、分、秒，锁存器保存计数器的数据，译码器将锁存器中的二进制数据转换为十进制数据，驱动器驱动数码管显示日期和时间。所谓可预置计数器，计数时可通过预先置数，从任意数开始计数而不是必须从"零"开始，时钟通电运行时，可通过键盘或串行对时信号预置计数器的数据。由石英晶体振荡器产生高频脉冲，通过分频得到每秒一次的脉冲作为时钟的基准。

2. 对时原理

（1）人工对时。通过键盘将正确的日期、时间输入控制器，控制器通过数据线配合位选线依次将数据置入各级计数器，时钟以此为起点开始走时。

（2）脉冲对时。由于人工对时操作有延时，很难将时钟对得很准，脉冲对时是利用外来的标准分（秒）脉冲给计数器的秒（毫秒）位清零，这样就可以得到相对准确的对时。

（3）串行数据对时。串行数据信号一般包括日期、时间等大量数据，可代替人工键盘将正确的日期、时间数据自动输入控制器。

（四）常用授时信号的基本类型及传输方式

常用的授时信号主要有脉冲授时信号、串行数据授时信号和网络对时三种。

1. 脉冲授时信号

脉冲授时信号有秒脉冲、分脉冲、时脉冲之分，这些脉冲的准时延都是在整秒、整分、整时刻发出，常用的是秒脉冲和分脉冲。

时钟装置接收授时信号并与其同步，是一个对钟的过程，在这个过程中，时钟装置利用脉冲授时信号的准时延将内部时钟的毫秒位或秒位清零而达到目的。

2. 串行数据授时信号

串行数据授时信号内含完整的日期、时间数据，常用的有串口报文授时信号和 B（IRIG-B）码授时信号。时钟装置可利用该数据对其自身时钟计数器置数而达到同步目的。

（1）串行报文授时信号。串行报文授时信号是一组时间数据，每分或每秒发送一帧，从发送到接收再置数，这个过程需要一定的操作时间，刚刚置完的数已经有延时了，所以报文授时智能应用在对时间精度要求不高的场合。

（2）IRIG-B 授时信号。为了解决脉冲数据不全、报文时间不准的矛盾，可采取双管齐下的办法，即脉冲、报文同时使用。在电力系统中，这种使用方法很常见，例如保护装置，由保护管理机给各保护装置一个报文信号，再由卫星同步时钟给一个脉冲信号。IRIG 是英文 inter-ranger instrumentation group（靶场间测量仪器组）的缩写，它是美国靶场司令委员会的下属机构，其制定的 IRIG 标准，已成为国际通用标准。

IRIG 串行时钟码，共有六种格式，即 IRIG-A、IRIG-B、IRIG-D、IRIG-E、IRIG-G、

IRIG-H。它们的主要差别是时间码的帧速率不同，从最慢的每小时一帧的 IRIG-D 格式到最快的每十毫秒一帧的 IRIG-G 格式。由于 IRIG-B 格式时钟码是每秒一帧的时钟码，最适合使用的习惯，而且传输也较容易。因此，在 IRIG 六种串行时钟码格式中，应用最为广泛的是 IRIG-B 码。IRIG-B 格式时钟码每秒钟输出一帧含有时间、日期和年份的时钟信息，其又分为未调制的直流码（DC 码）和调制后的交流码（AC 码）。直流码的同步精度可达亚微秒量级，交流码的同步精度一般为 $10 \sim 20 \mu s$。

3. 网络对时

网络对时是一种通过网络连接来同步计算机或设备时钟的技术。其工作原理通常是客户端设备向网络中的时间服务器发送请求，时间服务器响应并提供准确的时间信息，客户端据此调整自身的时钟。

常见的网络对时协议包括网络时间协议（network time protocol，NTP）和简单网络时间协议（simple network time protocol，SNTP）等。NTP 是一种较为复杂但精度较高的协议，适用于对时间精度要求严格的环境。SNTP 则是 NTP 的简化版本，适用于对时间精度要求不那么高的场合。

4. 授时信号的传输方式

（1）无源接点。在脉冲授时信号的传递过程中，收发双方对脉冲的电平要有一个约定。不同厂家的设备对脉冲电平的要求不同，电压等级不同、准时沿不同，在使用中会有诸多不便。采用无源接点传输方式，发送端等效于一个开关，在要求的时刻闭合，电源由接收设备自身提供，这样接收设备使用的电平等级、准时沿用上升沿还是下降沿，就与发送设备无关了。

（2）TTL 电平。TTL 电平的称谓是由 TTL 器件使用的逻辑电平而来，为 5V，绝大部分数字电路运算、转换、传输均使用这一标准电平。TTL 电平一般用来传送 B 码和秒脉冲、分脉冲等。

（3）RS-232。RS-232 为通用的串行数据通信标准，最常用于计算机之间的通信。RS-232 采用非平衡方式传送，标准传输距离只有 15m。RS-232 主要用来传送报文信号。

（4）RS-422 和 RS-485。RS-422 和 RS-485 同 RS-232 一样，也是通用的串行数据通信标准。不同的是它们采用平衡方式传送，所谓平衡方式即两根传输导线都为信号线。接收设备取两根信号的差值，在传输过程中遇到干扰，两根信号线的电位差不变，可以长距离传输。RS-422 和 RS-485 也主要用来传送报文信号，但是基于其良好的传输特性，也常用其传送脉冲和 B 码。

5. 授时信号的传输介质

前面介绍的几种授时信号都是基于电缆传输。使用电缆传输授时信号的优点是铺设、连接方便，造价低。但是，电力系统机房的电磁环境一般比较恶劣，对授时信号的传输存在一定的干扰；线间电容及分布电感使得授时信号有一定的延时，在长距离传输时影响尤为严重。

授时信号也可采用光纤传输。光纤通信有诸多优点：稳定可靠、传输距离远、延时小、不用隔离，但光纤在铺设、连接方面不如电缆经济方便。

二、时间同步系统的结构

时间同步系统是由 1～2 台主时钟和若干台从时钟，通过电缆或光缆连接，为其他设备提供授时信号的系统。

1. 主时钟及从时钟的基本概念

（1）主时钟。能同时接收至少两种外部时间基准信号，当其中一个基准信号失败时自动切换到另一个基准信号，可将有效的基准信号输出，具有内部时间基准，按照要求的时间准确度向外输出时间同步信号和时间信息的装置。

（2）从时钟。能同时接收主时钟通过有线传输方式发送的至少两路时间同步信号，当其中一个基准信号失效时，自动切换到另一个基准信号，具有内部时间基准，按照要求的时间准确度向外输出时间同步信号和时间信息的装置。

2. 时间同步系统的构成

（1）最小系统。由一台主时钟自成系统，通过信号传输介质为被授时设备及系统对时。

（2）互备系统。由两台主时钟构成系统，相互接收对方发送的时间基准信号，通过信号传输介质为被授时设备及系统对时。

（3）互备主、从系统。由互备系统及若干台从时钟构成，从时钟同时接收互备系统中的两个主时钟提供的时间基准信号，通过信号传输介质为被授时设备及系统对时。

三、时钟装置的基本功能

时钟同步系统是由时钟装置（主时钟、从时钟）构成的，时钟的基准决定时钟的主、从时钟的输出是一样的。

（1）时钟可输出脉冲信号、IRIG-B 码、串行口时间报文和网络时间报文等时间同步信号。

（2）时钟在失去外部时间基准信号时具备守时功能。

（3）时钟输出信号之间应相互电气隔离。

（4）时钟面板上应有下列信息显示：

1）时钟同步信号输出指示灯。

2）外部时间基准信号状态指示。

3）当前使用的时间基准信号。

4）年、月、日、时、分、秒（北京时间）。

5）故障信息。

（5）时钟应有下列告警接点输出：

1）电源中断告警。

2）故障状态告警。

四、授时信号的主要技术指标

（一）脉冲信号

1. 脉冲宽度

10～200ms。脉冲对时使用的是脉冲的准时沿，对脉冲的宽度不用严格限制。

2. 有源脉冲

准时沿：上升沿，上升时间小于或等于 100ns。上升沿的时间准确度：优于 $1\mu s$。

3. 无源接点

静态空接点与 TTL 电平信号的对应关系为接点闭合对应 TTL 电平的高电平，接点打开对应 TTL 电平的低电平，接点由打开到闭合的跳变对应准时沿。准时沿：上升沿，上升时间小于或等于 1μs。上升沿的时间准确度：优于 3μs。允许最大工作电压：250V DC。

4. 光纤

使用光纤传导时，亮对应高电平，灭对应低电平，由灭转亮的跳变对应准时沿。秒准时沿：上升沿，上升时间小于或等于 100ns。上升沿的时间准确度：优于 1μs。

（二）IRIG-B 码

IRIG-B 码应含有年份和时间信号质量信息，其时间为北京时间。

1. IRIG-B（DC）码

（1）秒准时沿的时间准确度：优于 1μs。

（2）接口类型：TTL 电平、RS-422、RS-485 或光纤。

（3）使用光纤传导时，亮对应高电平，灭对应低电平，由灭转亮的跳变对应准时沿。

2. IRIG-B（AC）码

（1）载波频率：1kHz。

（2）秒准时沿的时间准确度：优于 20μs。

第五节　精　密　空　调

机房空调是一种专供机房使用的高精度空调，因其不但可以控制机房温度，也可以同时控制湿度，因此也叫恒温恒湿空调机房专用空调机，另因其对温度、湿度控制的精度很高，亦称机房精密空调。机房里的计算机设备会产生大量的热量，而且机房对环境中的灰尘数量有严格的要求，因此需要精密空调对机房进行空气调节，保证机房对温、湿度及含尘量的特殊要求。机房精密空调具备全年 365 天、每天 24h 安全可靠运行的能力。

一、精密空调的结构及工作原理

精密空调主要由压缩机、冷凝器、膨胀阀和蒸发器四大部件组成。一般来说空调机的制冷过程为：压缩机将经过蒸发器后吸收了热能的制冷剂气体压缩成高压气体，然后送到室外机的冷凝器。冷凝器将高温高压气体的热能通过风扇向周围空气中释放，使高温高压的气体制冷剂重新凝结成液体，然后送到膨胀阀。膨胀阀将冷凝器管道送来的液体制冷剂降温后变成液、气混合态的制冷剂，然后送到蒸发器回路中。蒸发器将液、气混合态的制冷剂通过吸收机房环境中的热量重新蒸发成气态制冷剂，然后又送回到压缩机，重复前面的过程。

精密空调的构成除了上面介绍的压缩机、冷凝器、膨胀阀和蒸发器外，还包括风机、空气过滤器、干燥过滤器、加湿器、加热器、视液镜、储油罐、电磁阀等，因此在日常的机房管理工作中，对精密空调的管理和维护主要是针对以上部件去维护的。

二、精密空调的日常维护管理

（一）控制系统的维护

对空调系统的维护人员而言，在巡视时第一步就是看空调系统是否在正常运行，因此首先要做以下一些工作：

（1）从空调系统的显示屏上检查空调系统的各项功能及参数是否正常。

（2）如有报警的情况要检查报警记录，并分析报警原因。

（3）检查温度、湿度传感器的工作状态是否正常。

（4）对压缩机和加湿器的运行参数要做到心中有数，特别是在每天早上的第一次巡检时，要把前一天晚上压缩机的运行参数和以前的同一时段的参数进行对比，看是否有大的变化。根据参数的变化可以判断设备运行状况是否有较大的变化，以便合理地调配空调系统的运行台次和调整空调的运行参数。但有些比较老的空调系统还不能够读出这些参数，这就需要值班的工作人员多观察和记录。

（二）压缩机的巡回检查及维护

（1）听：用听声音的方法，能较正确地判断出压缩机的运转情况。因为压缩机运转时，它的响声应是均匀而有节奏的。如果它的响声失去节奏而出现不均噪声时，即表示压缩机的内部机件或气缸工作情况有了不正常的变化。

（2）摸：用手摸的方法，可知其发热程度，能够大概判断是否在超过规定压力、规定温度的情况下运行压缩机。

（3）看：主要是从视夜镜观察制冷剂的液面，看是否缺少制冷剂。

（4）量：主要是测量在压缩机运行时的电流、吸排气压力以及吸排气温度，能够比较准确地判断压缩机的运行状况。

对压缩机还需要检查高、低压保护开关和干燥过滤器等其他附件。

（三）冷凝器的巡回检查及维护

（1）对专业空调冷凝器的维护相当于对空调室外机的维护，因此首先需要检查冷凝器的固定情况，看冷凝器的固定件是否有松动的迹象，以免对冷媒管线及室外机造成损坏。

（2）检查冷媒管线有无破损的情况（从压缩机的工作状况及其他的一些性能参数也能够判断冷媒管线是否破损），检查冷媒管线的保温状况，特别是在北方地区的冬天，这是一件比较重要的工作，如果环境温度太低而冷媒管线的保温状况又不好的话，空调系统的正常运转会受到一定的影响。

（3）检查风扇的运行状况，主要检查风扇的轴承、底座、电动机等的工作情况，在风扇运行时是否有异常震动，扇叶在转动时是否在同一个平面上。

（4）检查冷凝器是否脏堵，下面是否有杂物影响风道的畅通，从而影响冷凝器的冷凝效果。检查冷凝器的翅片有无破损的状况。

（5）检查冷凝器工作时的电流是否正常，从工作电流也能够进一步判断风扇的工作情况是否正常。

（6）检查调速开关是否正常，一般的空调冷凝器都有两个调速开关，分别为温度调速和压力调速，现在比较新的控制技术采用双压力调速控制，因此在检查调速开关时主要是看在规定的压力范围内，调速开关能否正常控制风扇的启动和停止。

（四）蒸发器、膨胀阀的巡回检查及维护

蒸发器、膨胀阀的维护主要是检查蒸发器盘管是否清洁，是否有结霜的现象出现，以及蒸发器排水托盘排水是否畅通。当蒸发器盘管上有比较严重的结霜现象或在压缩机

运转时盘管上的温度较高时（通常状况下，蒸发器盘管的温度应该比环境温度低10℃左右），应检查压缩机的高、低压，如果压力正常，应考虑膨胀阀的开启量是否合适。这种现象也有可能是其他环境原因引起的，比如空调的制冷量不够、风机故障引起风速过慢等。

（五）加湿系统的巡检及维护

（1）由于各个地方的空气环境不同，对加湿器的使用和影响也不一样，但在日常的维护工作中同样要做的事情是观察加湿罐内是否有沉淀物质，如有就要及时冲洗，因为现在空调的加湿罐一般都是电极式的，如沉淀物过多而又不及时冲洗的话，就容易在电极上结垢从而影响加湿罐的使用寿命。现在有些加湿罐的电极是可以更换的。

（2）检查上水和排水电磁阀的工作情况是否正常。

（3）检查加湿罐排水管道是否畅通，以便在需要排水和对加湿罐进行维修时顺利进行。

（4）检查蒸汽管道是否畅通，保证加湿系统的水蒸气能够正常为计算机设备加湿。

（5）检查漏水探测器是否正常，这对加湿系统来说是比较重要的一环，因为如果排水管道不畅通就容易出现漏水的情况，如漏水探测器不正常，就易出现事故。

（六）空气循环系统的巡回检查及维护

对于空气循环系统，主要考虑空调系统的空气过滤器、风机及到计算机设备的风道等因素，因此在日常维护工作中要做好以下一些工作：

（1）计算机机房的设备经常有设备移动的现象，而设备的移动一般又不是由空调设备的维护人员去完成，因此在设备移动后应及时检查机房内的气流状况，看是否有气流短路的现象发生，同时在新设备的位置是否存在送风阻力过大的情况。如有上述现象应及时调整，如果实在调整不过来，建议将设备移到新的合适的位置。

（2）检查空调过滤器是否干净，若有脏污应及时更换或清洗。

（3）检查风机的运行状况，主要是检查风机各部件的紧固及平衡情况，检查轴承、皮带、共振等情况。对风机的检查应特别仔细，因为蒸发器的热交换过程主要是在风机的作用下使快速流动的气流经过低温的蒸发器盘管来完成的，从而使空调达到制冷的效果，所以风机的正常运行是空调系统正常运行的最后体现。对风机而言最重要的是电动机，因此在日常维护中首先应查看其皮带的状况、主从动轮是否在同一平面上等；皮带调整的松紧程度要合适，太松容易打滑，太紧对皮带的损耗太快，皮带的松紧与外部对静压的需求也有比较大的关系，这种调整要在空调系统控制的范围之内进行，现在部分比较先进的空调系统采用一体化的风机，解决了皮带调整的问题。

（4）测量电动机运转电流，看是否在规定的范围内，根据测得的参数也能够判断电动机是否是正常运转。

（5）测量温、湿度值，并与面板上显示的值进行比较，如有较大的误差，应进行温度、湿度的校正，如误差过大应分析原因，可能有两种原因：一是控制板出现故障；二是温度、湿度探头出现故障，需要更换。

（6）检查计算机及其他需要制冷的设备进风侧的风压是否正常。随着计算机设备的搬迁和增加，地板下面线缆的增加有可能影响空调系统的风压，从而造成计算机及其他 IT 设备的静压不够，需要设备维护和管理人员对空调系统的风道做出相应的调整或增加空调设备。

三、常见故障处理

（一）精密空调风机不能启动

精密空调风机不能启动的可能原因及相应处理方法见表 6-2。

表 6-2　　　　　　　　　　　　　　精密空调风机不能启动

症状	可能的原因	需检查项目或处理方法
风机不能启动	断路器跳脱或熔丝烧毁	检查主风机的熔丝及断路器
	过载，空气断路器跳开	手动复位，检查电流平均值
	气流丢失报警（动作）	检查皮带是否松脱或风机电动机是否发生故障
	风机本身失效	更换风机

（二）精密空调压缩机停运

精密空调压缩机停运的可能原因及相应处理方法见表 6-3。

表 6-3 　　　　　　　　　　　　　　**精密空调压缩机停运**

症状	可能的原因	需检查项目或处理方法
压缩机不能启动	未开电源（关机）	检查主电源开关、熔丝、断路器及连接导线
	电源过载空气断路器跳开	手动复位，检查电流平均值
	电路连接松动	紧固电路接头
	压缩机线圈短路烧毁	检查电动机，如发现缺陷，立即更换
压缩机不运行，接触器未吸合	无制冷需求	检查控制器状态
	高压开关动作	检测高压开关
接触器吸合，压缩机不运行	熔丝烧坏或断路器跳停	检查熔丝或断路器以及接触器，查看线路电压
	压缩机内置保护器断开	检查压缩机线圈是否开路，如开路，等待线圈冷却后自动复位
压缩机运行 5min（1～5min 可设）就停止运转，接触器断开	制冷剂泄漏，低压开关无法闭合	检查吸气压力
排气压力高	冷凝器脏堵（风冷）或进水温度过高（水冷）	清洁冷凝器（风冷），检查循环水系统
	冷凝设备不运转（风冷检查冷凝风机，水冷检查水系统）	检查操作步骤
	制冷剂充注量过多	检查过冷度是否过高
排气压力低	制冷剂泄漏	查漏并进行维修及添加制冷剂
	室外风机转速控制器故障，输出电压一直是满载电压，不随冷凝压力的改变而改变（风冷）	如发现缺陷，立即更换转速控制器
启动后吸、排气压力无变化	压缩机反转或内部串气	压缩机反转则调换压缩机任意两根 L 线；内部串气则需更换压缩机
吸气压力低或回液	系统内的制冷剂不足	检查有无泄漏，进行维修及添加制冷剂
	空气过滤网太脏	更换过滤网

（三）精密空调加热系统故障

精密空调加热系统故障的可能原因及相应处理方法见表 6-4。

表 6-4 　　　　　　　　　　　　　　**精密空调加热系统故障**

症状	可能的原因	需检查项目或处理方法
加热系统不运行，接触器不吸合	无加热需求	检查控制器的状态
	加热系统安全装置断开	检查加热安全装置，即自动过温保护开关和手动过温保护开关，测量加热接触器触点之间是否闭合，如果断开，更换串联的安全装置
接触器吸合，无加热效果	加热器被烧坏	切断电源，用电阻表检测加热器的电阻特性

第六节　不间断电源

不间断电源（uninterruptible power supply，UPS）是能够提供持续、稳定和不间断电源供应的重要设备，主要用于给单台计算机、计算机网络系统或其他电力电子设备提供稳定、不间断的电力供应。

一、UPS 基本结构

从基本应用原理上讲，UPS 是一种含有储能装置、以逆变器为主要元件、稳压稳频输出的电源保护设备，主要由整流器、逆变器、蓄电池组和静态开关等几部分组成。

1. 整流器

整流器位于输入端，将市电的交流电流转换成直流电流。整流器具备以下功能：

（1）给逆变器提供直流电源。

（2）自动对蓄电池充电。

（3）将充电电流自动限制为储存在记忆中的电池容量的 15％。

（4）当直流负荷小于额定输出的 110％时，将充电电流固定在正常范围。

2. 逆变器

逆变器将直流电源转换为稳定的正弦交流电，并为负载供电。其性能的优劣直接影响 UPS 的输出性能指标。逆变器的主体是逆变电路，此外还包括控制、保护和滤波电路。

3. 蓄电池组

蓄电池组是 UPS 用来作为储存电能的装置，它由若干个电池串联而成，其容量大小决定了蓄电池维持放电（供电）的时间。其主要功能是当市电正常时，将电能转换为化学能储存在电池内部；当市电故障时，将化学能转换成电能提供给逆变器或负载。

4. 静态开关

静态开关是为提高 UPS 系统工作的可靠性而设置的，能承受负荷的瞬时过负荷或短路，由反并联的晶闸管功率电路和相应的控制电路组成。静态开关分为转换型和并机型两种，转换型开关主要用于两路电源供电的系统，其作用是实现从一路到另一路的自动切换；并机型开关主要用于并联逆变器与市电或多台逆变器。

二、 UPS 的分类

对 UPS 的电路结构形式进行分类的方法很多，如：

（1）按动静分类，可分为旋转型、动静型和静止型。

（2）按功率分类，可分为小功率、中功率和大功率。

（3）按输出波形分类，可分为方波（准正弦波）和正弦波。

（4）按输出电压的相数分类，可分为单相和三相。

（5）按不停电供电方式分类，可分为后备式、在线式和在线互动式。

目前普遍应用的主流产品是静止变换型 UPS，包括后备式、在线式和在线互动式。

1. 后备式 UPS

当电网供电正常时，一路市电通过整流器对蓄电池进行充电，另一路市电直接给负荷供电。此时 UPS 相当于一台稳压性能较差的稳压器，对电网的畸变和干扰基本没有抑制作用。

当电网电压或电网频率超出 UPS 的输入范围时，即在非正常情况下，电池中的储能经过逆变器给负荷供电。

后备式 UPS 的优点是产品价格低廉、运行费用低。由于在正常情况下逆变器处于非工作状态，电网能量直接供给负载，因此后备式 UPS 的电能转换效率很高。

缺点是当电网供电出现故障时，由电网供电转换到逆变器供电存在一个较长的转换时间，对于那些对电能质量要求较高的设备来说，这一转换时间的长短是至关重要的。再者，后备式 UPS 的逆变器不经常工作，因此不易掌握逆变器的动态状况，容易造成隐性故障。后备式 UPS 一般应用在一些非关键性的小功率设备上。

2. 在线式 UPS

在线式 UPS 是指不管电网电压是否正常，负载所用的交流电压都要经过逆变电路，即逆变电路始终处于工作状态。在线式 UPS 一般为双变换结构，即 UPS 正常工作时，电能经过了 AC/DC、DC/AC 两次变换后再供给负荷。

在线式 UPS 使用得较为普遍。无论市电正常与否，在线式 UPS 逆变器始终处于工作状态，而逆变器具有稳压和调压作用，因此在线式 UPS 能对电网供电起到"净化"作用，同时具有过负荷保护功能和较强的抗干扰能力，供电质量稳定可靠，从根本上完全消除了来自市电的任何电压波动和干扰对负荷工作的影响，真正实现了对负荷的无干扰、稳压、稳频供电。同时当市电供电中断时，UPS 的输出不需要开关转换时间，因此其负荷电能的供应是平滑稳定的，能实现对负荷的真正的不间断供电。其缺点是系统结构复杂，成本较高。

3. 在线互动式 UPS

在线互动是指输入市电正常时逆变器处于热备份状态，仅作为充电器给蓄电池充电。在线互动式 UPS 在市电正常时，由市电电源向负载供电；市电故障时，负荷完全由蓄电池提供能量经逆变器变换后供电。在线互动式 UPS 中有一个双向变换器，既可以当逆变器使用，又可作为充电器。

在线互动式 UPS 与传统在线式 UPS 相比，电路简单，成本低，可靠性高，逆变器同时有充电功能，省掉了一般 UPS 的附加充电器，其充电能力要比附加充电器强得多。

当要求长延时供电时，无须再增加机外充电设备。

三、UPS 的主要技术指标

UPS 的主要技术指标有 UPS 的容量、输入特性指标、输出特性指标、UPS 的蓄电池指标等。

1. UPS 的容量

UPS 的容量是 UPS 的首要指标，可分为输入容量和输出容量。一般指标中所给出的容量都是指输出容量，也就是输出额定电压和输出额定电流的乘积，容量的单位为伏安（VA）。

2. 输入特性指标

（1）输入电压及范围。输入电压指标应说明输入交流电压的相数及数值，如单相或三相，220、110、380V 等；同时还要给出 UPS 对电网电压变化的适应范围，如标明在额定电压的基础上 ±15％。

（2）输入频率及范围。输入频率指标应说明 UPS 产品所适应的输入交流电的频率及允许的变化范围。如 $50 \times (1 \pm 5\%)$、$50 \times (1 \pm 1\%)$Hz 等。

（3）输入电流。输入电流指标是指 UPS 在保证额定输出功率和保证蓄电池充电功率时其输入交流线电流（三相）或相电流（单相）的有效值，即额定输入电流，有时通过输入容量指标给出。要注意的是，配电设备或配线的选取要考虑 UPS 的过负荷承受能力，要考虑瞬间冲击等因素，因而容量一定是比额定输入大，即留有一定的裕量。

（4）功率因数。UPS 的功率因数分为输入功率因数和额定负荷功率因数两类。

输入功率因数是指 UPS 的逆变器（在线式）工作而非旁路时，UPS 向电网索取的有功功率和电网向 UPS 提供的视在功率之比值。它反映出 UPS 利用电网能量的有效程度，UPS 的输入功率因数越高越好。

额定负荷功率因数是指 UPS 作为交流电源使用时，要求所接负荷向 UPS 索取的有功功率占 UPS 输出视在功率的比例。负荷功率因数低说明负荷向 UPS 索取无功功率的比例大，UPS 必须降额使用。一般几千伏安的 UPS 均要求负荷有 0.8 以上的功率因数。

3. 输出特性指标

（1）输出电压。输出电压即 UPS 的额定输出电压，如 220/380V 等。用户可以根据自己的设备所需的电压等级和供电方式选取 UPS 产品。

（2）输出电压静态稳定度。输出电压静态稳定度是稳定电压中常用的指标，输出电压静态稳定度是指在额定的输入电压范围内，负荷电流由额定值的 0%～100% 变化时其输出电压的相对变化量。

（3）输出电压动态稳定度。输出电压动态稳定度是指负荷电流做 100% 阶跃时输出电压瞬时最大相对变化量。

（4）过负荷能力。过负荷能力是指 UPS 的输出容量超过其额定输出容量的比例和可持续的时间。

（5）输出频率。输出频率是指 UPS 输出交流电的频率，一般为 50Hz 或 60Hz。市电供电时，无论输出频率是 50Hz 或 60Hz，在线式 UPS 处于同步锁定状态，其输出频率漂移可达 ±2Hz；市电发生故障时，由内振决定 UPS 的输出频率，漂移为 ±（0.5～1）Hz。我国的交流电网频率为 50Hz，所以用户在选择 UPS 时一定要注意与电网频率兼容，即在我国一定选用输出频率为 50Hz 的 UPS（特殊用途除外）。

（6）输出波形。UPS 输出波形是指逆变器工作时 UPS 输出电压的波形。总谐波失真

（THD）是 UPS 输出波形的一个重要指标，是指谐波含量的均方根值与非正弦周期函数的均方根值之比，一般小于 3%。

4. 蓄电池指标

UPS 最少应配置两组蓄电池，如果只配置一组蓄电池，一旦有一只蓄电池故障，就可能造成整组蓄电池失效。

（1）电池电动势（E）：蓄电池在没有负载的情况下测得的正、负极之间的端电压，也就是开路时的正负极端子电压。

（2）蓄电池内阻（R）：蓄电池正负极板、隔板（膜）、电解液和连接物的电阻。内阻越小，蓄电池的容量就越大。

（3）终了电压：放电至电池端电压急剧下降时的临界电压，如再放电就会损坏电池。不同的放电率有不同的放电终了电压。

（4）放电率：蓄电池在一定条件下，放电至终了电压的快慢称为放电率。放电电流的大小，用时间率和电流率来表示。通常以 10 小时率作为放电电流，即在 10h 内将蓄电池的容量放至终了电压。蓄电池容量的大小，随着放电率的大小而变化，放电率低于正常放电率时，可得到较大的容量，反之容量就减小。

（5）充电率：蓄电池在一定条件下，充电电流的大小称为充电率。常用的充电率是 10 小时率，即充电的时间需 10h 后，才达到充电终期。当缩短充电时间时，充电电流必须加大，反之，充电电流可减小。

（6）循环寿命：蓄电池经历一次充电和放电，称为一次循环。蓄电池所能承受的循环次数称为循环寿命。固定型铅酸蓄电池循环寿命为 300～500 次，阀控式密封铅酸蓄电池循环寿命为 1000～1200 次。

四、UPS 运行维护

在 UPS 的使用过程中，主要从以下几个方面入手来正确使用与维护 UPS 系统，以降低故障的发生率。

1. UPS 运行环境

UPS 对温度、湿度、防尘等工作环境都有一些标准的要求。UPS 设备应放置于干燥、通风、清洁的环境中，避免阳光直射在设备上。UPS 的运行环境应保持清洁，以避免有害灰尘对 UPS 内部器件的腐蚀。环境温度最好应保持在 18～25℃，蓄电池对环境温度的要求高，最佳温度为 25℃，正常运行不能超出 15～30℃。环境湿度一般允许为 30%～80% 的相对湿度。

（1）工作温度。工作温度是指 UPS 工作时应达到的环境温度条件，工作温度过高不但会使半导体器件、电解电容的漏电流增加，而且还会导致半导体器件的老化加速、电解电容及蓄电池的寿命缩短。如果在高温下长期使用，温度每升高 10℃，蓄电池寿命约降低一半；工作温度过低，则会导致半导体器件性能变差、蓄电池充放电困难且容量下降等一系列严重后果。

（2）工作湿度。环境湿度过高，会在蓄电池或元器件表面结露，出现短路；湿度过低，则容易产生静电。UPS 工作环境湿度可以用绝对湿度（空气中所含水蒸气的压强）或相对湿度（空气中实际所含水蒸气与同温度下饱和水蒸气压强的百分比）表示。

（3）防尘。UPS 周围工作环境要保持清洁，这样可以减少有害灰尘对 UPS 内部线路的腐蚀。另外，大量的灰尘也会造成元器件散热不良从而出现设备故障。

（4）海拔。海拔是保证 UPS 安全工作的重要条件之一，是因为 UPS 中有许多元器件采用密封封装，一般都是在 101325Pa 状态下进行封装的，封装后的器件内部气压是 101325Pa。由于大气压随着高度的增加而降低，海拔过高时会形成器件壳内向壳外的压力，严重时可产生变形或爆裂而损坏器件。

（5）防雷要求。UPS 输入端应提供可靠的雷击浪涌保护装置，在模拟雷电波发生时（电压脉冲 $10\mu s/700\mu s$，5kV；电流脉冲 $8\mu s/20\mu s$，20kA），保护装置应起保护作用，使得设备不被损坏，机房接地电阻小于 0.5Ω。

2. 蓄电池的维护

蓄电池作为 UPS 系统的重要组成部分，它的运行状态将直接影响 UPS 系统的供电质量，因此 UPS 系统的大量维护、检修工作主要在蓄电池部分。随着技术的进步，使用的蓄电池多为免维护铅酸蓄电池，即免除了以往的测比、配比、定时添加蒸馏水的工作，但其他日常维护也需要及时到位。除了要保证合理的运行环境之外，还要注意以下几个方面：

（1）有效的充放电。UPS 中的浮充电压和放电电压，在设备出厂时均已调试到额定值，而放电电流的大小是随着负载的增大而增加的。使用中应合理调节负载，将负载控制在一定范围内可以有效避免蓄电池过放现象。因此一般情况下负载应不超过 UPS 额定容量的60％。在这个范围内，可以有效避免蓄电池出现过度放电现象。此外，UPS 因长期与市电相连，在不发生或很少发生市电停电的运行环境下，蓄电池会长期处于浮充电状态，长时间运行就会导致蓄电池的化学能与电能相互转化活性降低，从而加速了蓄电池的老化，使其缩短使用寿命。因此在正常情况下，每季度应对蓄电池进行一次放电，用以保持蓄电池的活性。放电时间可根据蓄电池组的容量和负载大小确定。一次全负荷放电完毕后，按规定再充电 8h 以上。在对蓄电池放电前，应根据以往的蓄电池测量记录来主要关注那些已经处于工作状态不良的蓄电池，以免造成蓄电池过放现象。

（2）蓄电池内阻测试。质量良好的蓄电池内阻为 $20\sim30\text{m}\Omega$。当内阻超过 $80\text{m}\Omega$ 时，需要对蓄电池做均衡充电处理或活化处理。蓄电池内阻的增大必然伴随实际输出能量的降低，从而表现为蓄电池的容量减小。通过对蓄电池内阻值的比对，可以有效地判断蓄电池的工作状态以及使用寿命。蓄电池内阻测试一般采用专用的蓄电池内阻测试仪进行。

此外，平时还应注意清洁并检测蓄电池正负极两端电压、蓄电池温度；线缆连接处有无松动、腐蚀现象，检测连接条压降；电池外观是否完好，有无外壳变形和渗漏；极柱、安全阀周围是否有酸雾逸出。当电池组中发现电压反极、压降大、压差大和酸雾泄漏现象的电池时，应及时采取办法恢复和修复，不能恢复和修复的要及时进行更换。更换时不能把不同容量、不同性能、不同厂家的电池连在一起，以免对整组电池带来不利影响。对寿命已过期的电池组要及时更换，以免影响到主机。

第七章

调度自动化及网络安全防护运行管理

━━━━━ 第一节 值 班 管 理 ━━━━━

一、运行值班总体要求

（1）值班员在正式担任值班工作前，应经过专业培训，熟悉调度自动化系统的基本功能，并经考试合格后方可上岗值班。离岗半年以上者，在上岗前应对其进行针对性的培训，经考试合格后方可上岗。

（2）值班员应严格遵守各项规章制度和运行纪律，准时到岗，不得随意脱岗，如遇特殊情况需离岗时，须征得相关领导同意，待替班人员到岗后方可离岗，并做好交接记录。

（3）自动化及网安运行值班执行 7×24h 联合值班制，值班期间值班员按照调控中心要求完成各类日志、记录的填写及报送等工作，做好自动化系统及设备运行情况的监视工作。

（4）值班员应配合主站、厂站自动化运行系统和设备的升级、改造、检修和消缺等工作。当检修人员汇报工作开始及完成相关工作后，值班员应做好相应记录，并负责通知相关单位或人员。

（5）网络安全相关系统及设备的检修计划参照调度自动化系统及设备执行工作票制度。值班员需及时跟进涉及网络安全的自动化检修票的批复和开竣工进度，并组织做好以下检修配合和验证工作：

1）检修工作开始和结束时应在电力监控系统网络安全管理平台（简称网络安全管理平

台）中检查工作对象及受影响对象的监控状态，确认运行正常后方可许可开竣工。

2）检修过程中在网络安全管理平台上根据工作需求对相应设备采取相应的置检修、挂牌和恢复操作。

3）当发生故障抢修时，工作票可不经工作票签发人书面签发，但应经工作票签发人同意后方可工作。

（6）当发现自动化检修工作中，有违反《国家电网公司电力安全工作规程（电力监控部分）》有关规定的情况，应立即制止，经纠正后方可恢复作业。当发现危及电力监控系统业务和数据安全的紧急情况时，有权停止作业，采取紧急措施并立即报告。

（7）值班员应使用网络安全管理平台等监测工具进行实时监视和分析，确保电力监控系统网络安全事件及时发现、即时处理和迅速报告。

（8）电力监控系统网络安全告警是指通过技术手段监测到的网络安全潜在威胁，或对电力监控系统安全具有影响的可疑行为。根据告警可能的影响程度，将电力监控系统网络安全告警分为紧急告警、重要告警和一般告警三个等级。

1）发现紧急告警应立即处理，重要告警应在 24h 内处理，多次出现的一般告警应在 48h 内处理。

2）任何等级的告警均需第一时间查清并核实告警详情，包括 IP 归属、端口信息和涉及业务等。

3）当发生紧急告警后，应立即开展分析研判并确认是否可能存在安全风险，并立即组织相关运维人员或厂站运维单位开展告警分析和处置。对于可能存在安全风险的紧急告警，应立即通知省调安全运行专责。

4）当发生紧急告警后，事发单位网络安全值班应立即开展告警分析和处置，并在 30min 内向省调网络安全值班反馈初步处置进展及后续计划，3 日内完成网络安全紧急告警分析报告报省调网络安全值班。报告内容应包含告警描述、影响范围、分析过程、处理结果和后续防范措施等。对于定性为安全威胁的书面报告，还需附有相关单位（部门）负责人签字并加盖单位（部门）印章。

5）告警经分析认定为网络安全事件的，按网络安全事件要求进行处置和报告。

（9）电力监控系统网络安全风险是指虽未直接影响电力监控系统或电网运行，但经分析定性确认已对电力监控系统网络安全造成安全威胁的告警或隐患。比如感染恶意代码、违规接入手机或无线网卡等具备联网功能的外设、渗透测试发现中危及以上漏洞、违规运维操作（如无票操作、越权操作、违规修改安全策略、违规删除系统关键文件、违规操作导致敏感信息泄露）、生产控制大区边界防护缺失或策略不严格等。

（10）电力监控系统网络安全事件是指由于人为原因、软硬件缺陷或故障、自然灾害等，对电力监控系统或者其中的数据造成危害，影响电力监控系统或电网安全稳定运行，对社会造成负面影响的事件。根据电力监控系统网络安全事件的危害程度和影响范围，将电力监控系统网络安全事件分为特别重大、重大、较大、一般四级。

（11）电力监控系统网络安全现场处置总体按照"隔离风险、查明根源、消除威胁、举一反三"的原则。当发生外部入侵、人员违规、软硬件缺陷等可能引发网络安全风险甚至事件场景时，值班员应按照电力监控系统网络安全应急预案及现场处置方案，立即组织运维人员或厂站运维单位（非工作时段期间当值值班员可依据风险或事件紧急情况直接远程操作）采取强制断开涉事主机网络、调整网络边界防护策略、断开区域数据网络等不同程度的隔离措施，并重点保护核心业务安全平稳，有效抑制或阻断风险扩散。

（12）值班员应配合各系统运维人员对相应自动化系统的运行情况进行检查，包括自动化系统主备服务器、主备进程和主备通道切换等工作。

（13）值班员应做好值班间、休息间的卫生、电源和消防安全等工作。

（14）值班员在使用值班电话等技术支撑手段开展工作时，应采用规范用语，及时做好记录；值班员值班期间任何与业务有关的电话均应进行电话录音。

二、系统监视及巡视工作要求

（1）系统中重要画面监视包括重要厂站工况、地区用电负荷、服务器工况等画面和集中监控功能。

1）如有监视数据异常，在做好数据来源切换、封锁等应急操作后，立即通知调度员并做好记录，对缺陷进行初步分析判断后通知运维人员处理。

2）如有系统异常，应立即通知运维人员，开展应急处置工作，通知调度员并做好记录。

3）厂站主备通道数据通信完全中断，在做好数据封锁等应急操作后，立即通知调度员并做好记录，对缺陷进行初步分析判断后通知运维人员处理。

4）厂站单条通道数据通信中断，在做好通道切换等应急操作后，对缺陷进行初步分析判断后通知运维人员处理。

（2）通过自动化运行监测系统对各自动化系统重要服务器、关键进程和机房环境进行监测。若有告警，对缺陷进行分析判断应急处置，必要时通知相关系统管理员。

（3）对二区网络安全管理平台进行监视，若有告警，对缺陷进行分析判断应急处置，通知相关厂站进行消缺处理，必要时通知运维人员。

（4）对三区调控云平台数据汇集情况及全社会电力电量数据进行监视，若有告警，对缺陷进行分析判断应急处置，通知运维人员处理。

（5）重要系统巡视：应检查主用调度（简称主调）和备用调度（简称备调）智能电网控制系统、调度数据网和安全防护系统及应用等是否正常。包括系统告警、重要画面、各类曲线、文件传输和网页浏览等功能是否能正常使用。如有异常，应立即通知系统管理员并做好相关记录。

（6）特别事件巡视：在重大保供电、恶劣灾害天气、国庆节及春节等长假期间，重要自动化系统的巡视工作。

三、交接班工作要求

（1）接班人员应提前15min到达值班室，仔细阅读上一班的运行日志，详细了解上一班的工作情况。

（2）当值班员正在处理异常或故障情况时，不得进行交接班。处理过程以交班人员为主，接班人员为辅，处理告一段落后方可进行交接班。

（3）上一班的缺陷处理，未完成的记入交接班日志。完成上一班的缺陷处理后，在日志上将记录交接班的"√"去掉，以免记录到下一班。

（4）网络安全交接班内容包含当值期间电力监控系统网络安全整体运行情况、安全告警以及安防设备缺陷情况、涉及网络安全检修情况、重要保障情况、风险预警等任务下发执行情况以及遗留问题等注意事项。在处理网络安全事件或安防设备紧急故障时，不宜进行交接班工作。

（5）交班人员应向接班人员详细告知上一班机房内相关的工作情况，包括系统升级、现场维护、维保、安全围栏使用情况、工作票进展情况等。

（6）交接班前，交班人员必须搞好值班室和休息室的环境卫生工作，做到窗净明亮。

（7）值班员交接班时，应将系统运行状况，特别是设备的异常缺陷情况，向接班人员交代清楚。接班人员应仔细阅览交接班记录和运行日志，了解各应用系统运行状况。

（8）值班员交接班应至少包含以下几方面内容：

1）全站数据封锁情况。

2）厂站通道全中断或全故障情况。

3）重要厂站改造情况。

4）重要系统功能、应用或服务器异常情况。

5）网络安全重大事件。

第二节 告 警 管 理

一、告警的分类

1. 按告警等级分类

电力监控系统网络安全告警分为紧急告警、重要告警和一般告警三个等级。

2. 按告警性质分类

（1）运行类告警。该类告警主要为设备运行中的告警，如 CPU 使用率超阈值、纵向加密隧道建立失败等。该类一般威胁等级较低，大部分是设备运行异常等原因导致的告警。

（2）预防类安全告警。该类告警主要由于安防设备拦截网络中的不符合策略的非法访问产生，如纵向加密的非法外联告警等。此类告警需要及时排查原因，大部分为服务器非法的异常访问、策略开放不完善、网络配置错误等原因导致。

（3）已发生安全告警。该类告警主要为探测到有例如主机非法的外联、入侵检测、外接设备接入等，此类告警威胁等级较高，一般此类告警都为紧急告警或安全事件。

二、排查思路

1. 运行类告警

如 CPU 使用率超阈值、纵向加密隧道建立失败等，首先在网络安全监视平台中确认该告警内容一般威胁等级较低，大部分是设备运行异常等原因导致的告警。其次通知场站核查告警原因，并及时向主站反馈，主站侧根据本地隧道与远端 IP 隧道没有配置初步判断告警，并向自动化班负责人进行汇报。最后场站人员核查后反馈告警原因为本端隧道 IP 地址为场站实时纵向加密认证装置的地址，远端隧道 IP 地址为地调主站侧实时纵向加密认证装置的地址。本地隧道 IP 地址的纵向加密认证装置收到了远端隧道纵向加密认证装置的隧道协商报文，而本端隧道没有配置到对端的隧道或者配置对端隧道地址错误，导致本端纵向加密认证装置发出"隧道没有配置"告警。场站人员按照以下措施尽快完成消缺：

（1）检查隧道配置，确保装置配置了到对端的隧道。

（2）检查隧道配置，确保隧道下的本地地址以及远程地址配置正确。

2. 预防类安全告警

主要由于安防设备拦截网络中的不符合策略的非法访问产生，如纵向加密的非法外联告警等。在网络安全监视平台首先确认告警内容，初步判断告警的威胁，根据告警 IP 及访问端口初步判断告警的原因。其次通知场站尽快核查告警原因，核查告警中的源 IP 到目的 IP 的访问是否为正常的业务访问或运维操作，如为正常访问且需要进行访问，则开启策略使其允许访问；如为非法访问，则需要排查源 IP 主机，使其停止访问，并立即向省调电力监控系统网络安全值班进行汇报，同时向自动化班负责人进行汇报告警核查及处置情况。运行值班人员下发告警缺陷并通知场站尽快完成消缺、3 日内反馈告警分析报告。此类告警需要及时排查原因，大部分为服务器非法的异常访问、策略开放不完善、网络配置错误等原因导致。

3. 已发生安全告警

该类告警主要为探测到有例如主机非法的外联、入侵检测、外接设备接入等，此类告警威胁等级较高，一般此类告警都为紧急告警或安全事件，出现以上异常告警或行为时，应立即汇报，并采取紧急措施。

第三节 应 急 管 理

一、应急预案体系概述

1. 应急管理概念

应急管理针对各类突发事件，从预防与应急准备、监测与预警、应急处置与救援、恢复与重建等全方位、全过程的管理。目标是预防和减少突发事件及其造成的损害。管理范围包括事前、事发、事中、事后等多个环节。

国家电网有限公司在国家"一案三制"（"一案"是指制订修订应急预案；"三制"是指建立健全应急的体制、机制和法制）应急管理体系的基础上，根据电力应急工作实际，建立电网企业应急管理体系，如图 7-1 所示。

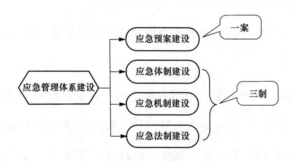

图 7-1　电网企业应急管理体系

2. 应急预案体系分类

我国电网企业的应急预案按层级分为综合预案、专项预案及现场处置方案。

综合预案是覆盖全局、综合性的预案，包括应急管理组织机构、应急预警、应急调度、应急救援等方面的内容。其作用是对不同种类的灾害和事故，提出一个全面、系统的应急管理方案，推动应急管理工作的顺利进行。

专项预案是在综合预案的基础上，为某一特定领域或行业应急管理工作而制定的预案，如火灾应急预案、地震应急预案等。专项预案根据不同行业或领域的特点，明确相关部门和人员的职责和任务，加强预案实施效果。

现场处置方案是在综合预案和专项预案的基础上，为应急事件的现场处置制定的具体操作方案。其包括现场调查、现场处置措施、救援力量调度、应急物资使用等方面内容。现场处置方案是应急预案的最后一环，是具体应急管理工作的实施方案，需要根据不同情况灵活运用。

3. 应急预案的重要性

（1）减少灾害损失：通过制定和实施应急预案，可以降低突发事件造成的损失，保护人民生命和财产安全。

（2）提高应对效率：应急预案明确了应对突发事件的流程和责任，有助于提高应对效率。

（3）增强社会稳定性：有效的应急预案可以减少社会恐慌，增强社会稳定性。

二、风险评估

（一）风险分析

可导致电网公司电力监外控系统网络安全事件的风险主要包括：

（1）人员违规类：部设备违规接入、系统违规外联、人员恶意操作等。

（2）外部入侵类：病毒传播、黑客入侵、敌对势力集团式攻击等。

（3）软硬件缺陷类：主机、网络、安防设备等硬件存在缺陷或发生故障，操作系统、数据库、应用系统等软件存在缺陷或发生异常。

（4）基础设施故障类：机房电源、空调等基础设施发生故障。

（5）自然灾害类：地震、火灾、洪灾等自然灾害。

（二）危害程度分析

电力监控系统网络安全事件会影响电网电力监控系统的正常运行，导致所辖区域内电力监控系统应用服务中断、网络通信中断、关键数据被窃取或丢失、关键系统被入侵等事故，严重时可能因电力监控系统被恶意控制造成电网大面积停电，给社会经济带来损失，甚至威胁国家安全。

三、事件分级

依照《国家电网有限公司电力监控系统网络安全事件应急预案》，电网电力监控系统网络安全事件可分为特别重大、重大、较大、一般四级。

（一）特别重大电力监控系统网络安全事件

因网络安全原因，造成的后果符合下列条件之一者为特别重大电力监控系统网络安全事件：

（1）电力监控系统被恶意控制，造成《国网×××电力有限公司大面积停电事件应急预案》中定义的较大及以上大面积停电事件。

（2）造成等保四级电力监控系统被网络攻击、恶意代码获取控制权限。

（3）等保四级电力监控系统主、备调 SCADA 功能同时全部失效。

（4）重要敏感信息或关键数据丢失或被窃取、篡改，给电网生产运行造成特别重大影响。

（5）其他对电力生产构成特别严重威胁、造成特别严重影响的电力监控系统网络安全事件。

（二）重大电力监控系统网络安全事件

未构成特别重大电力监控系统网络安全事件，但因网络安全原因，造成的后果符合下列条件之一者为重大电力监控系统网络安全事件：

（1）造成《国网×××电力有限公司大面积停电事件应急预案》中定义的一般大面积停电事件。

（2）等保三级电力监控系统被网络攻击、恶意代码获取控制权限。

（3）等保三级电力监控系统主、备调主要功能同时全部失效。

（4）等保四级电力监控系统主调 SCADA 功能全部失效。

（5）重要敏感信息或关键数据丢失或被窃取、篡改，给电网生产运行造成重大影响。

（6）其他对电力生产构成严重威胁、造成严重影响的电力监控系统网络安全事件。

（三）较大电力监控系统网络安全事件

未构成重大及以上电力监控系统网络安全事件，但因网络安全原因，造成的后果符合下列条件之一者为较大电力监控系统网络安全事件：

（1）造成局部停电事件，但尚未达到《国网×××电力有限公司大面积停电事件应急预案》中定义的一般及以上大面积停电事件。

（2）等保二级电力监控系统被网络攻击、恶意代码获取控制权限。

（3）等保三级电力监控系统主调主要功能全部失效。

（4）重要敏感信息或关键数据丢失或被窃取、篡改，给电网生产运行造成较大影响。

（5）其他对电力生产构成较大威胁、造成较大影响的电力监控系统网络安全事件。

（四）一般电力监控系统网络安全事件

未构成较大及以上电力监控系统网络安全事件，但因网络安全原因，造成的后果符合下列条件之一者为一般电力监控系统网络安全事件：

（1）造成电网一次设备被恶意操控，但未造成停电事件。

（2）等保二级电力监控系统主调主要功能全部失效。

（3）重要敏感信息或关键数据丢失或被窃取、篡改，给电网生产运行造成一定影响。

（4）生产控制大区网络与其他网络非法连接，造成网络边界被侵入。

（5）生产控制大区设备感染病毒、蠕虫或木马等恶意代码，造成重要功能失效。

（6）其他对电力生产构成一定威胁、造成一定影响的电力监控系统网络安全事件。

四、应急管理主要工作

（一）监测预警

1. 风险监测

（1）系统运行风险信息：公司各单位按照"谁主管谁负责、谁运行谁负责"的基本原则，通过电力监控系统主机、数据库、网络和安防设备的运行日志、告警、审计等信息进行监测与分析，获取系统运行风险信息。

（2）系统漏洞风险信息：密切关注国调中心、联研院发布的网络安全漏洞和预警信息，并向相关部门及各地级调控机构转发。

（3）设备缺陷风险信息：调控中心负责组织电科院等单位对电力监控系统新设备和在运设备开展网络安全漏洞检测，密切关注中国电科院等检测机构发布的设备缺陷信息，及时向公司各单位发布设备缺陷信息。

（4）公共网络风险信息：公司科技数字化部负责分析研判政府相关部门下发的网络安全风险预警，及时共享可能危及电力监控系统的风险预警信息。

2. 预警分级

电力监控系统网络安全事件预警等级由高到低分为一、二、三、四级，分别用红色、橙色、黄色和蓝色标示。

预警级别确定可采取以下方式：

（1）经综合分析，可能发生特别重大、重大、较大、一般电力监控系统网络安全事件时，分别对应一级、二级、三级、四级预警。

（2）公司电力监控网络安全应急领导小组根据可能导致的电力监控系统网络安全事件影响范围、严重程度和社会影响确定预警等级。

3. 预警研判和发布

公司电力监控网络安全应急办和相关部门根据系统运行风险、系统漏洞风险、设备缺陷风险、网络风险等信息，向公司安全应急办提出电力监控系统网络安全事件预警建议，报公司电力监控网络安全领导小组批准，由公司安全应急办发布。

公司电力监控网络安全应急办接到各单位上报的预警信息，或收到政府相关部门的预警通知后，汇总相关信息，组织进行研判，向公司安全应急办提出电力监控系统网络安全事件预警建议，报公司电力监控网络安全领导小组批准，由公司安全应急办发布。

电力监控系统网络安全事件预警信息内容包括发布机构、发布时间、预警级别、预警范围、风险描述、处置建议和工作要求等内容。

公司安全应急办公室可通过应急指挥信息系统、协同办公系统、调度管理系统、邮件、传真等途径将电力监控系统网络安全预警发布至相关单位。

4. 预警响应

（1）红色、橙色预警响应。

1）公司电力监控网络安全应急办开展应急值班，密切关注事态发展情况，组织专家和相关机构进行会商和评估，研究制定防范措施，重要信息应向公司电力监控网络安全应急领导小组报告。

2）公司相关部门加强电力监控系统网络安全风险监测和信息收集工作。

3）预警涉及的公司相关单位电力监控系统网络安全应急办实行24h值班，相关人员保持通信联络畅通，异常情况及时上报。

4）预警涉及的公司相关单位依托网络安全管理平台等技术手段，加强风险信息监测，检查备调和备用通道，确保备用系统的可用性。必要时可采取断开生产控制大区网络延伸节点、停用存在网络安全风险的监控系统等措施，有效防止发生电力监控系统网络安全事件。

（2）黄色、蓝色预警响应。

1）公司电力监控网络安全应急办和相关部门组织收集相关信息，密切关注事态发展情况并进行跟踪研判，必要时参加值守。

2）公司相关部门督促各单位根据预警内容做好针对性的应急准备工作。

3）预警涉及的公司相关单位根据预警发布单中的预警内容和建议防护措施等，组织对预警涉及的系统采取跟踪研判、漏洞修复、访问控制等安全加固措施。

4）预警涉及的公司相关单位组织本公司相关部门人员加强网络安全风险监测和信息收集工作，对事态发展情况进行跟踪研判，重要情况应及时汇报应急指挥中心和相关部门。

5. 预警调整和解除

公司电力监控网络安全应急办根据预警阶段电力监控系统运行情况、预警响应效果，提出预警级别调整或解除建议，红色、橙色预警经公司电力监控网络安全领导小组批准，黄色、蓝色预警经公司安全应急办主要负责人批准，由公司安全应急办发布。如进入应急响应状态或规定的预警期限内未发生突发事件，则预警自动解除。

（二）应急响应

1. 先期处置

（1）电力监控系统网络安全事件发生后，事发单位立即对安全形势及影响范围进行评估，根据现场处置预案进行处置，尽量减轻事件影响，并及时向上级单位汇报处置情况，必要时可以越级上报。

（2）当电力监控系统网络安全事件存在大面积传播风险时，事发单位应通过一键停控系统或网络安全管理平台应急管控功能模块，采取调整网络边界防护策略或阻断等措施，有效抑制风险扩散。

（3）公司电力监控网络安全应急办和相关部门密切关注事件发展态势，掌握事发单位先期处置效果。

2. 响应启动

（1）事发单位启动本单位应急响应，并立即向公司电力监控网络安全应急办报告。

（2）公司电力监控网络安全应急办接到事发单位启动应急事件响应的报告后，立即汇总相关信息，分析研判，向公司安全应急办提出对事件的定级建议，公司安全应急办接到信息报告并核实后，向公司电力监控网络安全领导小组报告，提出应急响应建议，经同意后启动应急响应，成立应急指挥部，并通知指挥长、相关部门、事发单位、相关分部组织开展应急处置工作。

（3）因电力监控系统网络安全事件导致发生大面积停电事件时，应启动应急预案进行处置。

3. 到岗到位

接到电力监控系统网络安全事件应急响应通知后，指挥长、指挥部成员、工作组成员、事发单位及涉及单位有关人员应在工作时间 30min 内、非工作时间 60min 到岗到位。出差、休假等不能参加的，由临时代理其工作的人员参加。

4. 指挥中心启动

发生电力监控系统网络安全事件后，公司电力监控网络安全应急办组织相关技术支撑单位在 30min 内启动公司应急指挥中心，事发单位及相关地调在 30min 内实现与公司应急指挥中心互联互通，公司指挥中心与国网公司总部应急指挥中心互联互通，并提供事件简要情况、相关网络拓扑图、系统运行情况、告警监视情况等信息。

5. 应急响应

（1）响应分级。公司电力监控网络安全事件应急响应分为Ⅰ、Ⅱ、Ⅲ、Ⅳ级。响应级别确定可采取以下方式：

1）发生特别重大、重大、较大、一般电力监控系统网络安全事件时，分别对应Ⅰ、Ⅱ、Ⅲ、Ⅳ级应急响应。

2）公司电力监控网络安全应急领导小组根据电力监控网络安全影响范围、严重程度和社会影响，确定响应级别。

（2）Ⅰ级响应。

1）公司电力监控网络安全领导小组研究启动Ⅰ级应急响应，成立公司应急指挥部，指挥部进入24h应急值守状态，开展事件信息汇总。

2）启动公司应急指挥中心，召开会商会议，就相关重大应急问题做出决策和部署，组织专家开展远程指导，协调公司相关部门开展电力监控系统软硬件物资供应、应急处置工作，并向公司电力监控网络安全领导小组汇报。

3）总指挥在公司指挥决策，委派副总指挥作为现场工作组组长，组织专家、公司相关部门人员赶赴现场，指导协调应急处置工作。

4）公司安全应急办、办公室（总值班室）、科技数字化部与政府相关部门联系沟通，汇报相关情况，必要时请求政府相关部门支援，并开展信息对外披露及舆论引导工作。

5）事发单位启动应急指挥部，开展24h值班，在公司应急指挥部统一指挥下，负责本区域内现场处置、支援保障和信息报送等工作。

6）事件导致电力监控系统被恶意操控时应采取停用系统远程控制功能、断开网络连接等措施防止风险蔓延。

7）事件导致电力监控系统不可用时，事发单位应采取必要的临时措施，如启用备调、恢复现场值守等，确保电网正常运行。

（3）Ⅱ级响应。

1）公司电力监控网络安全领导小组研究启动Ⅱ级应急响应，成立公司应急指挥部，指挥部进入 24h 应急值守状态，开展事件信息汇总。

2）启动公司应急指挥中心，召开会商会议，就相关重大应急问题做出决策和部署，组织专家开展远程指导，协调公司相关部门开展电力监控系统软硬件物资供应、应急处置工作，必要时向公司电力监控网络安全领导小组汇报。

3）总指挥在公司指挥决策，必要时指派相关负责人、专家、公司相关部门人员赶赴现场，指导协调应急处置工作。

4）必要时，公司电力监控网络安全领导小组组织公司相关部门开展信息对外披露及舆论引导工作。

5）必要时，公司与政府相关部门联系沟通，汇报相关情况。

6）事发单位启动应急指挥部，开展 24h 值班，在公司应急指挥部统一指挥下，负责本区域内现场处置、支援保障和信息报送等工作。

7）电力监控系统网络安全事件导致电力监控系统不可用时，事发单位应采取必要的临时措施，如启用备调、恢复现场值守等，确保电网正常运行。

（4）Ⅲ级响应。

1）公司电力监控网络安全领导小组研究启动Ⅲ级应急响应，公司电力监控网络安全应急办组织公司相关部门及时跟踪事件发展情况，收集汇总分析事件信息，协调相关应急工作，必要时向公司电力监控网络安全领导小组汇报。

2）事发单位启动应急指挥部，开展 24h 应急值班，组织相关部门和技术人员采取调整安全策略、漏洞修复或者断网隔离等方式开展应急处置。

3）事发单位做好信息汇总和报送工作，必要时可组织相关部门与当地政府部门做好信息沟通。

（5）Ⅳ级响应。

1）公司电力监控网络安全领导小组研究启动Ⅳ级应急响应，公司电力监控网络安全应急办组织公司相关部门及时跟踪事件发展情况，收集汇总分析事件信息，协调相关应急工作。

2）事发单位启动本单位应急指挥部，开展应急值班，组织相关部门和技术人员采取调整安全策略、漏洞修复或者断网隔离等方式开展应急处置。

3）事发单位做好信息汇总和报送工作，必要时可组织相关部门与当地政府部门做好信息沟通。

6. 响应调整

公司电力监控网络安全应急领导小组或应急指挥部考虑事件危害程度、救援恢复能力和社会影响等综合因素，依据事件分级标准，提出应急响应级别调整建议，经总指挥批准后，按照新的应急响应级别开展应急处置。

7. 响应终止

当受影响的电力监控系统主要业务功能和重要数据已恢复，安全风险得到有效控制，应急指挥部提出结束应急响应建议，经总指挥批准后，宣布应急响应终止。

（三）信息报告

1. 报告程序

（1）预警阶段。预警涉及的相关单位向公司相关部门报告专业信息，向公司电力监控网络安全应急办报告综合信息，向公司大面积停电应急办报告停电信息。相关部门收集汇总本专业信息，向公司电力监控网络安全应急办提交专业工作情况。

必要时，公司电力监控网络安全应急办汇总预警响应信息后向公司电力监控网络安全领导小组报告，公司依据相关要求报告政府相关部门。

（2）应急响应阶段。

1）Ⅰ、Ⅱ级响应阶段（特别重大、重大事件应急响应阶段）。

a. 事发单位及时向相关部门报告专业信息，向公司电力监控网络安全应急指挥部报告综合信息。

b. 公司电力监控网络安全应急指挥部汇总相关信息，并将重要情况向公司电力监控网络安全应急领导小组报告。

c. 必要时，经公司电力监控网络安全应急领导小组批准，公司向政府和相关单位报告相关信息。

2）Ⅲ、Ⅳ级响应阶段（较大、一般事件应急响应阶段）。

a. 事发单位向公司相关部门报送专业信息，向公司电力监控网络安全应急办报告综合信息。

b. 必要时，公司电力监控网络安全应急办向公司电力监控网络安全应急领导小组报告。

2. 报告内容

（1）预警阶段。

1）预警的发布、调整和结束情况。

2）预警涉及单位的电力监控系统运行情况、风险发展趋势和已采取的措施等信息。

（2）应急响应阶段。

1）电力监控系统网络安全事件发生的时间、地点和影响范围，事件描述及原因分析，对公司及社会的影响，已采取的措施等。

2）系统受损情况，事件处置进展及发展趋势，应急技术力量、备品备件需求等情况。

3. 报告要求

（1）预警阶段。涉及的单位应及时向公司电力监控网络安全应急办报告预警响应信息。其中，接到预警通知当天或 12h 之内，反馈预警响应安排、事件影响和发展趋势信息；预警期内每天定时（17 时前）报告相关信息，重要信息随时报告。

（2）应急响应阶段。

1）事发单位发生电力监控系统网络安全事件时，应在 30min 内通过电话、传真、邮件、短信等形式向公司相关部门报告信息。内容包括事发事件、地点、基本经过、涉及单位以及先期处置情况等概要信息。即时报告后 2h 内上报书面信息。

2）特别重大、重大电力监控系统网络安全事件响应执行每天定点零报告制度。

3）应急响应终止后，事发单位 3 个工作日内形成《电力监控系统网络安全事件报告》并报送至公司电力监控网络安全应急办和相关部门。

4）各单位根据公司临时要求，完成相关信息报送。

4. 信息发布

电力监控系统网络安全事件发生后，如对社会公共安全造成影响，公司宣传部要及时与主流新闻媒体联系沟通，按政府相关要求，做好信息发布工作，发布内容须经公司安全应急办公室审核。

（四）后期处置

1. 善后处置

（1）事发单位应认真开展系统、设备安全隐患排查和治理工作，整理受损系统、设备资料，及时更新网络拓扑结构和设备台账信息，做好系统数据备份工作。

（2）事发单位应尽快恢复电力监控系统正常的部署和配置方式，加快主用系统的恢复抢修，取代应急响应中的临时措施。对于破坏严重且无法立即恢复的电力监控系统，应制定系统重建方案并尽快实施。

2. 保险理赔

事发单位应及时核实统计系统和设备损失情况，对于已投保的系统和设备，及时做好出险通知、证据搜集、现场保护等工作，经公司核实后，由事发单位财务部门牵头按保险合同进行索赔。

3. 事件调查

电力监控系统网络安全事件应急响应终止后，除按照政府部门要求配合进行事件调查外，还应按照《国家电网公司安全事故调查规程》组织开展调查。重大及以上电力监控系统网络安全事件由公司安全应急办组织事件调查；较大及以下电力监控系统网络安全事件由事发单位组织事件调查，调查结果报公司电力监控网络安全应急办。

事件调查报告应包括事件过程描述、事件原因分析、事件责任认定及整改措施等。事件的调查处理工作原则上在应急响应终止后 30 天内完成。

4. 处置评估

电力监控系统网络安全事件应急响应终止后，公司电力监控网络安全应急对事件处置工作组织开展评估，重点评估应急指挥、应急响应、系统恢复、信息报告等环节，总结经验教训，分析查找问题，提出整改措施，及时修订应急预案的不足之处，形成处置评估报告。

事发单位应做好应急处置全过程资料收集保存工作，主动配合评估调查，并对应急处置评估调查报告相关建议和问题进行闭环整改。事件的处置评估工作原则上在应急响应终止后 30 天内完成。